建筑工程制图

主　编　沈　莉

副主编　徐　皎　杜定发

参　编　施海云　汤恩斌　姜　文

储　虹　巩振东　黄　杨

李　翠

北京理工大学出版社

BEIJING INSTITUTE OF TECHNOLOGY PRESS

内容提要

本书在编写过程中结合五年制高职教育的办学特点，以实际工程项目为载体，主要介绍了工程制图基本知识与技能、投影的基本知识、基本形体的投影、形体的表面交线、组合体的投影、建筑形体的表达方法、轴测投影、建筑施工图、结构施工图等内容。全书紧扣标准、切合实际、图文并茂、通俗易懂，具有很强的指导性和可操作性，使读者能够快速、准确、深入地掌握建筑施工图的识读方法与技巧。

本书可作为高等院校土木工程类相关专业的教材，也可供建筑工程相关技术人员参考使用。

图书在版编目（CIP）数据

建筑工程制图 / 沈莉主编.—北京：北京理工大学出版社，2020.7

ISBN 978-7-5682-8743-2

Ⅰ.①建…　Ⅱ.①沈…　Ⅲ.①建筑制图—高等学校—教材　Ⅳ.①TU204

中国版本图书馆CIP数据核字（2020）第130798号

出版发行 / 北京理工大学出版社有限责任公司

社　　址 / 北京市海淀区中关村南大街5号

邮　　编 / 100081

电　　话 / （010）68914775（总编室）

（010）82562903（教材售后服务热线）

（010）68948351（其他图书服务热线）

网　　址 / http://www.bitpress.com.cn

经　　销 / 全国各地新华书店

印　　刷 / 河北鑫彩博图印刷有限公司

开　　本 / 787毫米×1092毫米　1/16

印　　张 / 12

字　　数 / 283千字

版　　次 / 2020年7月第1版　2020年7月第1次印刷

定　　价 / 52.00元

责任编辑 / 江　立

文案编辑 / 江　立

责任校对 / 周瑞红

责任印制 / 边心超

出版说明

PUBLISHER'S NOTE

江苏联合职业技术学院成立以来，坚持以服务经济社会发展为宗旨、以促进就业为导向的职业教育办学方针，紧紧围绕江苏经济社会发展对高素质技术技能型人才的迫切需要，充分发挥“小学院、大学校”办学管理体制创新优势，依托学院教学指导委员会和专业协作委员会，积极推进校企合作、产教融合，积极探索五年制高职教育教学规律和高素质技术技能型人才成长规律，培养了一大批能够适应地方经济社会发展需要的高素质技术技能型人才，形成了颇具江苏特色的五年制高职教育人才培养模式，实现了五年制高职教育规模、结构、质量和效益的协调发展，为构建江苏现代职业教育体系、推进职业教育现代化做出了重要贡献。

面对新时代中国特色社会主义建设的宏伟蓝图，我国社会的主要矛盾已经转化为人们日益增长的美好生活需要与发展不平衡、不充分之间的矛盾，这就需要我们有更高水平、更高质量、更高效益的发展，实现更加平衡、更加充分的发展，这样才能全面建成社会主义现代化强国。五年制高职教育的发展必须服从服务于国家发展战略，以不断满足人们对美好的生活需要为追求目标，全面贯彻党的教育方针，全面深化教育改革，全面实施素质教育，全面落实立德树人的根本任务，充分发挥五年制高职贯通培养的学制优势，建立和完善五年制高职教育课程体系，健全德能并修、工学结合的育人机制，着力培养学生的工匠精神、职业道德、职业技能和就业创业能力，创新教育教学方法和人才培养模式，完善人才培养质量监控评价制度，不断提升人才培养质量和水平，努力办好令人民满意的五年制高职教育，为全面建成小康社会，实现中华民族伟大复兴的中国梦贡献力量。

教材建设是人才培养工作的重要载体，也是深化教育教学改革、提高教学质量的重要基础。目前，五年制高职教育教材建设规划性不足、系统性不强、特色不明显等问题一直制约着内涵发展、创新发展和特色发展的空间。为切实加强学院教材建设与规范管理，不断提高学院教材建设与使用的专业化、规范化和科学化水平，学院成立了教材建设与管理工作领导小组和教材审定委员会，统筹领导、科学规划学院教材建设与管理工作。制订了《江苏联合职业技术学院教材建设与使用管理办法》和《关于院本教材开发若干问题的意见》，完善了教材建设与管理的规章制度；每年滚动修订《五年制高等职业教育教材征订目录》，统一组织五年制高职教育教材的征订、采购和配送；编制了学院“十三五”院本教材建设规划，组织18个专业和公共基础课程协作委员会推进院本教材开发，建立了一支院本教材开发、编写、审定队伍；创建了江苏五年制高职教育教材研发基地，与江苏凤凰职业教育图书有限公司、苏州大学出版社、北京理工大学出版社、南京大学出版社、上海交通大学出版社等签订了战略合作协议，协同开发独具五年制高职教育特色的院本教材。

今后一个时期，学院在推动教材建设和规范管理工作的基础上，紧密结合五年制高职教育发展的新形势，主动适应江苏地方社会经济发展和五年制高职教育改革创新的需要，以学院18个专业协作委员会和公共基础课程协作委员会为开发团队，以江苏五年制高职教育教材研发基地为开发平台，组织具有先进教学思想和学术造诣较高的骨干教师，依照学院院本教材建设规划，重点编写出版约600本有特色、能体现五年制高职教育教学改革成果的院本教材，努力形成具有江苏五年制高职教育特色的院本教材体系。同时，加强教材建设质量管理，树立精品意识，制订五年制高职教育教材评价标准，建立教材质量评价指标体系，开展教材评价评估工作，设立教材质量档案，加强教材质量跟踪，确保院本教材的先进性、科学性、人文性、适用性和特色性建设。学院教材审定委员会组织各专业协作委员会做好对各专业课程（含技能课程、实训课程、专业选修课程等）教材出版前的审定工作。

本套院本教材较好地吸收了江苏五年制高职教育的最新理论和实践研究成果，符合五年制高职教育人才培养目标的定位要求。教材内容深入浅出，难易适中，突出“五年贯通培养、系统设计”，重视启发学生思维和培养学生运用知识的能力。教材条理清楚、层次分明、结构严谨、图表美观、文字规范，是一套专门针对五年制高职教育人才培养的教材。

学院教材建设与管理工作领导小组

学院教材审定委员会

2017年11月

序言

PREFACE

为贯彻落实《国家中长期教育改革和发展规划纲要(2010—2020年)》，充分发挥教材建设在提高人才培养质量中的基础性作用，促进现代职业教育体系建设，全面提高五年制高等职业教育教学质量，保证高质量教材进课堂，江苏联合职业技术学院建筑专业协作委员会对建筑类专业教材进行了统一规划并组织编写。

本套院本系列教材是在总结五年制高等职业教育经验的基础上，根据课程标准、最新国家标准和有关规范编写，并经过学院教材审定委员会审定通过的。新教材紧紧围绕五年制高等职业教育的培养目标，密切关注建筑业科技发展与进步，遵循教育教学规律，从满足经济社会发展对高素质劳动者和技术技能型人才的需求出发，在课程结构、教学内容、教学方法等方面进行了新的探索和改革创新；同时，突出理论与实践的结合，知识技能的拓展与应用迁移相对接，体现高职建筑专业教育特色。

本套教材可作为建筑类专业教材，也可作为建筑工程技术人员自学和参考用书。希望各分院积极推广和选用院本规划教材，并在使用过程中，注意总结经验，及时提出修改意见和建议，使之不断完善和提高。

江苏联合职业技术学院建筑专业协作委员会

2017年12月

前言

FOREWORD

为加强五年制高等职业教育教材建设，保证教学资源基本质量，江苏联合职业技术学院对各专业教材进行了统一规划并组织编写。本书根据五年制高等职业教育土建类专业的人才培养目标、教学计划、课程的教学特点和要求，以《房屋建筑制图统一标准》（GB/T 50001—2017）、《建筑制图标准》（GB/T 50104—2010）、《建筑结构制图标准》（GB/T 50105—2010）等为依据编写而成。

针对五年制高等职业教育特色和教学模式的需要，以及高职学生的心理特点和认知规律，本书以“简明实用”为编写宗旨，以“识图为主”为编写思路，以“以例代理”为编写风格，以“结合岗位”为编写体系，努力做到基本理论以应用为目的，以必需和够用为度，重点培养学生的识图能力。

“建筑工程制图”课程是土建类各专业学生必修的基础课，该课程着力培养学生的综合职业能力和继续学习专业技术的能力，以及团队合作与交流的能力。为此，本书力求体现以下特点：

1. 版式新颖，图文并茂

本书版式新颖活泼，插图准确精美，文字叙述简明扼要，通俗易懂。全书以典型案例为主线，阐明必要的相关知识，通过实际演练巩固提高。每一章开篇都明确了教学环节的学习目标和任务，并给予恰当的提示，使学生能够把握重点，少走弯路。对于复杂的投影作图，本书采用分解图示；对难以看懂的投影图，本书附加立体图帮助理解。

2. 精讲多练，师生互动

“做中学，做中教”是职业教育的创新理念。本书尝试将基本概念和基本理论融入大量实例之中，以课堂讨论的形式，使学生在教师的启发引导下，边听边练、边做边学，由一个知识点扩大思维空间，培养举一反三、多向思维的能力和自主学习的良好习惯。

3. 贴近工程，团队协作

综合实践是本书的重要组成部分。建筑施工图和结构施工图部分就是以一幢建筑物的工程图样来介绍识图的全过程。通过识图实践，可使学生得到本课程基本知识、原理和方法的综合运用和全面训练，这既是理论联系实际培养学生动手能力的有效方法，也是培养学生制订并实施工作计划能力和团队合作交流能力，提高其职业素质的重要一环。

与本书配套的《建筑工程制图习题集》同时出版，可供使用。

本书由扬州高等职业技术学校沈莉担任主编，江苏省宜兴中等专业学校徐皎、南京高等职业技术学校杜定发担任副主编，参与本书编写的人员还有阜宁高等师范学校施海云、扬州高等职业技术学校汤恩斌、扬州高等职业技术学校姜文、江苏省宜兴中等专业学校储虹、南京工程高等职业学校巩振东、江苏省海门中等专业学校黄杨、南京高等职业技术学校李翠。

由于编者水平有限，加之时间较为仓促，书中难免有疏漏或考虑不周之处，欢迎广大读者和选用本书的老师提出宝贵意见和建议。

编　者

目录 CONTENTS

第一章　制图基本知识与技能

工程图样是现代工业生产中的主要技术资料，也是工程界交流技术信息的共同语言，具有严格的规范性。掌握制图基本知识与技能，是画图和读图的基础。本章将着重介绍建筑制图国家标准的有关规定，并简要介绍绘图工具的使用和平面图形的画法。

学习引导

◈ **目的与要求**

1. 掌握建筑制图国家标准中有关图幅、比例、字体、图线，以及尺寸标注的相关规定，初步树立建筑制图标准化的意识。

2. 能正确使用一般绘图工具和仪器，掌握平面图形的基本绘制方法与步骤，为学习后续各章节打下基础。

3. 培养认真、细致和严谨的学习态度与作风。

◈ **重点和难点**

重点　熟悉建筑制图国家标准中关于图纸幅面、线型及尺寸标注的一般规定；掌握平面图形包括正多边形、椭圆、圆弧连接的基本绘制方法。

难点　平面图形的尺寸分析。

第一节　制图仪器与工具

学习提示

建筑工程图样一般都是借助制图工具和仪器绘制的，了解制图工具的性能，熟练掌握它们的使用方法，经常进行维护、保养，才能保证制图质量，提高绘图速度。

目前，虽然很多工程设计、施工中所使用的施工图是采用计算机软件绘制的，但在学习制图时仍然要了解和熟悉传统制图工具的性能、特点和使用方法。尺规绘图仍是工程技术人员必备的基本技能，同时，也是学习和巩固图学理论知识不可忽视的训练方法。

相关知识

■ 一、图板和丁字尺

1. 图板

图板是用来铺放和固定图纸的，一般由胶合板制成，四周镶有硬木边(图 1-1)。图板的工作表面必须平坦、光洁，工作边(导边)必须光滑、平直。

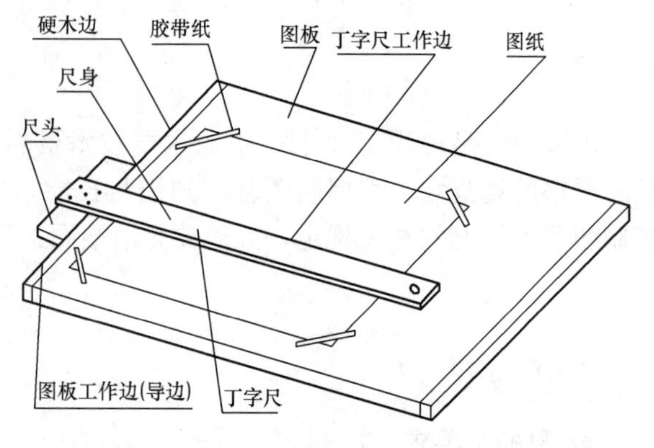

图 1-1 图板和丁字尺

2. 丁字尺

丁字尺主要用来绘制水平线，采用木材或有机玻璃等制成，由尺头和尺身两部分垂直相交构成丁字形(图 1-1)。尺头的内边缘为丁字尺导边，尺身的上边缘为工作边，都要求平直光滑。使用丁字尺画水平线时，可用左手握住尺头推动丁字尺沿左面的导边上下滑动；待移到需要画水平线的位置后，用左手使尺头内侧导边靠紧图板左侧导边，将丁字尺调整到准确的位置，随即将左手移到画线部位将尺身压住，以免画线时丁字尺位置变动；再用右手执笔沿尺身工作边自左向右画线，笔尖应紧靠尺身，笔杆略向右倾斜，如图 1-2 所示。

注意：丁字尺的尺头必须紧靠图板左侧导边，丁字尺上下移动到画线位置，自左向右画水平线。

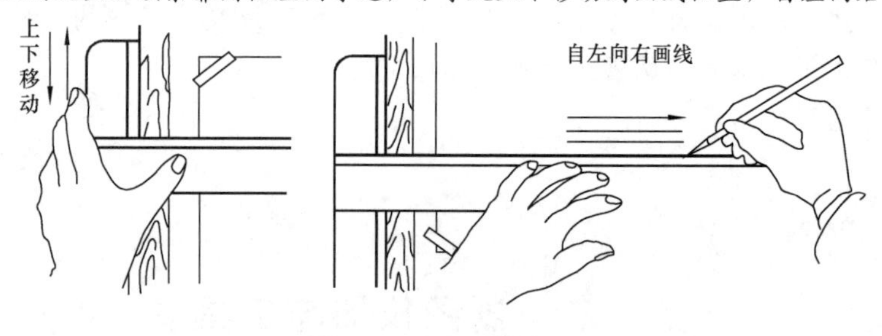

图 1-2 丁字尺的使用

■ 二、三角板

一副三角板由 45°和 30°(60°)两块直角三角板组成。三角板与丁字尺配合使用可画出垂直线，还可画出与水平线成 30°、45°、60°，以及 15°倍数角的各种倾斜线，如图 1-3 所示。

■ 三、圆规和分规

圆规是用来画圆及圆弧的工具。画圆或圆弧时，应使圆规按顺时针方向转动，并稍向画线方向倾斜。在画较大圆或圆弧时，应使圆规的两条腿都垂直于纸面。圆规的使用方法如图 1-4 所示。

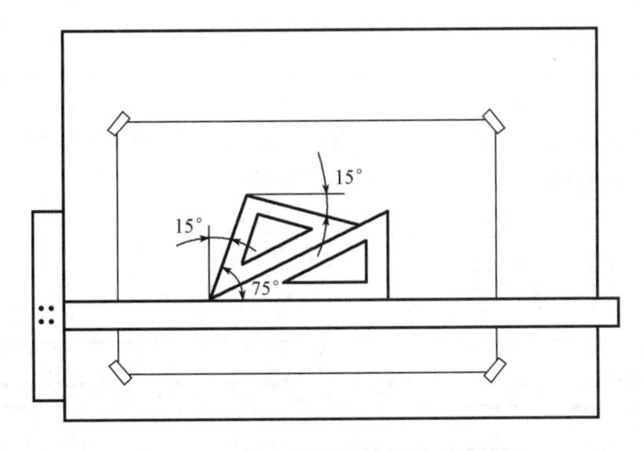

图 1-3　用三角板画常用角度斜线

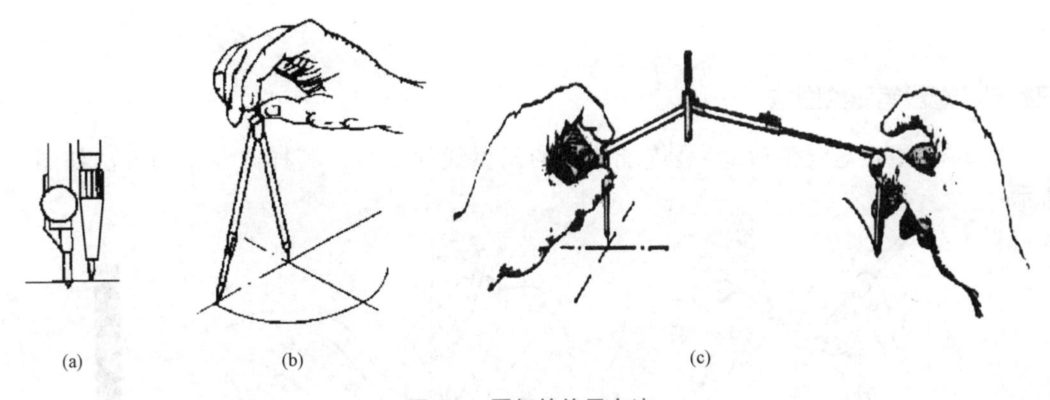

图 1-4　圆规的使用方法

分规是用来截取线段、等分线段，以及从尺上量取尺寸的工具。分规的两个针尖并拢时应对齐，如图 1-5 所示。

图 1-5　分规的使用方法

■ 四、比例尺

比例尺是用于放大(读图时)或缩小(绘图时)实际尺寸的一种尺子。常用的比例尺有比例直尺和三棱尺(图 1-6)两种。

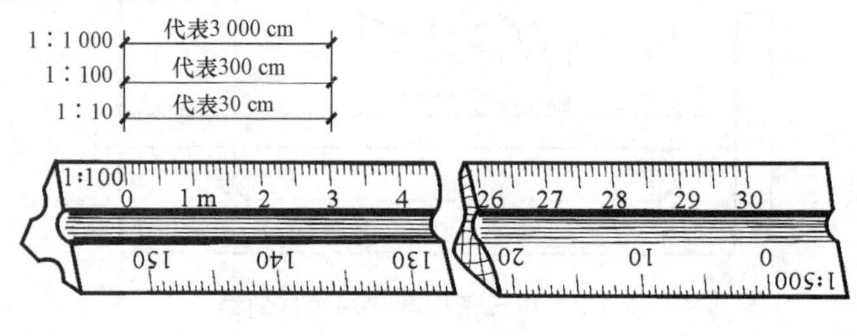

图 1-6　三棱尺

■ 五、直线笔和绘图笔

直线笔(墨线笔或鸭嘴笔)是传统使用的画墨线的工具。其样式及使用方法如图 1-7 所示。

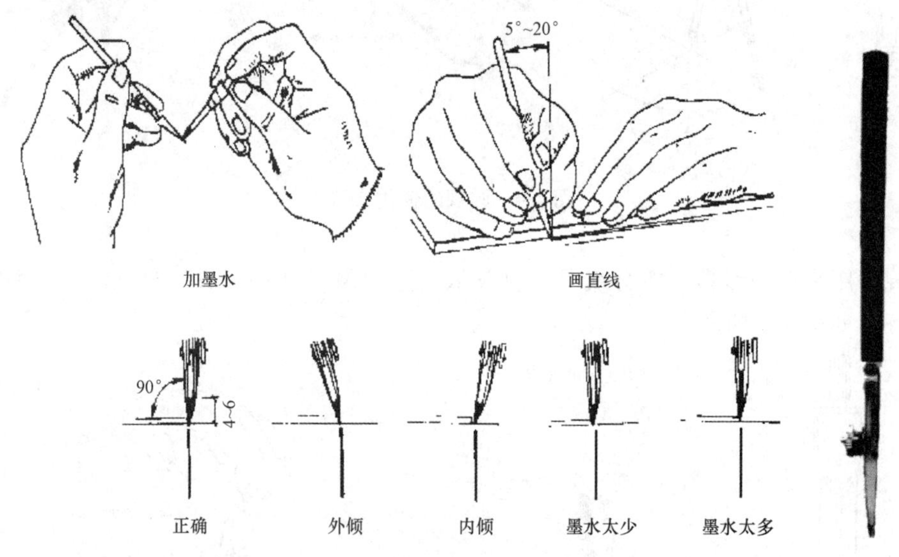

图 1-7　直线笔的样式及使用方法

绘图笔头部装有带通针的针管，类似自来水笔，能吸存碳素墨水，使用比较方便，如图 1-8 所示。

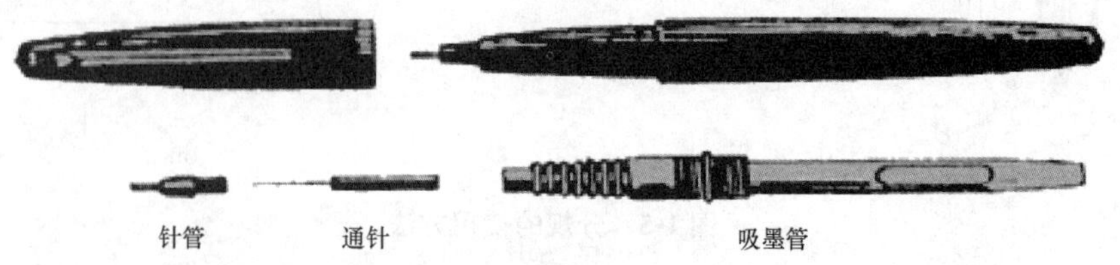

图 1-8　绘图笔

注意：直线笔和绘图笔在使用中应注意：先曲后直，便于连接；先上后下，先左后右；先细后粗，加快进度；线条均匀，连接准确。

六、曲线板和建筑模板

曲线板是用于画非圆曲线的工具。其使用方法如图 1-9 所示。

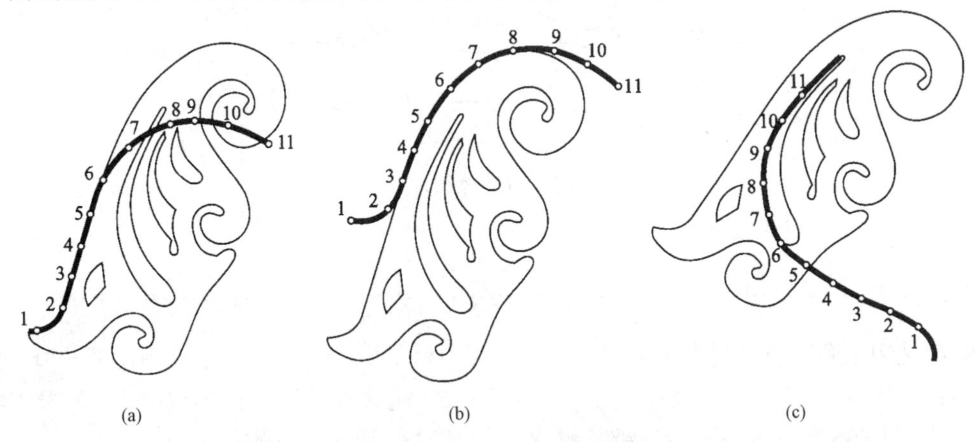

(a)　　(b)　　(c)

图 1-9　曲线板的使用方法

(a)连接点 1、2、3、4、5；(b)连接点 4、5、6、7、8；(c)连接点 7、8、9、10、11

建筑模板是主要用于画各种建筑标准图例和常用符号的工具，如图 1-10 所示。使用建筑模板可提高制图的速度和质量。

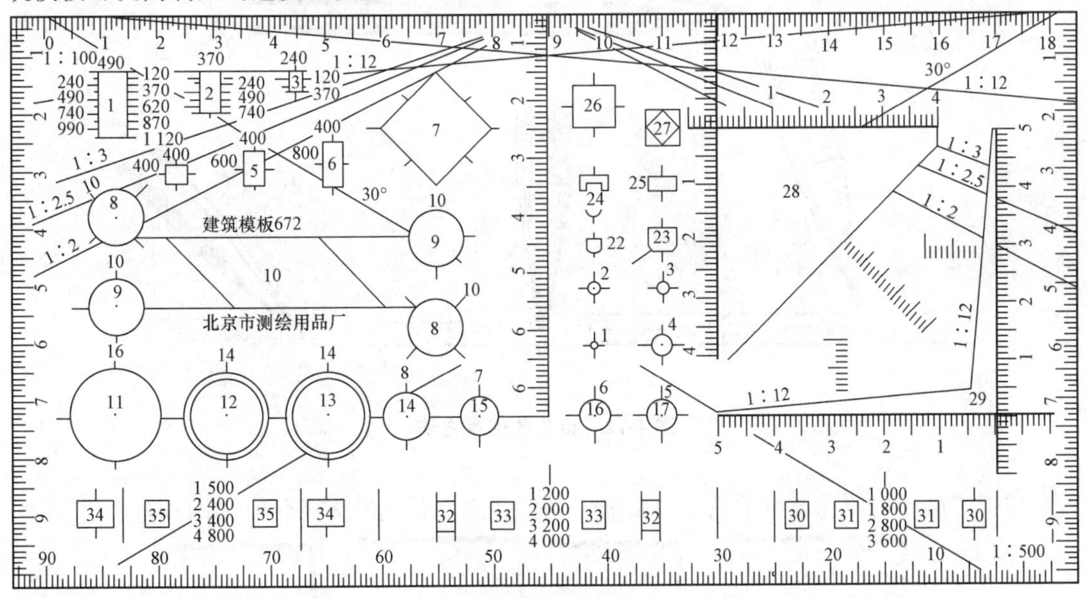

图 1-10　建筑模板

七、擦图片

擦图片用于擦除多余的线条或错线，是用来修改图线的工具，如图 1-11 所示。

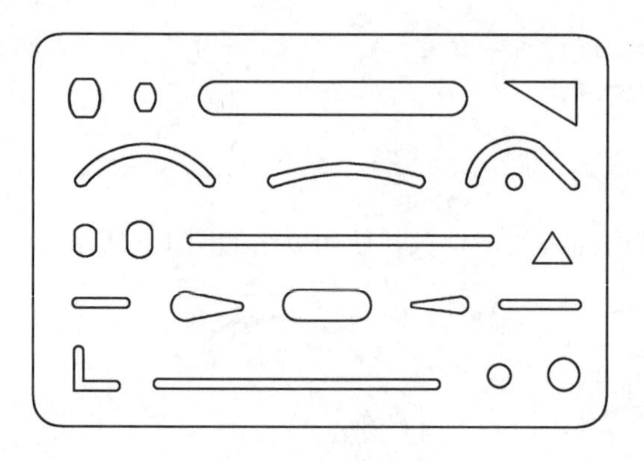

图 1-11　擦图片

■ 八、铅笔

铅笔是用来画图或书写文字的工具。其使用方法如图 1-12 所示。铅笔用“B”和“H”代表铅芯的软硬程度。“H”表示硬性铅笔，“H”前的数字越大表示铅笔铅芯越硬；“B”表示软性铅笔，“B”前的数字越大表示铅笔铅芯越软；“HB”表示铅芯的软硬适中。

绘图时，一般用较硬的铅笔打底稿，如 3H、2H 等；用 HB 铅笔书写文字，用 B 或 2B 铅笔加深图线。使用时，铅笔铅芯一般露出 6～8 mm。

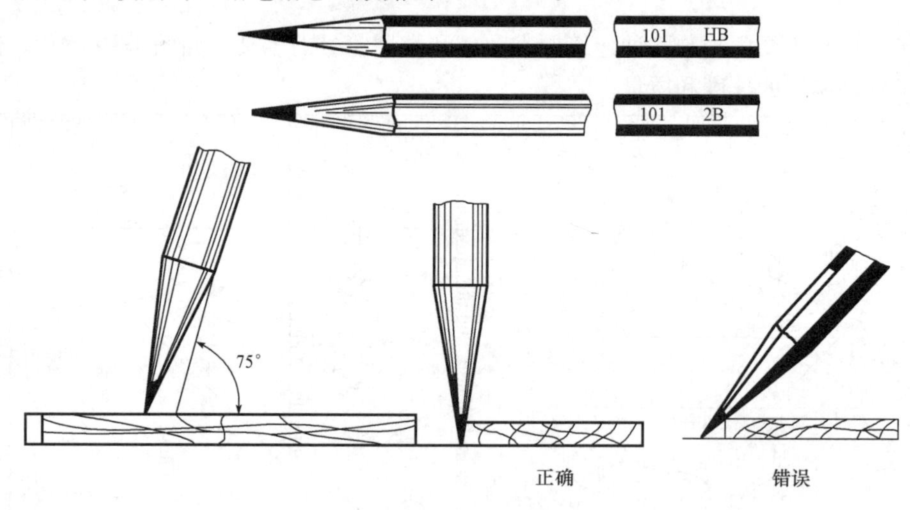

图 1-12　铅笔的使用方法

用铅笔画线时应注意轻重适当、粗细均匀，并应注意线的交接准确(图 1-13)。

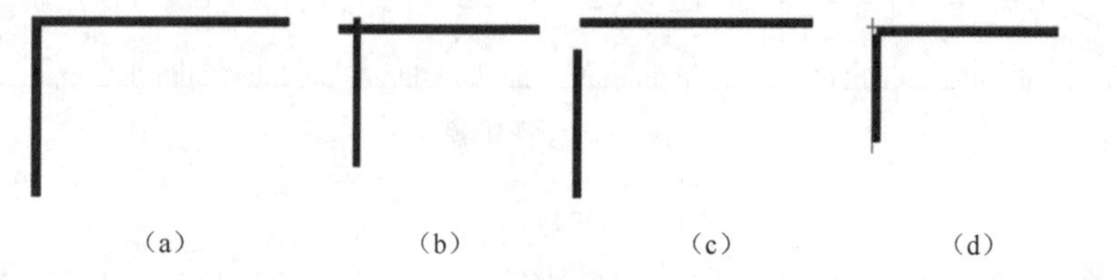

图 1-13　线的交接

(a)正确；(b)错误；(c)错误；(d)粗线用细实线压边

除上述工具外，绘图时还需要准备削铅笔的小刀，磨铅笔芯的细砂纸，擦拭图线的橡皮，固定图纸的胶带，清理橡皮屑的排笔，修刮墨线的刀片等。

第二节　制图基本标准

学习提示

绘制建筑施工图，必须有统一的标准，即建筑制图国家标准。建筑制图国家标准(简称国标)是所有工程技术人员在设计、施工、管理中必须严格执行和共同遵守的规定和要求。

现行国家标准《房屋建筑制图统一标准》(GB/T 50001—2017)，自 2018 年 5 月 1 日起实施。

相关知识

一、图纸幅面规格

1. 图纸幅面

图纸幅面是指由图纸宽度与长度组成的图面。

为了使图纸幅面统一，便于装订和管理，并应符合微缩复制原件的要求，绘制建筑图样应按照下列规定选用图纸幅面。

(1)应优先采用表 1-1 中规定的图纸基本幅面。图纸基本幅面共有五种，其尺寸关系如图 1-14 所示。

表 1-1　图纸幅面及图框尺寸　mm

尺寸代号 \ 幅面代号	A0	A1	A2	A3	A4
$b\times l$	841×1 189	594×841	420×594	297×420	210×297
c	10			5	
a	25				
注：表中 b 为幅面短边尺寸，l 为幅面长边尺寸，c 为图框线与幅面线间宽度，a 为图框线与装订边间宽度。					

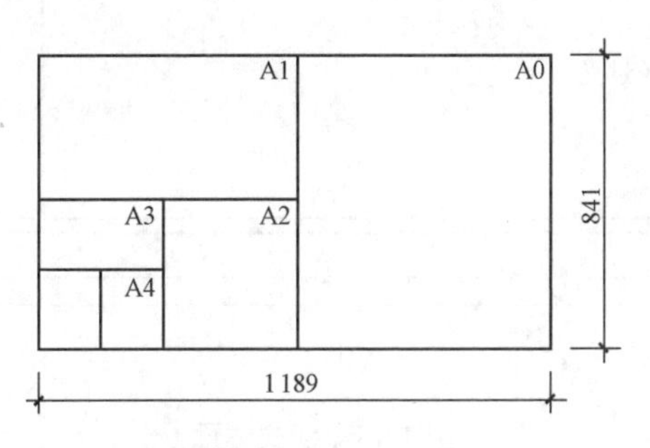

图 1-14　图纸基本幅面的尺寸关系

(2)必要时，A0～A3图纸幅面的长边尺寸可按表1-2加长，短边尺寸不应加长。特殊情况下，还可以使用$b \times l$为841 mm×891 mm、1 189 mm×1 261 mm的图纸幅面。

表1-2　图纸长边加长尺寸　　mm

幅面代号	长边尺寸	长边加长后的尺寸			
A0	1 189	1 486(A0+1/4l)	1 783(A0+1/2l)	2 080(A0+3/4l)	2 378(A0+l)
A1	841	1 051(A1+1/4l) 1 892(A1+5/4l)	1 261(A1+1/2l) 2 102(A1+3/2l)	1 471(A1+3/4l)	1 682(A1+l)
A2	594	743(A2+1/4l) 1 338(A2+5/4l) 1 932(A2+9/4l)	891(A2+1/2l) 1 486(A2+3/2l) 2 080(A2+5/2l)	1 041(A2+3/4l) 1 635(A2+7/4l)	1 189(A2+l) 1 783(A2+2l)
A3	420	630(A3+1/2l) 1 471(A3+5/2l)	841(A3+l) 1 682(A3+3l)	1 051(A3+3/2l) 1 892(A3+7/2l)	1 261(A3+2l)

2. 图框格式

图纸上限定绘图区域的线框称为图框。

(1)在图纸上必须用粗实线画出图框，其格式可分为留装订边和不留装订边两种。

(2)以短边作垂直边称为横式幅面(图1-15)，以短边作水平边称为立式幅面(图1-16)。一般A0～A3图纸宜横式使用，必要时，也可立式使用。一个工程设计中，每个专业所使用的图纸，不宜多于两种幅面，不含目录及表格所采用的A4幅面。

3. 对中标志

需要微缩复制的图纸，其一个边上应附有一段准确米制尺度，四个边上均应附有对中标志。米制尺度的总长度应为100 mm，分格应为10 mm。对中标志应画在图纸内框各边长的中点处，线宽应为0.35 mm，并应伸入内框边，在框外应为5 mm。对中标志的线段，应于图框长边尺寸和图框短边尺寸范围取中。

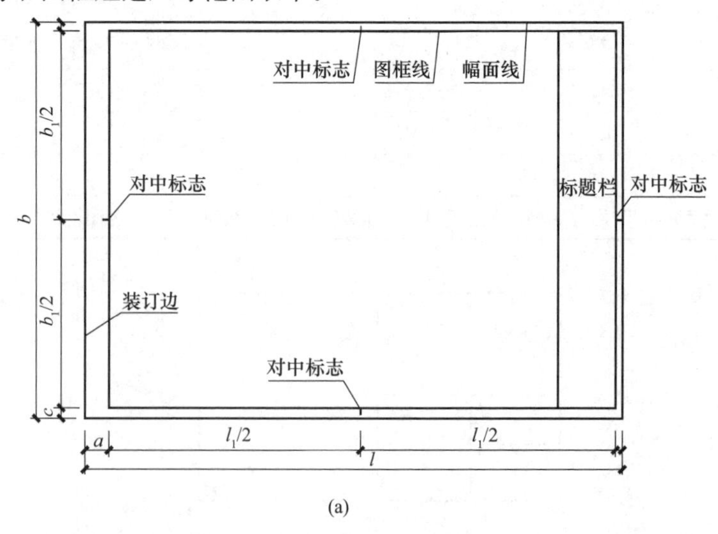

(a)

图1-15　横式幅面

(a)A0～A3横式幅面(一)

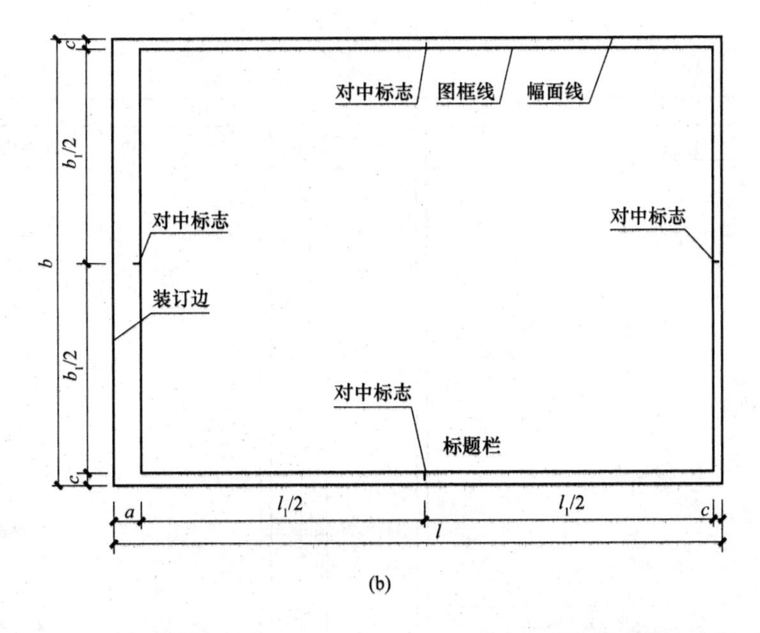

(b)

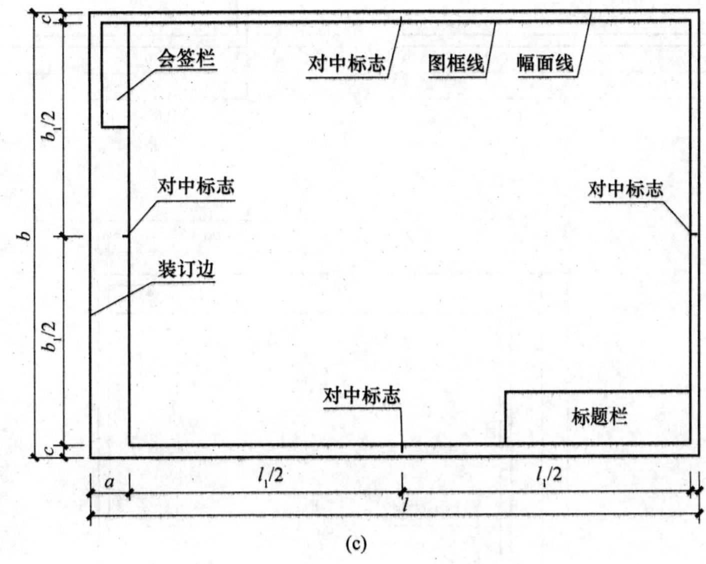

(c)

图 1-15　横式幅面(续)

(b)A0～A3 横式幅面(二)；(c)A0～A1 横式幅面

4. 标题栏

每张图纸都应在图框的右下角设有标题栏，简称图标。当采用图 1-15(a)、图 1-15(b)、图 1-16(a)及图 1-16(b)布置时，标题栏应按图 1-17(a)、图 1-17(b)所示布局；当采用图 1-15(c)及图 1-16(c)布置时，标题栏应按图 1-17(c)、图 1-17(d)所示布局。

5. 会签栏

需要各相关工种负责人会签的图纸，还应在图框外的左上角或右上角设有会签栏。会签栏的尺寸为 100 mm×20 mm，栏内应填写会签人员所代表的专业、姓名、日期(年、月、日)等。其格式如图 1-18 所示。

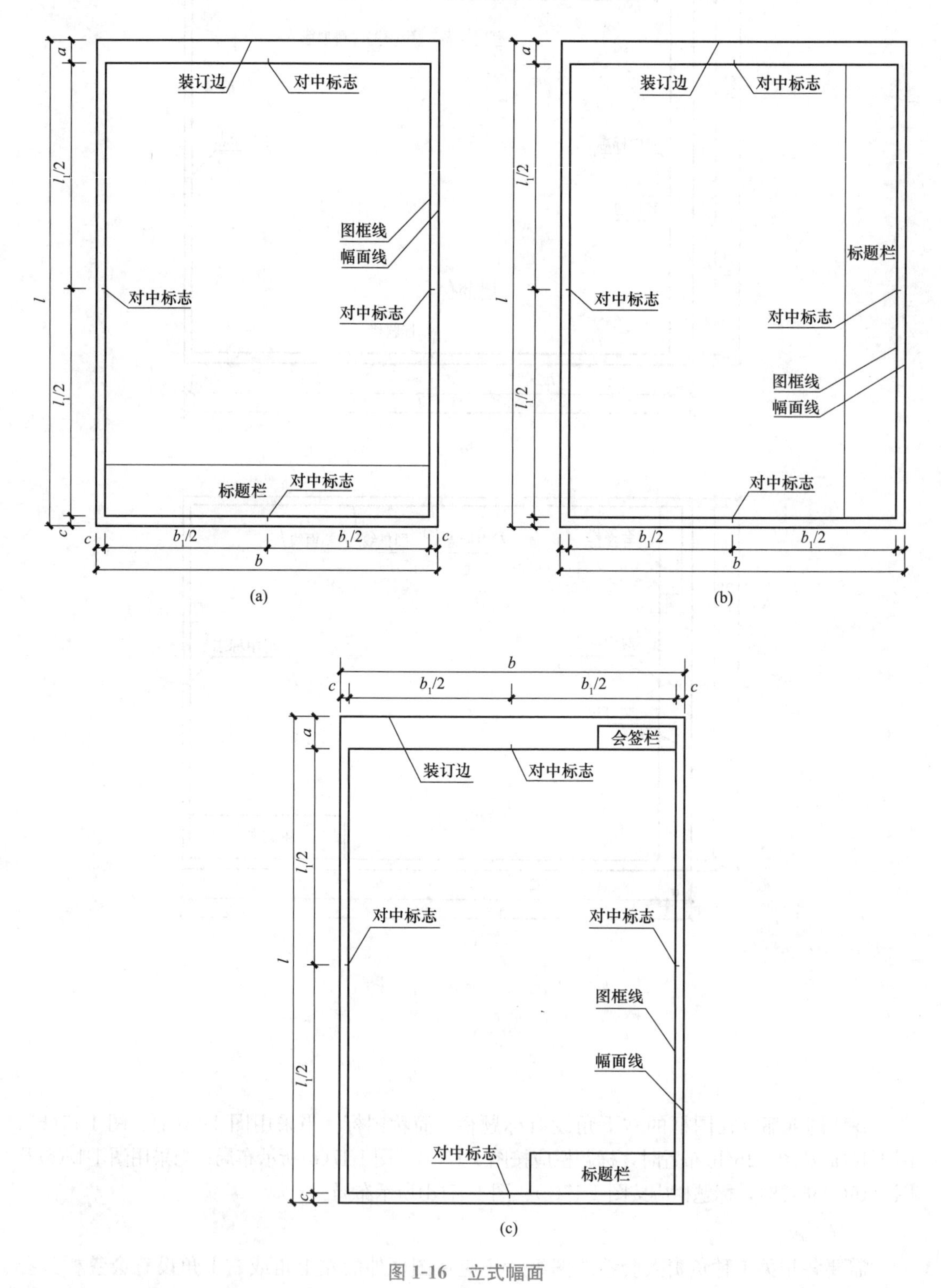

图 1-16　立式幅面

(a)A0～A4 立式幅面(一)；(b)A0～A4 立式幅面(二)；(c)A0～A2 立式幅面

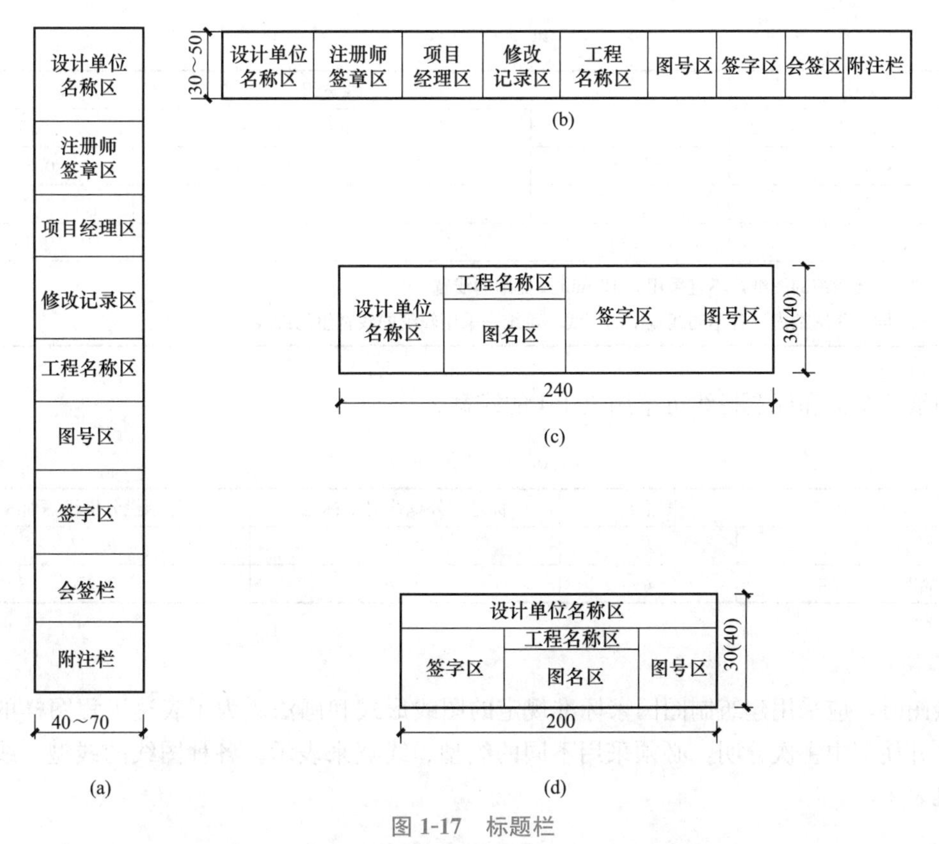

图 1-17　标题栏

(a)标题栏(一)；(b)标题栏(二)；(c)标题栏(三)；(d)标题栏(四)

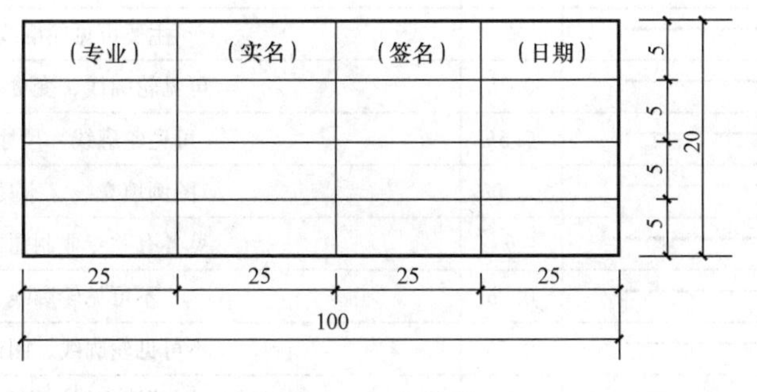

图 1-18　会签栏

二、图线

1. 图线宽度

建筑图样中采用粗、中粗、中、细四种图线宽度，它们的比例关系为 1∶0.7∶0.5∶0.25。图线的基本线宽 b，宜按照图纸比例及图纸性质从 1.4 mm、1.0 mm、0.7 mm、0.5 mm 线宽系列中选取。每个图样，应根据复杂程度与比例大小，先选定基本线宽 b，再选用表 1-3 中相应的线宽组。

表 1-3　线宽组　mm

线宽比	线宽组			
b	1.4	1.0	0.7	0.5
$0.7b$	1.0	0.7	0.5	0.35
$0.5b$	0.7	0.5	0.35	0.25
$0.25b$	0.35	0.25	0.18	0.13
注：1. 需要微缩的图纸，不宜采用 0.18 mm 及更细的线宽。 2. 同一张图纸内，各不同线宽中的细线，可统一采用较细的线宽组的细线。				

图纸的图框和标题栏线可采用表 1-4 的线宽。

表 1-4　图框和标题栏线的宽度　mm

幅面代号	图框线	标题栏外框线对中标志	标题栏分格线幅面线
A0、A1	b	$0.5b$	$0.25b$
A2、A3、A4	b	$0.7b$	$0.35b$

2. 图线的线型与用途

绘图时，应采用建筑制图国家标准规定的图线形式和画法。为了表达工程图样的不同内容，并使图中主次分明，必须采用不同的线型、线宽来表示。各种图线的线型、线宽及用途见表 1-5。

表 1-5　图线

名称		线型	线宽	用途
实线	粗		b	主要可见轮廓线
	中粗		$0.7b$	可见轮廓线、变更云线
	中		$0.5b$	可见轮廓线、尺寸线
	细		$0.25b$	图例填充线、家具线
虚线	粗		b	见各有关专业制图标准
	中粗		$0.7b$	不可见轮廓线
	中		$0.5b$	不可见轮廓线、图例线
	细		$0.25b$	图例填充线、家具线
单点长画线	粗		b	见各有关专业制图标准
	中		$0.5b$	见各有关专业制图标准
	细		$0.25b$	中心线、对称线、轴线等
双点长画线	粗		b	见各有关专业制图标准
	中		$0.5b$	见各有关专业制图标准
	细		$0.25b$	假想轮廓线、成型前原始轮廓线
折断线	细		$0.25b$	断开界线
波浪线	细		$0.25b$	断开界线

3. 图线的画法

(1)相互平行的图例线，其净间隙或线中间隙不宜小于 0.2 mm。

(2)虚线、单点长画线或双点长画线的线段长度和间隔，宜各自相等。

(3)单点长画线或双点长画线，当在较小图形中绘制有困难时，可用实线代替。

(4)单点长画线或双点长画线的两端，不应采用点。点画线与点画线交接或点画线与其他图线交接时，应采用线段交接。

(5)虚线与虚线交接或虚线与其他图线交接时，应采用线段交接。虚线为实线的延长线时，不得与实线相接。

(6)图线不得与文字、数字或符号重叠、混淆，不可避免时，应首先保证文字的清晰。

三、字体

用图线绘制(图 1-19)图样，需用文字及数字加以注解，表明其尺寸大小、有关材料、构造做法、施工要点及标题等。

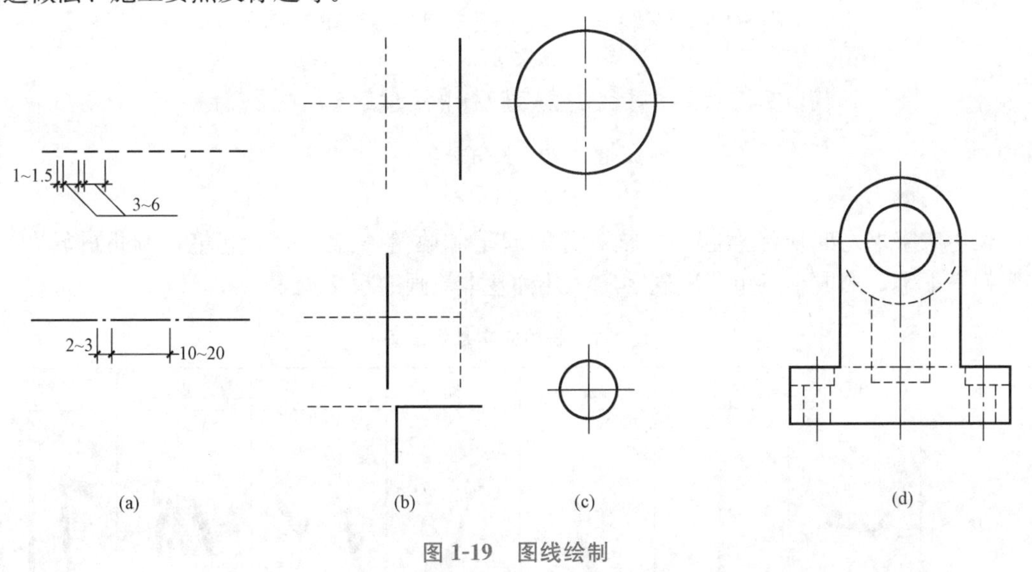

图 1-19 图线绘制

建筑工程图样中的字体有汉字、拉丁字母、阿拉伯数字、符号、代号等。图样中的字体应笔画清晰、端正、排列整齐、间隔均匀。如果图样上的文字和数字写得潦草，难以辨认，不仅影响图纸的清晰和美观，而且容易造成差错，造成工程损失。

文字的字高应从 3.5 mm、5 mm、7 mm、10 mm、14 mm、20 mm 中选用。如需书写更大的字，其高度应按 $\sqrt{2}$ 的倍数递增。

1. 汉字

图样及说明中的汉字，宜优先采用 True type 字体中的宋体字型，采用矢量字体时应为长仿宋体字型。同一图纸字体种类不应超过两种。矢量字体的宽高比宜为 0.7，且应符合表 1-6 的规定，打印线宽宜为 0.25～0.35 mm；True type 字体宽高比宜为 1。大标题、图册封面、地形图等的汉字，也可书写成其他字体，但应易于辨认，其宽高比宜为 1。

表 1-6　长仿宋字高宽关系　　mm

字高	3.5	5	7	10	14	20
字宽	2.5	3.5	5	7	10	14

汉字的简化字书写，必须符合国务院公布的《汉字简化方案》和有关规定。

长仿宋字的书写要领是横平竖直、起落分明、笔锋满格、结构匀称。其书写方法如图 1-20 所示。

10 号

排列整齐字体端正笔画清晰注意起落

7 号

字体基本上是横平竖直结构匀称写字前先画好格子

5 号

阿拉伯数字拉丁字母罗马数字和汉字并列书写时它们的字高比汉字高小

3.5 号

剖侧切截断面轴测示意主俯仰前后左右视向东西南北中心内外高低顶底长宽厚尺寸分厘毫米矩方

图 1-20　长仿宋字

长仿宋字书写时应注意起落，横、竖的起笔和收笔，撇、钩的起笔，钩折的转角等，都要顿一下笔，形成小三角和出现字肩。几种基本笔画的写法见表 1-7。

表 1-7　长仿宋字基本笔画

名称	横	竖	撇	捺	提	点	钩
形状							
笔法							

2. 数字和字母

图样及说明中的字母、数字，宜优先采用 True type 字体中的 Roman 字型。书写规则应符合表 1-8 的规定。字母及数字，当需写成斜体字时，其斜度应是从字的底线逆时针向上倾斜 75°。斜体字的高度和宽度应与相应的直体字相等。

表 1-8 字母及数字的书写规则

书写格式	字体	窄字体
小写字母高度(上下均无延伸)	$7/10h$	$10/14h$
小写字母伸出的头部或尾部	$3/10h$	$4/14h$
笔画宽度	$1/10h$	$1/14h$
字母间距	$2/10h$	$2/14h$
上下行基准线的最小间距	$15/10h$	$21/14h$
词间距	$6/10h$	$6/14h$

字母与数字的字高，不应小于 2.5 mm。数量的数值注写，应采用正体阿拉伯数字。各种计量单位凡前面有量值的，均应采用国家颁布的单位符号注写。单位符号应采用正体字母。分数、百分数和比例数的注写，应采用阿拉伯数字和数学符号，如四分之三、百分之二十五和一比二十应分别写成$\frac{3}{4}$、25％和 1∶20。当注写的数字小于 1 时，应写出个位的"0"，小数点应采用圆点，齐基准线书写，如 0.01。

字母与数字的书写方法如图 1-21 所示。

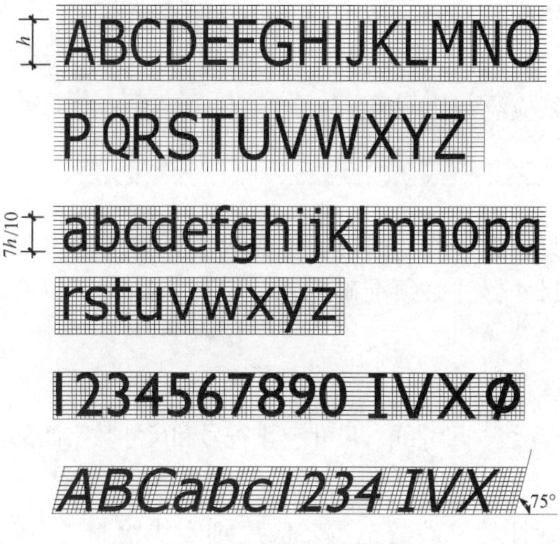

图 1-21 字母与数字的书写方法

四、比例

图样比例是指图形与实物相对应的线性尺寸之比。其是线段之比而不是面积之比，即

$$比例=\frac{图形画出的长度(图距)}{实物相应部位的长度(实距)}$$

图样比例的作用是为了将建筑结构和装饰结构不变形地缩小或放大在图纸上。比例的符号为"∶"，比例应用阿拉伯数字表示，如 1∶1、1∶2、1∶10 等。1∶10 表示图纸所画物体缩小为实体的 1/10；1∶1 表示图纸所画物体与实体一样大。比例宜注写在图名的右侧，

字的基准线应取平；比例的字高宜比图名的字高小一号或二号(图 1-22)。

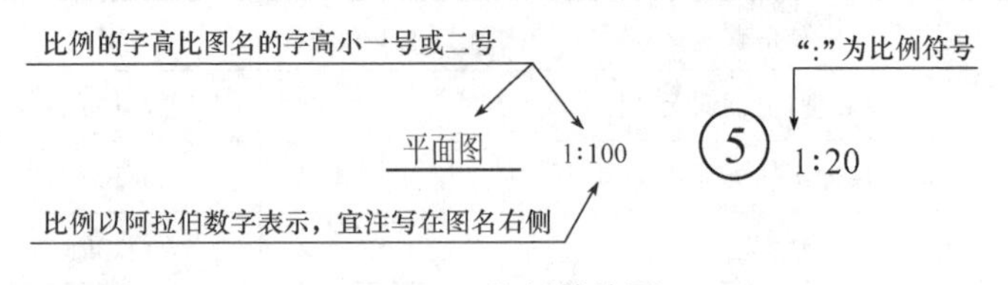

图 1-22　比例的注写

绘图所用的比例，应根据图样的用途与被绘对象的复杂程度，从表 1-9 中选用，并应优先采用表中常用比例。

表 1-9　绘图所用的比例

常用比例	1∶1、1∶2、1∶5、1∶10、1∶20、1∶30、1∶50、1∶100、1∶150、1∶200、1∶500、1∶1 000、1∶2 000
可用比例	1∶3、1∶4、1∶6、1∶15、1∶25、1∶40、1∶60、1∶80、1∶250、1∶300、1∶400、1∶600、1∶5 000、1∶10 000、1∶20 000、1∶50 000、1∶100 000、1∶200 000
注：无论采用何种比例绘图，尺寸数值均按原值标注，与绘图的准确程度及所用比例无关。	

一般情况下，一个图样应选用一种比例。根据专业制图需要，同一图样可选用两种比例。特殊情况下也可自选比例，这时除应注出绘图比例外，还应在适当位置绘制出相应的比例尺。需要微缩的图纸应绘制比例尺。

五、尺寸标注

工程图样中的图形只表达建筑物的形状，其大小还需要通过尺寸标注来表示。图样尺寸是施工的重要依据，尺寸标注必须准确无误、字体清晰，不得有遗漏，否则会造成很大的工程损失。

(一)尺寸的组成

图样上的尺寸由尺寸界线、尺寸线、尺寸起止符号和尺寸数字四部分组成，如图 1-23 所示。

1. 尺寸界线

尺寸界线表示所要标注轮廓线的范围，应用细实线绘制，一般应与被标注长度垂直，其一端应离开图样轮廓线不小于 2 mm，另一端宜超出尺寸线 2～3 mm。图样轮廓线可用作尺寸界线(图 1-24)。

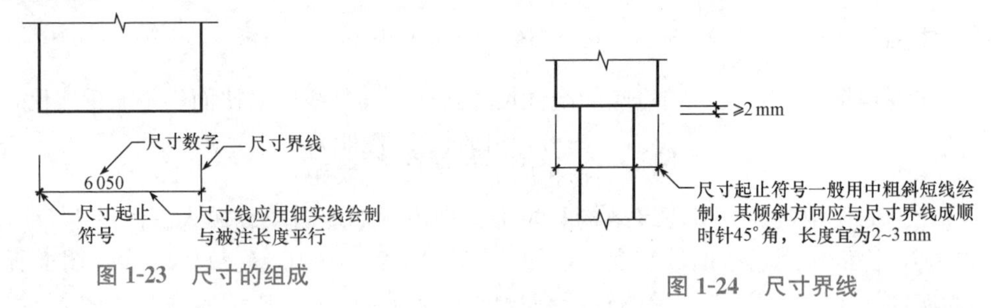

图 1-23　尺寸的组成

图 1-24　尺寸界线

2. 尺寸线

尺寸线表示所要标注轮廓线的方向，用细实线绘制，与被标注长度平行，两端宜以尺寸界线为边界，也可超出尺寸界线 2～3 mm。图样本身的任何图线均不得用作尺寸线。

3. 尺寸起止符号

尺寸起止符号是尺寸的起点和止点。建筑工程图样中的尺寸起止符号一般用中粗短线绘制，长度宜为 2～3 mm，其倾斜方向应与尺寸界线成顺时针 45°角(图 1-24)。半径、直径、角度和弧长的尺寸起止符号，宜用箭头表示，箭头宽度 b 不宜小于 1 mm，如图 1-25 所示。

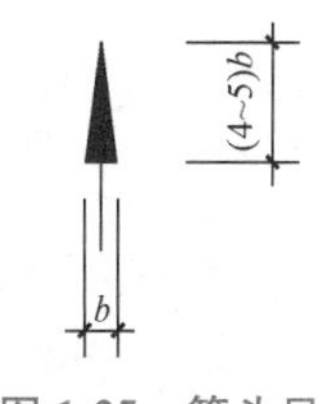

图 1-25　箭头尺寸起止符号

4. 尺寸数字

建筑工程图样中的尺寸数字表示的是建筑物的实际大小，与所绘图样的比例和精确度无关。图样上的尺寸应以尺寸数字为准，不得从图上直接量取。图样上的尺寸单位，除标高及总平面以米为单位外，其他必须以毫米为单位。尺寸数字的方向应按图 1-26(a)所示的规定注写。若尺寸数字在 30°斜线区内，宜按图 1-26(b)所示的形式注写。

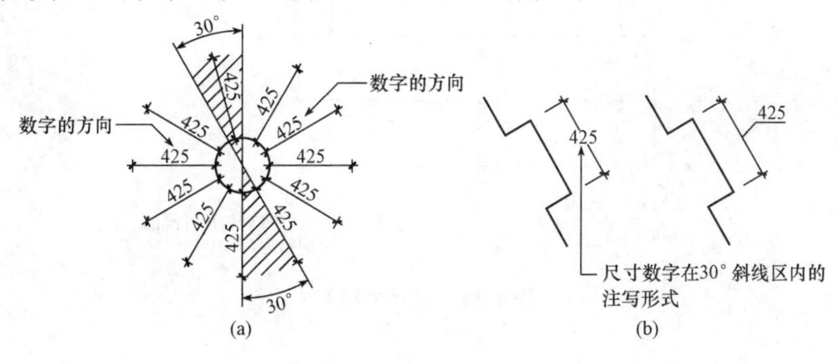

图 1-26　尺寸数字的注写方向

尺寸数字一般应依据其方向注写在靠近尺寸线的上方中部。如没有足够的注写位置，最外边的尺寸数字可注写在尺寸界线的外侧，中间相邻的尺寸数字可错开注写，可用引出线表示标注尺寸的位置(图 1-27)。

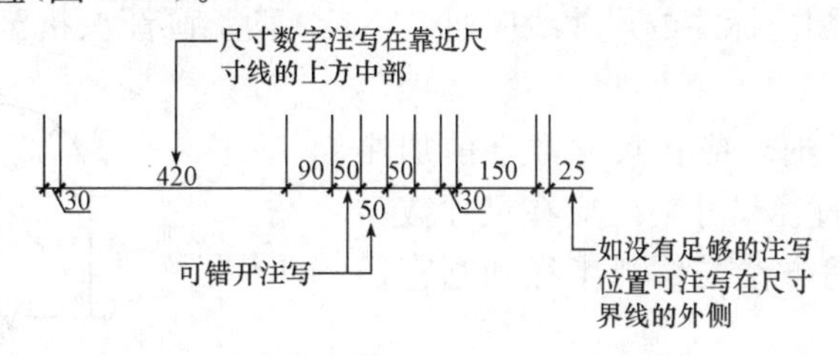

图 1-27　尺寸数字的注写位置

(二)尺寸的排列与布置

尺寸宜标注在图样轮廓线以外，不宜与图线、文字及符号等相交，如图 1-28 所示。

互相平行的尺寸线，应从被注写的图样轮廓线由近向远整齐排列，较小尺寸应距离轮廓线较近，较大尺寸应距离轮廓线较远。图样轮廓线以外的尺寸界线，与图样最外轮廓之间的距离不宜小于 10 mm。平行排列的尺寸线的间距宜为 7～10 mm，并应保持一

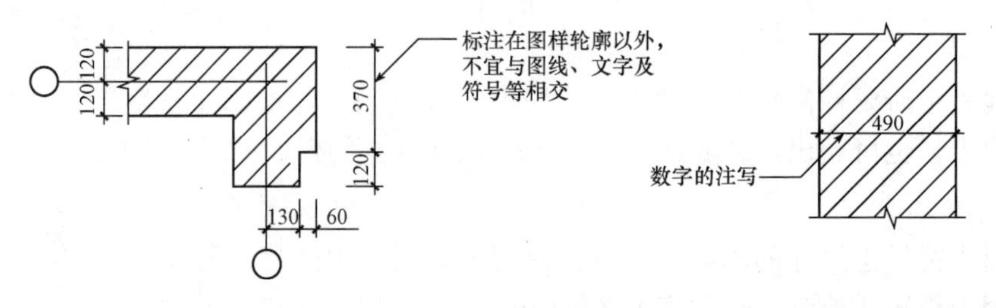

图 1-28　尺寸数字的注写

致。总尺寸的尺寸界线应靠近所指部位，中间的分尺寸的尺寸界线可稍短，但其长度应相等，如图 1-29 所示。

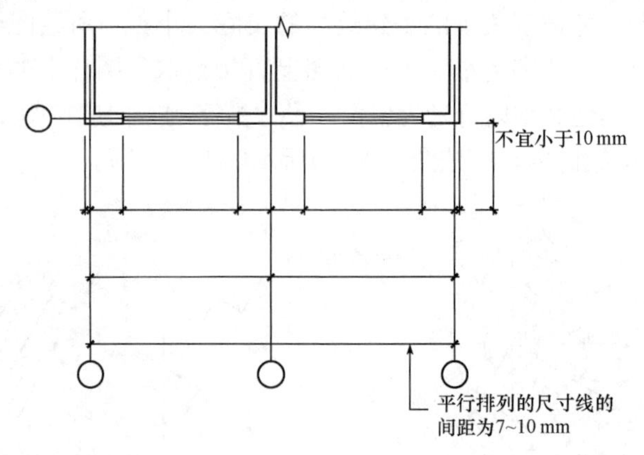

图 1-29　尺寸的排列

（三）圆、球体的尺寸标注

1. 直径、半径的标注

圆、球体的尺寸标注，通常标注其直径和半径。半径的尺寸线应一端从圆心开始，另一端画箭头指向圆弧。半径数字前应加注半径符号“*R*”。标注圆的直径尺寸时，直径数字前应加直径符号“ϕ”。在圆内标注的尺寸线应通过圆心，两端画箭头指至圆弧。较小圆的直径尺寸，可标注在圆外。

标注球的半径尺寸时，应在尺寸数字前加注符号“*SR*”；标注球的直径尺寸时，应在尺寸数字前加注符号“$S\phi$”。注写方法与圆弧半径和圆直径的尺寸标注方法相同。

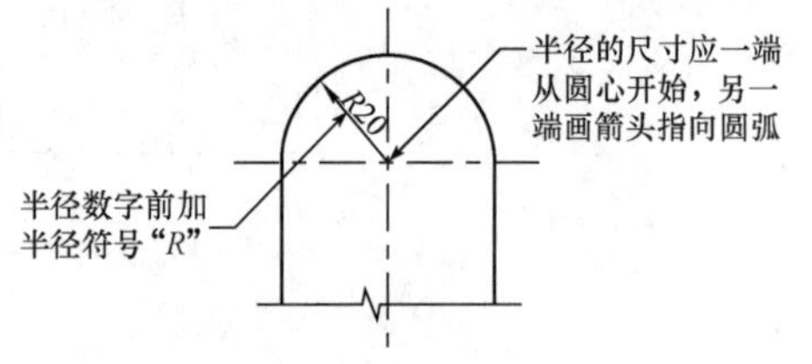

图 1-30　半径标注方法

圆、球体半径、直径的标注方法如图 1-30～图 1-34 所示。

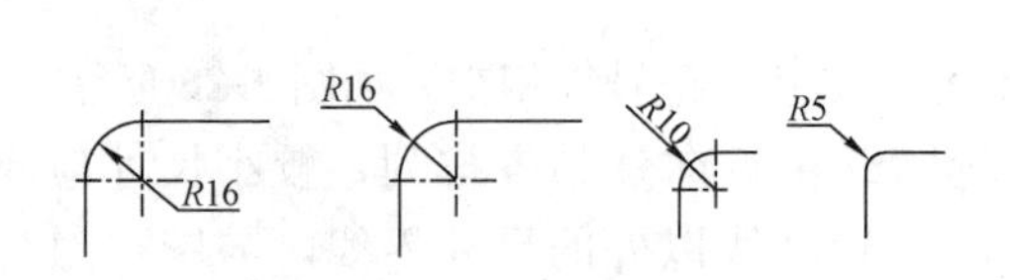

图 1-31　小圆弧半径标注方法

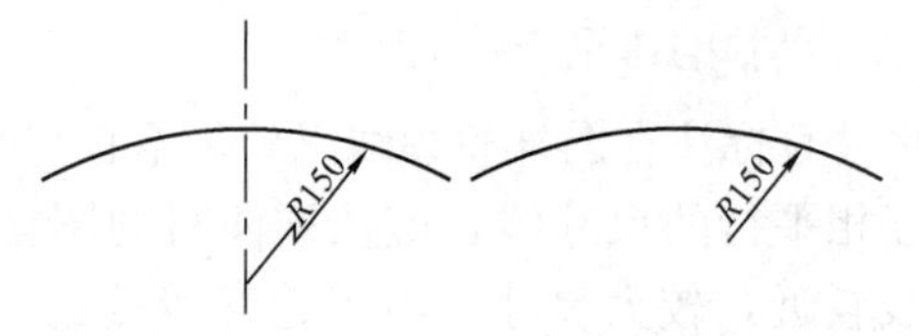

图 1-32　大圆弧半径标注方法

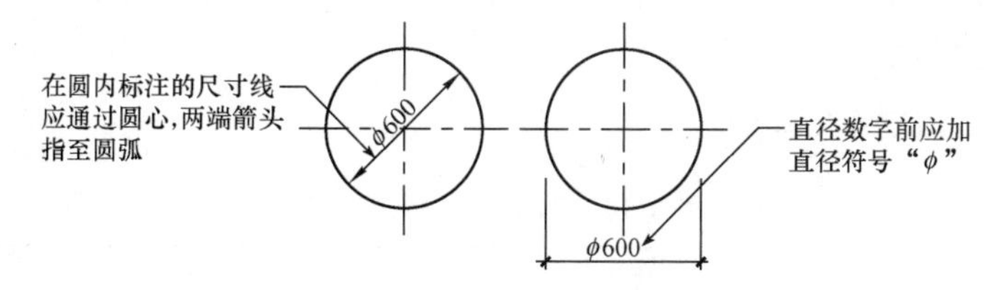

图 1-33　大圆直径标注方法

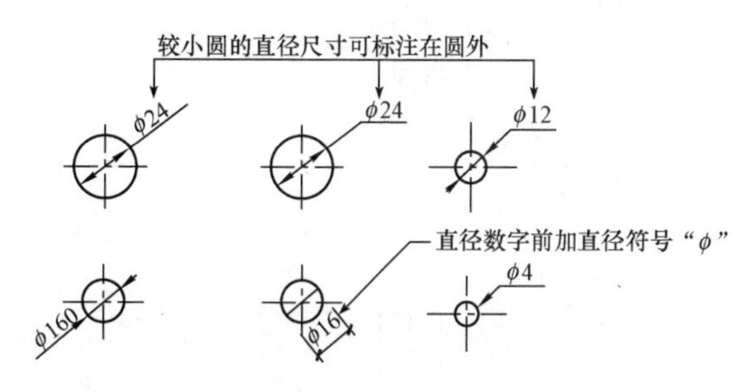

图 1-34　小圆直径标注方法

2. 角度、弧长、弦长的标注

角度的尺寸线应以圆弧表示。该圆弧的圆心应是该角的顶点，角的两条边为尺寸界线。起止符号应以箭头表示，如没有足够位置画箭头，可用圆点代替，角度数字应沿尺寸线方向注写(图 1-35)。

标注圆弧的弧长时，尺寸线应以与该圆弧同心的圆弧线表示，尺寸界线应指向圆心，起止符号用箭头表示，弧长数字上方应加注圆弧符号“⌒”(图 1-36)。

标注圆弧的弦长时，尺寸线应以平行于该弦的直线表示，尺寸界线应垂直于该弦，起止符号用中粗斜短线表示(图 1-37)。

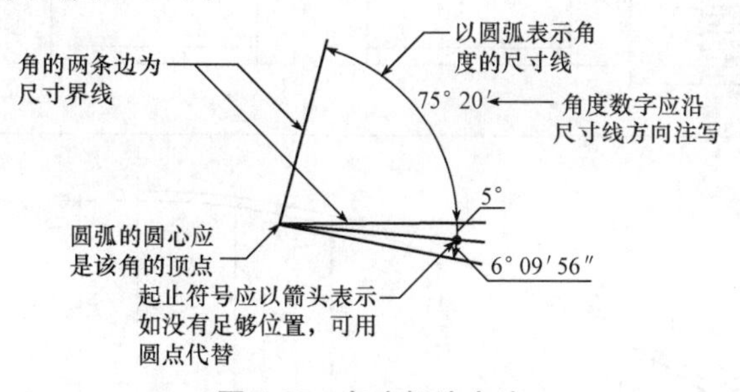

图 1-35　角度标注方法

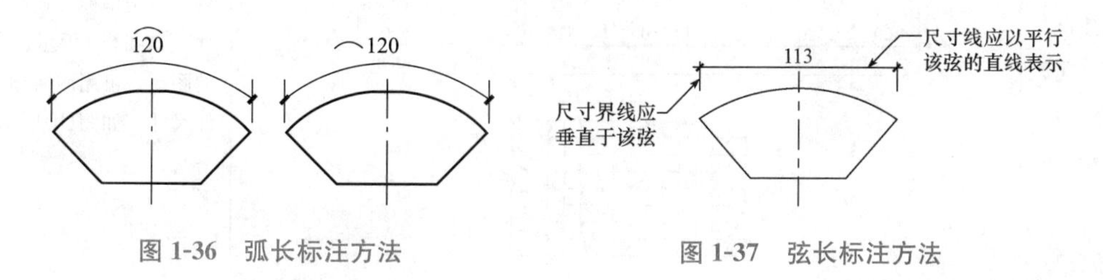

图 1-36　弧长标注方法

图 1-37　弦长标注方法

(四)其他尺寸标注

其他尺寸标注方法见表 1-10。

表 1-10　其他尺寸标注方法

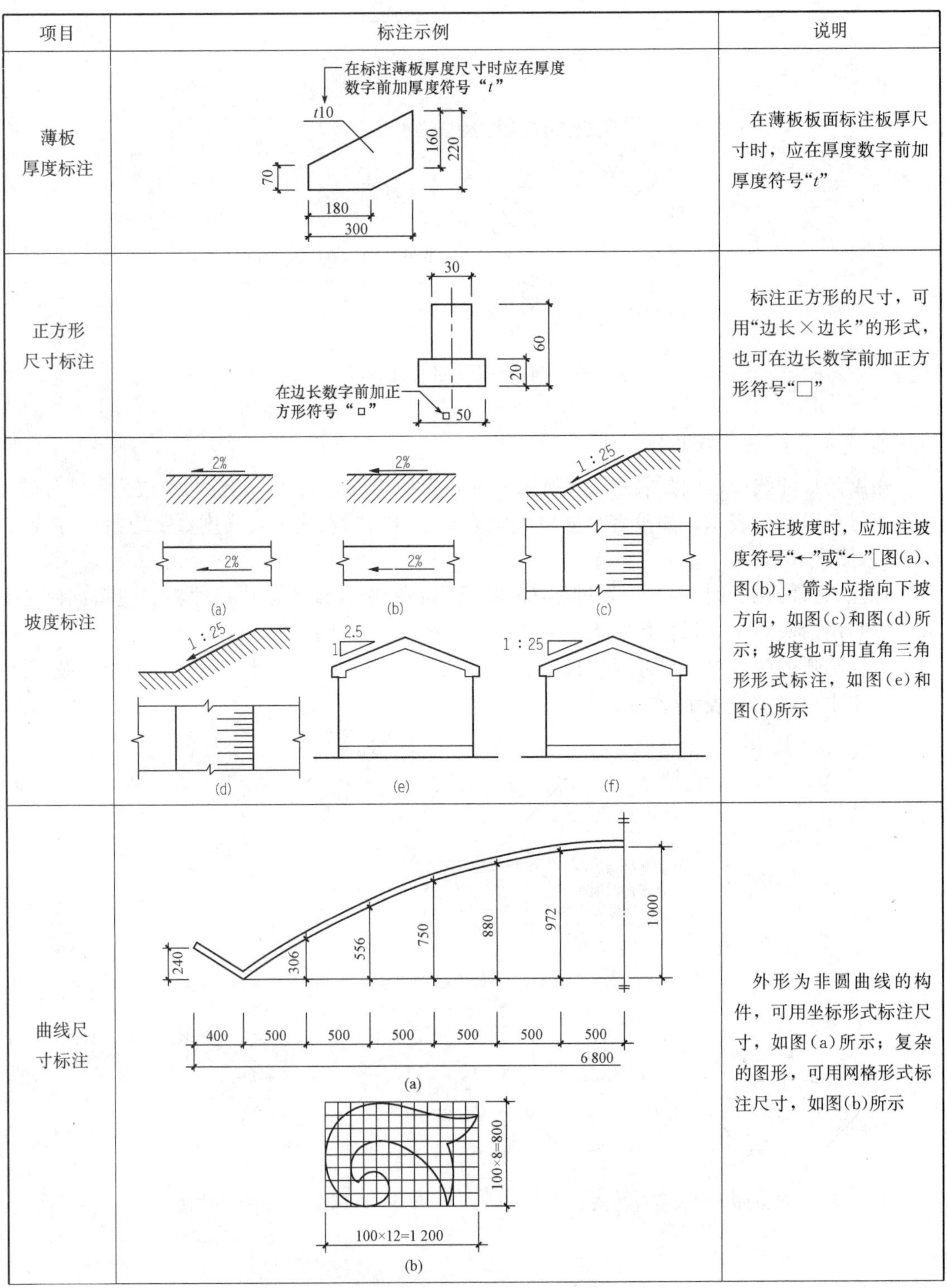

项目	标注示例	说明
薄板厚度标注	在标注薄板厚度尺寸时应在厚度数字前加厚度符号“t” t10　160　220　70　180　300	在薄板板面标注板厚尺寸时，应在厚度数字前加厚度符号“t”
正方形尺寸标注	30　60　20 在边长数字前加正方形符号“□”　□50	标注正方形的尺寸，可用“边长×边长”的形式，也可在边长数字前加正方形符号“□”
坡度标注	2%　2%　1：25 2%　2% (a)　(b)　(c) 1：25　2.5　1　1：25 (d)　(e)　(f)	标注坡度时，应加注坡度符号“←”或“←”[图(a)、图(b)]，箭头应指向下坡方向，如图(c)和图(d)所示；坡度也可用直角三角形形式标注，如图(e)和图(f)所示
曲线尺寸标注	240　306　556　750　880　972　1000 400　500　500　500　500　500　500 6 800 (a) 100×8=800 100×12=1 200 (b)	外形为非圆曲线的构件，可用坐标形式标注尺寸，如图(a)所示；复杂的图形，可用网格形式标注尺寸，如图(b)所示

续表

项目	标注示例	说明
杆件或管线长度标注	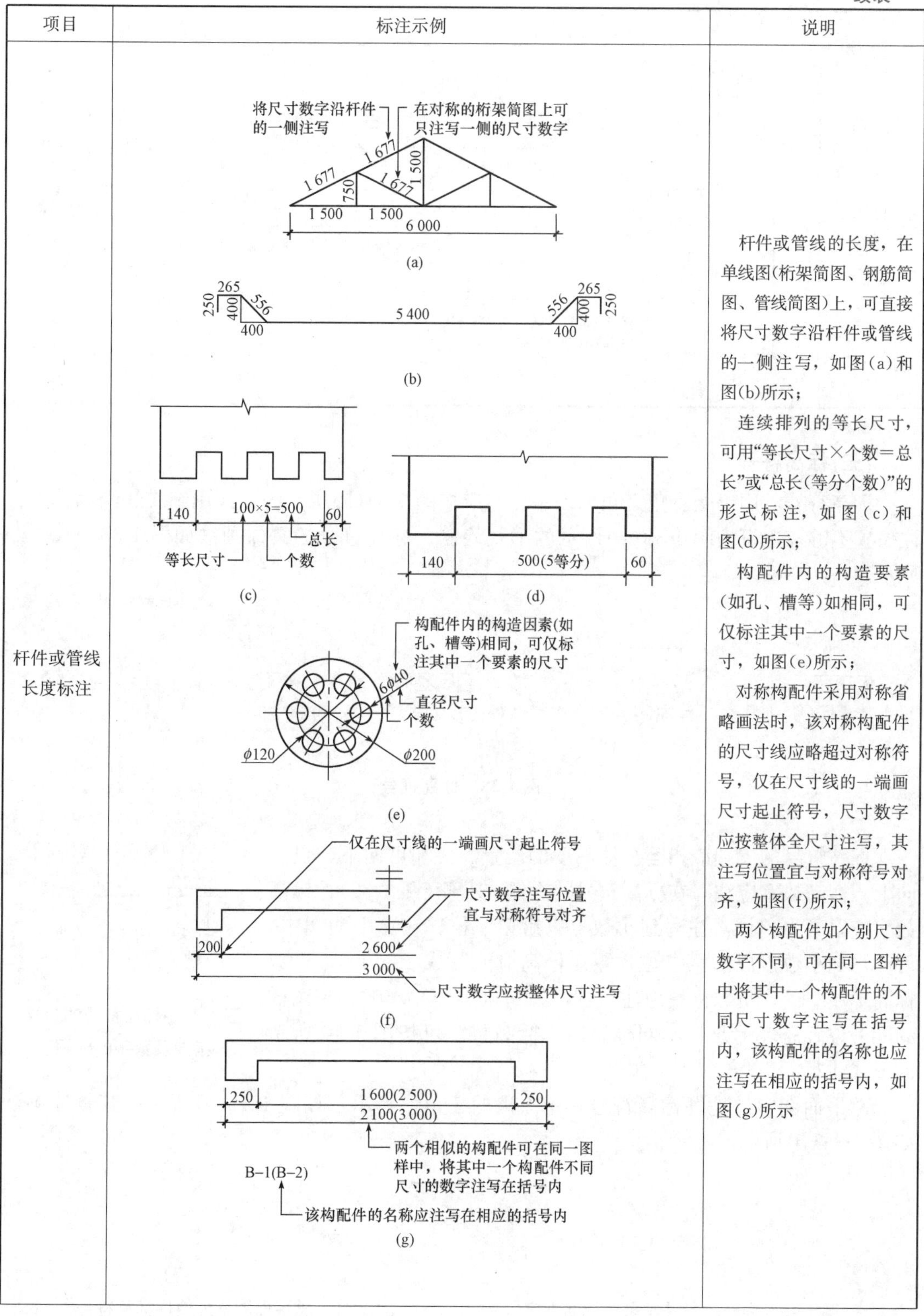	杆件或管线的长度，在单线图(桁架简图、钢筋简图、管线简图)上，可直接将尺寸数字沿杆件或管线的一侧注写，如图(a)和图(b)所示； 连续排列的等长尺寸，可用“等长尺寸×个数＝总长”或“总长(等分个数)”的形式标注，如图(c)和图(d)所示； 构配件内的构造要素(如孔、槽等)如相同，可仅标注其中一个要素的尺寸，如图(e)所示； 对称构配件采用对称省略画法时，该对称构配件的尺寸线应略超过对称符号，仅在尺寸线的一端画尺寸起止符号，尺寸数字应按整体全尺寸注写，其注写位置宜与对称符号对齐，如图(f)所示； 两个构配件如个别尺寸数字不同，可在同一图样中将其中一个构配件的不同尺寸数字注写在括号内，该构配件的名称也应注写在相应的括号内，如图(g)所示

续表

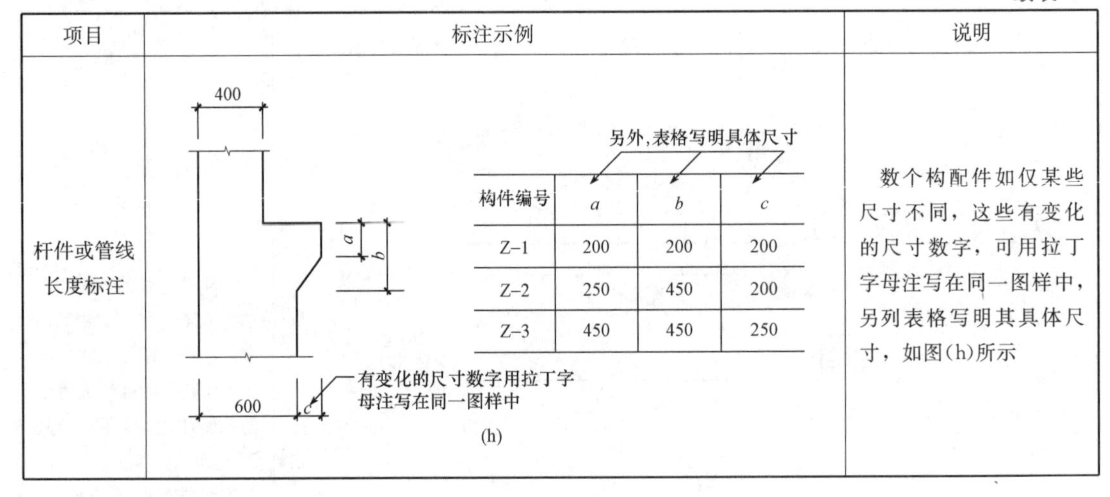

项目	标注示例	说明
杆件或管线长度标注	(h)	数个构配件如仅某些尺寸不同，这些有变化的尺寸数字，可用拉丁字母注写在同一图样中，另列表格写明其具体尺寸，如图(h)所示

构件编号	a	b	c
Z-1	200	200	200
Z-2	250	450	200
Z-3	450	450	250

(五)标高符号

标高符号应用等腰直角三角形表示，并应按图 1-38(a)所示的形式用细实线绘制，如标注位置不够，也可按图 1-38(b)所示的形式绘制。标高符号的具体画法如图 1-38(c)、(d)所示。

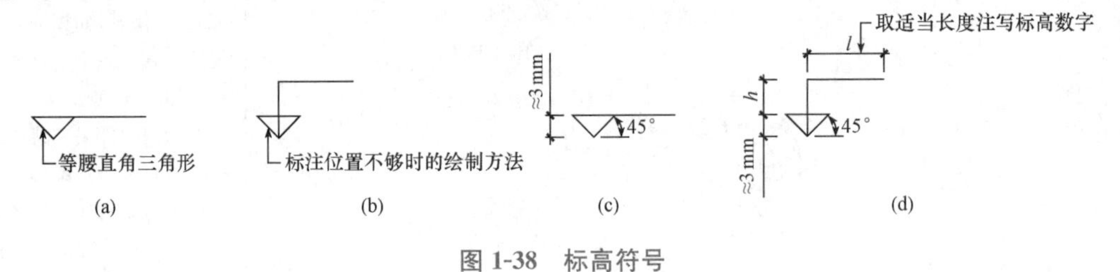

图 1-38　标高符号

标高符号的尖端应指至被注高度的位置。尖端可向下，也可向上。标高数字应注写在标高符号的上侧或下侧(图 1-39)；标高数字应以米为单位，注写到小数点以后第三位。在总平面图中，可注写到小数点以后第二位；零点标高应注写成±0.000，正数标高不注“+”，负数标高应注“-”，如 3.000、-0.600；在图样的同一位置需表示几个不同标高时，标高数字可按图 1-40 所示的形式注写。

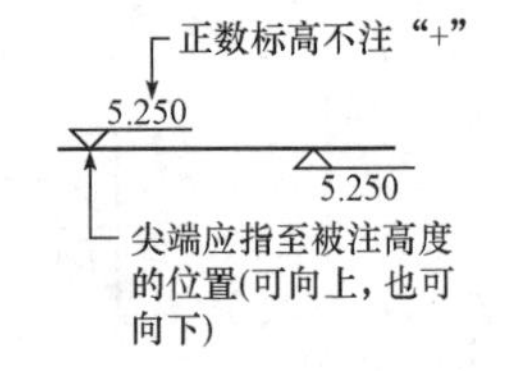

图 1-39　标高符号的尖端指向及数字的注写

总平面图室外地坪标高符号宜用涂黑的三角形表示，如图 1-41(a)所示。其具体画法如图 1-41(b)所示。

图 1-40　同一位置注写多个标高数字

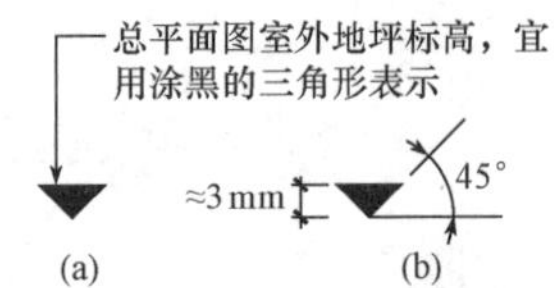

图 1-41　总平面图室外地坪标高符号

第三节 几何作图

学习提示

建筑物的各部分或者机械的各种零件，它们的形状和轮廓虽然各不相同，但是在分析时，通常都是由一些直线和曲线等几何图形所组成的。几何作图就是按照已知条件，使用各种绘图仪器，运用几何学的原理和作图方法作出所需要的图形。

按照正确的作图方法，才能准确地绘制出图样。在本节中，将主要介绍直线段的等分、正多边形绘制、圆弧连接及椭圆绘制的方法和作图步骤。

相关知识

一、线段和角的等分

(1)线段的任意等分(图 1-42)。

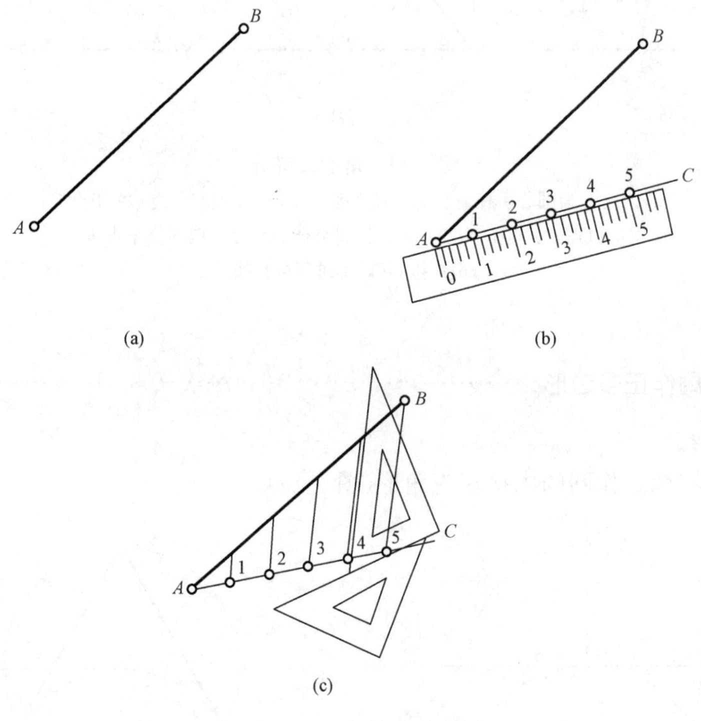

图 1-42 五等分线段

(a)已知直线段 AB；

(b)过点 A 作任意直线 AC，用直尺在 AC 上从点 A 起截取任意长度的五等份，得 1、2、3、4、5 点；

(c)连接 $B5$，再过其他点分别作直线平行于 $B5$，交 AB 于四个等分点，即所求

(2)任意等分两平行线间的距离(图 1-43)。

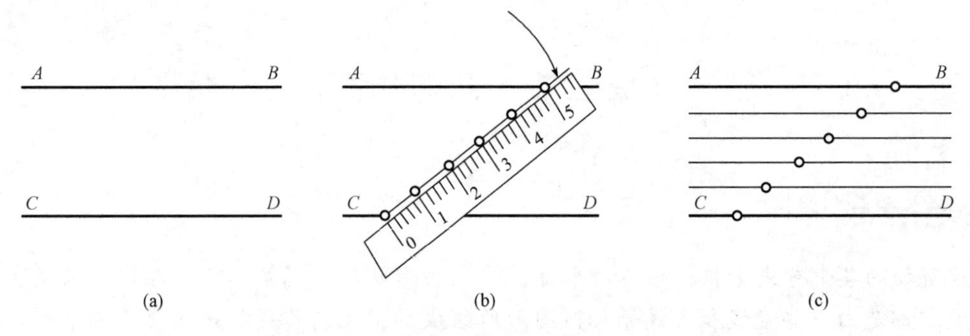

图 1-43　五等分两平行线间的距离

(a)已知平行线 AB 和 CD；

(b)置直尺 0 点于 CD 上，摆动尺身，使刻度 5 落在 AB 上，截得 1、2、3、4 各等分点；

(c)过各等分点作 AB(或 CD)的平行线，即所求

(3)角的二等分(图 1-44)。

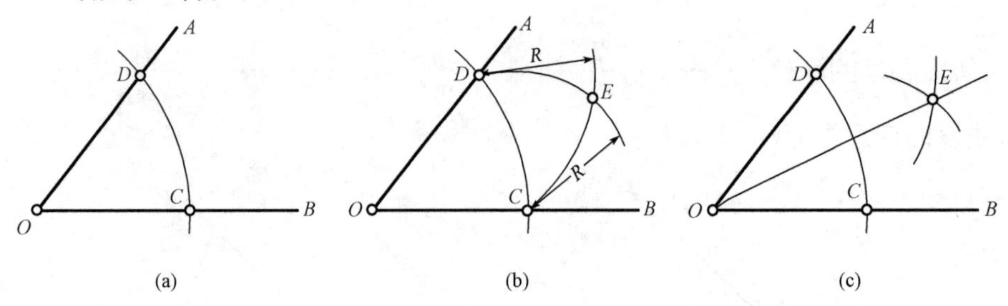

图 1-44　角的二等分

(a)以点 O 为圆心、任意长为半径作弧，交 OB 于点 C，交 OA 于点 D；

(b)以点 C、点 D 为圆心，以相同半径 R 作弧，两弧交于点 E；

(c)连接 OE，即求得分角线

■ 二、等分圆周作正多边形

(1)正三角形。

1)用圆规和三角板作圆的内接正三角形(图 1-45)。

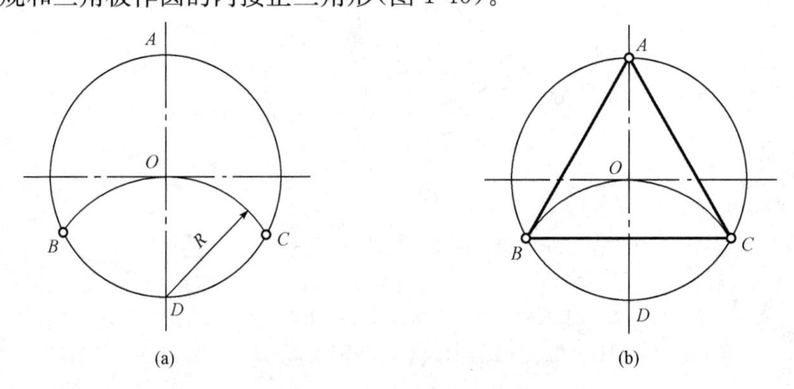

图 1-45　用圆规和三角板作圆的内接正三角形

(a)以点 D 为圆心，R 为半径作弧得 $\overset{\frown}{BC}$；(b)连接 AB、BC、CA 即得圆的内接正三角形

2)用丁字尺和三角板作圆的内接正三角形(图 1-46)。

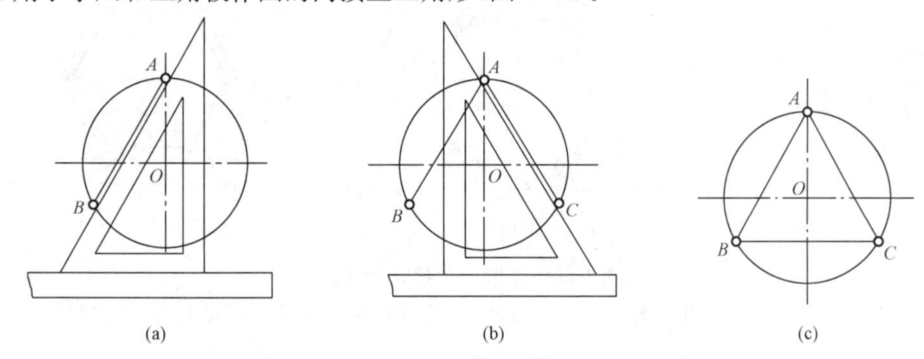

图 1-46　用丁字尺和三角板作圆的内接正三角形

(a)将 30°三角板的短直角边紧靠丁字尺工作边，沿斜边过点 A 作 AB；

(b)翻转三角板，沿斜边过点 A 作 AC；(c)连接 BC 即得圆的内接正三角形

(2)正四边形(图 1-47)。

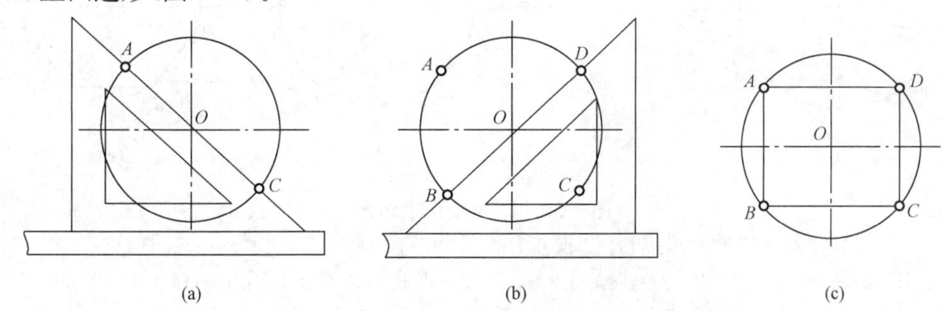

图 1-47　用丁字尺和三角板作圆的内接正四边形

(a)将 45°三角板的直角边紧靠丁字尺工作边，过圆心 O 沿斜边作直径 AC；

(b)翻转三角板，过圆心 O 沿斜边作直径 BD；

(c)依次连接 AB、BC、CD、DA，即得圆的内接正四边形

(3)正五边形(图 1-48)。

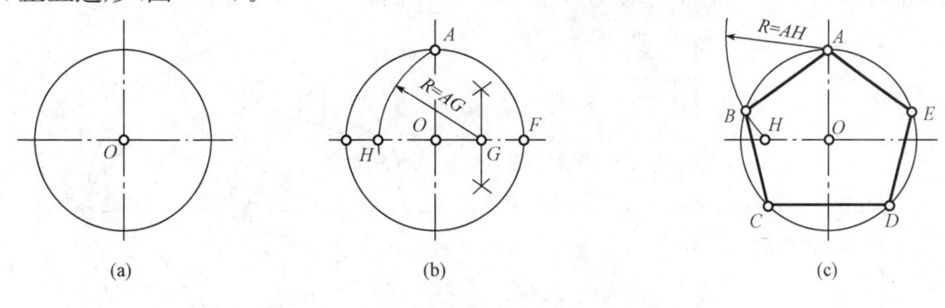

图 1-48　作圆的内接正五边形

(a)已知圆 O；

(b)作出半径 OF 的等分点 G，以点 G 为圆心、GA 为半径作圆弧，交直径于点 H；

(c)以 AH 为半径，分圆周为五等份，依次连各等分点 A、B、C、D、E，即所求

(4)正六边形(图 1-49)。

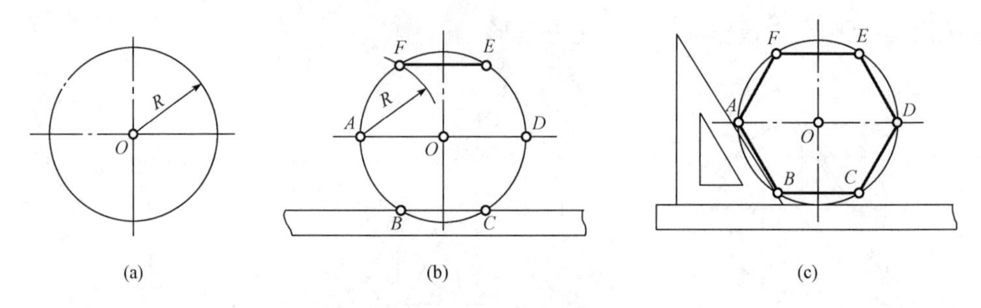

图 1-49　作圆的内接正六边形

(a)已知半径为 R 的圆；(b)用 R 划分圆周为六等份；(c)依次连接各等分点 A、B、C、D、E、F，即所求

(5)任意正多边形。以圆内接正七边形为例，说明任意正多边形的画法，如图 1-50 所示。

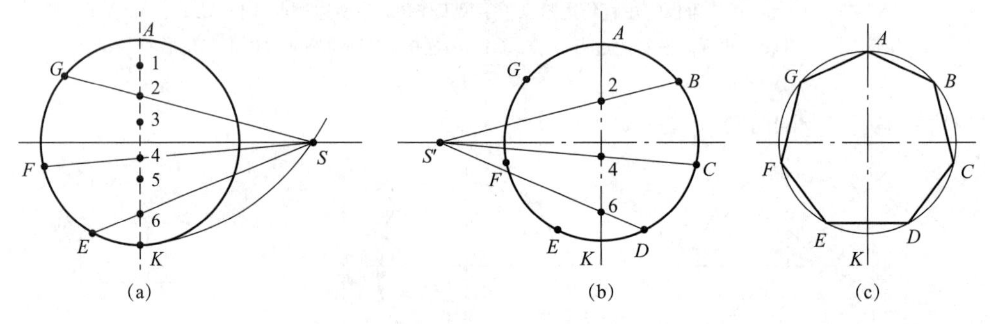

图 1-50　圆内接正七边形

(a)将直径 AK 等分为七等份，以点 A 为圆心、AK 为半径作弧，交水平中心线于点 S；

(b)延长连线 S2、S4、S6，与圆周交得点 G、F、E，再用边长 AG 作出它们的对称点 B、C、D；

(c)依次连接各等分点 A、B、C、D、E、F、G，即可得到圆内接正七边形

三、椭圆画法

1. 同心圆法画椭圆

已知椭圆长轴 AB、短轴 CD、中心点 O，求作椭圆(图 1-51)。

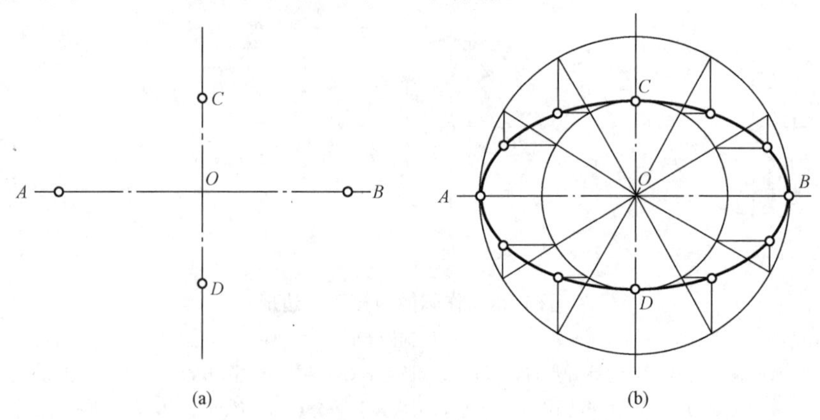

图 1-51　同心圆法画椭圆

(a)已知；(b)作图

2. 四心圆法画椭圆(近似)

已知椭圆长轴 AB、短轴 CD、中心点 O，求作椭圆(图 1-52)。

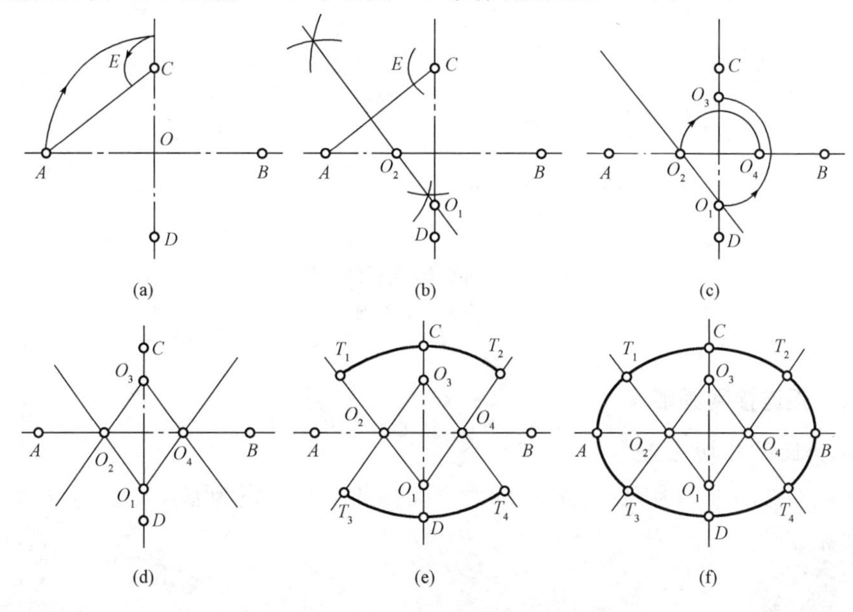

图 1-52　四心圆法画椭圆(近似)

四、圆弧连接

(一)用圆弧连接两直线

已知直线 L_1 和 L_2，连接圆弧的半径为 R，求作连接圆弧(图 1-53)。

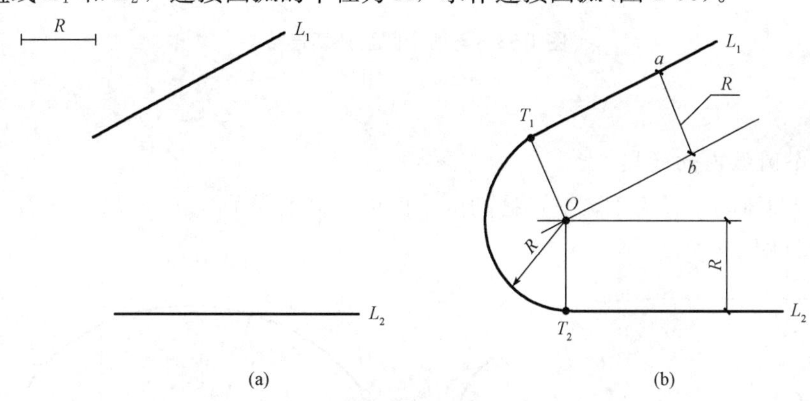

图 1-53　用圆弧连接两直线

(a)已知；(b)作图

(二)用圆弧连接直线和圆弧

已知连接圆弧的半径 R，被连接的圆弧圆心 O_1、半径 R_1 及直线 L，求作连接圆弧(要求与已知圆弧外切)(图 1-54)。

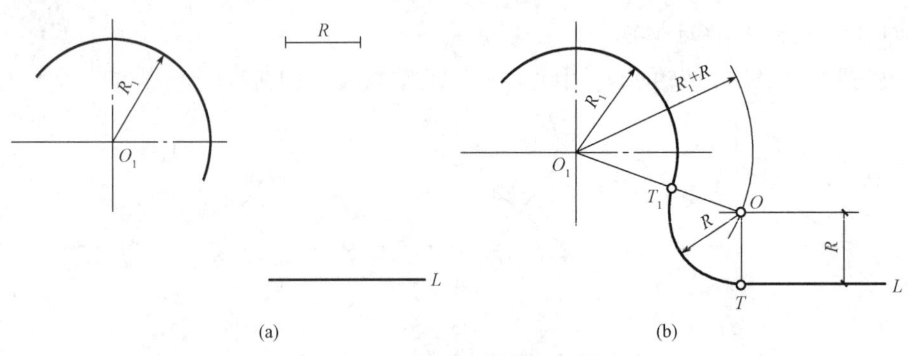

图 1-54　用圆弧连接直线和圆弧

(a)已知；(b)作图

(三)用圆弧连接两圆弧

1. 与两个圆弧外切连接

已知连接圆弧的半径为 R，被连接的两个圆弧的圆心分别为 O_1、O_2，半径为 R_1、R_2，求作连接圆弧(图 1-55)。

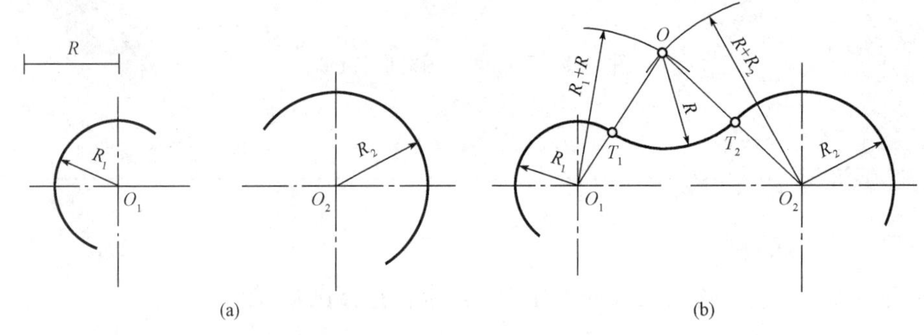

图 1-55　与两个圆弧外切连接

(a)已知；(b)作图

2. 与两个圆弧内切连接

已知连接圆弧的半径为 R，被连接的两个圆弧的圆心分别为 O_1、O_2，半径为 R_1、R_2，求作连接圆弧(图 1-56)。

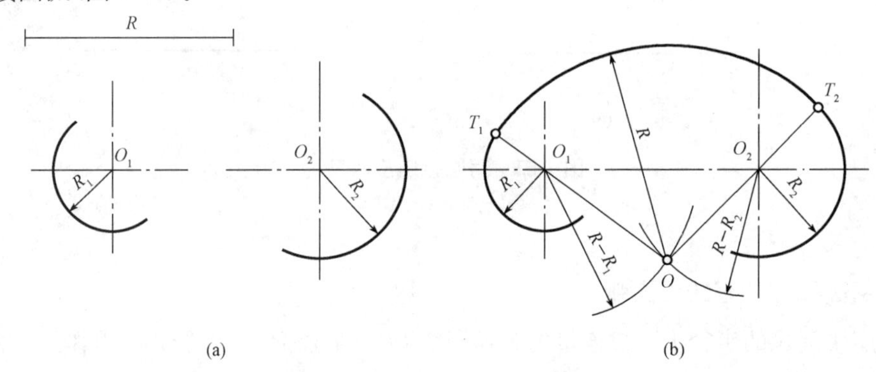

图 1-56　与两个圆弧内切连接

(a)已知；(b)作图

3. 与一个圆弧外切，与另一个圆弧内切

已知连接圆弧的半径为 R，被连接的两个圆弧的圆心分别为 O_1、O_2，半径为 R_1、R_2，求作一连接圆弧，使其与圆弧 O_1 外切，与圆弧 O_2 内切(图 1-57)。

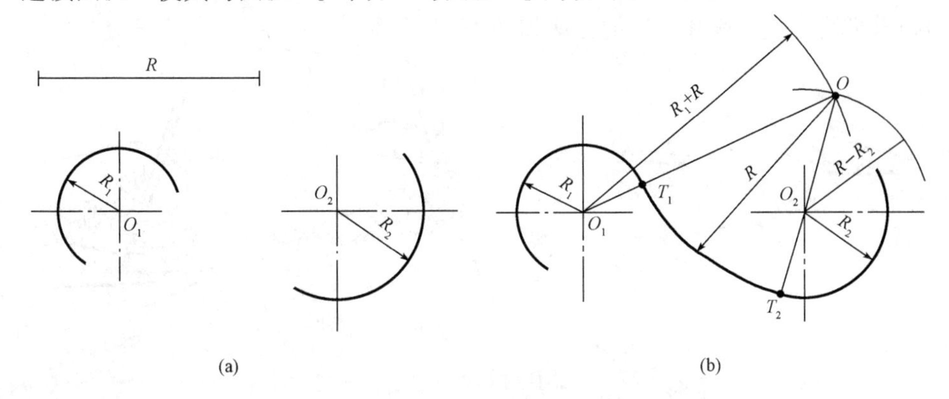

图 1-57　与圆弧内外切

(a)已知；(b)作图

第四节　制图的一般方法和步骤

相关知识

一、用绘图工具和仪器绘制图样

(1)准备工作。

1)收集、阅读有关文件资料，对所绘制图样的内容及要求进行了解，在绘图之前做到心中有数。

2)准备好必要的制图仪器、工具和用品。

3)将图纸用胶带纸固定在图板的适当位置上，一般将图纸固定在图板的左下方。

(2)画底稿。

1)按制图标准的要求，先将图框线及标题栏的位置画好。

2)根据图样的数量、大小及复杂程度选择比例，安排图位，定好图形的中心线。

3)画图形的主要轮廓线，再由大到小，由整体到局部，直至画出所有轮廓线。

4)画尺寸界线、尺寸线及其他符号等。

5)最后进行仔细检查，擦去多余的底稿线。

(3)用铅笔加深。

(4)描图。

■ 二、用铅笔徒手绘制草图

不用仪器，徒手作出的图称为草图。草图最好画在方格纸上。

(1)画水平线、竖直线和斜线的方法如图 1-58 所示。

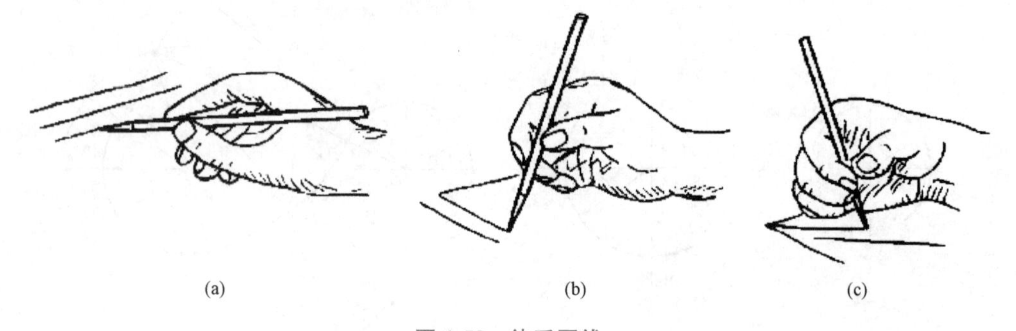

(a) (b) (c)

图 1-58　徒手画线

(a)画水平线；(b)画竖直线；(c)画斜线

(2)徒手画角的方法与步骤如图 1-59 所示。

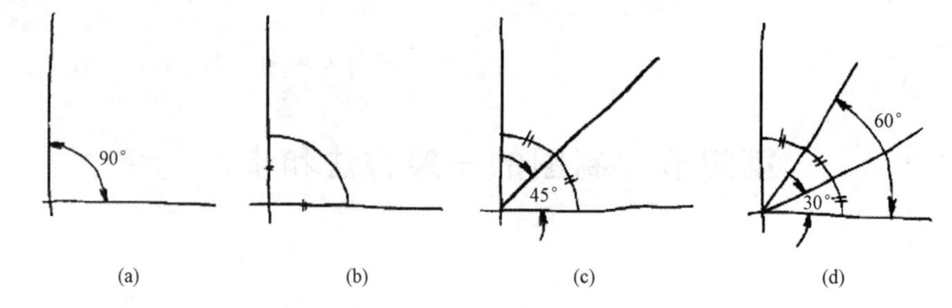

(a) (b) (c) (d)

图 1-59　徒手画角

(a)徒手画一直角；(b)在直角处作一圆弧；

(c)分圆弧为二等份，作 45°角；(d)分圆弧为三等份，作 30°和 60°角

(3)徒手画圆的方法与步骤如图 1-60 所示。

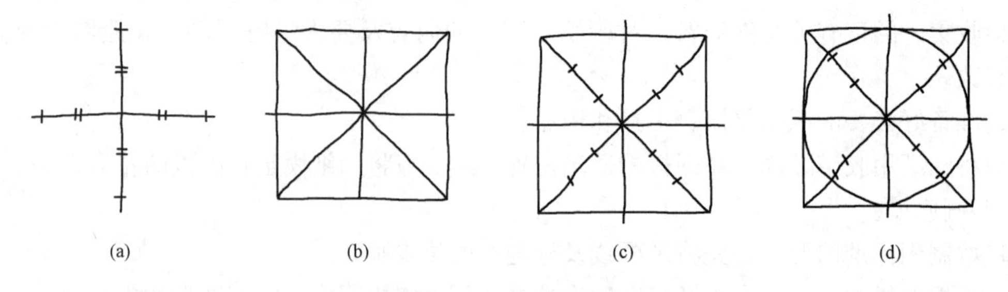

(a) (b) (c) (d)

图 1-60　徒手画圆

(a)徒手过圆心作垂直等分的二直径；(b)画外切正方形及对角线；

(c)大约等分对角线的每一侧为三等份；

(d)以圆弧连接对角线上最外的等分点(稍偏外一点)和两直径的端点

(4)徒手画椭圆的方法与步骤如图 1-61 所示。

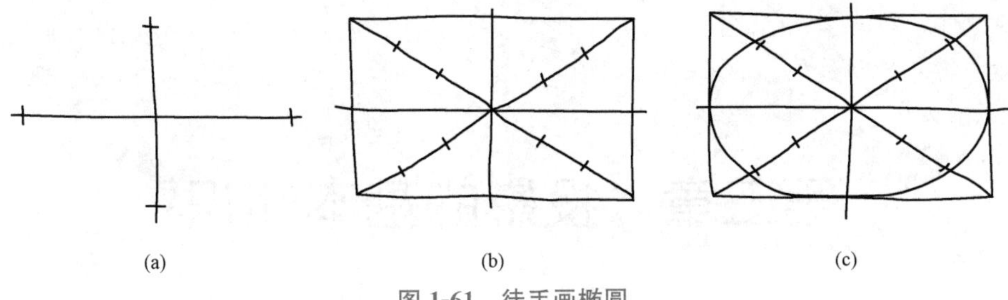

图 1-61　徒手画椭圆

(a)徒手画出椭圆的长轴、短轴；(b)画外切矩形及对角线，等分对角线的每一侧为三等份；
(c)以圆滑曲线连接对角线上的最外等分点(稍偏外一点)和长轴、短轴的端点

(5)徒手画一座折板屋面房屋的立面图，可按图 1-62 所示的步骤进行。

图 1-62　徒手画折板屋面房屋的立面图

(6)徒手画物体的立体草图时，可将物体摆在一个可以同时看到它的长、宽、高的位置，如图 1-63 所示。

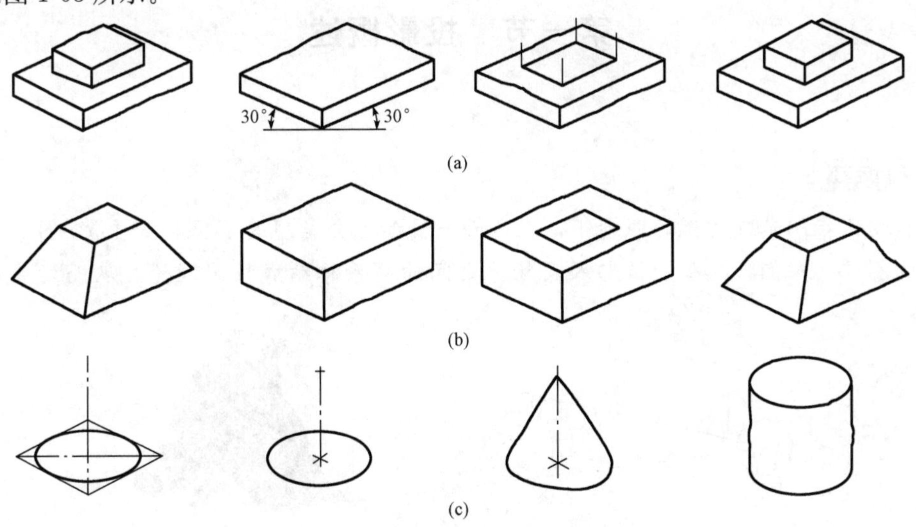

图 1-63　徒手画物体的立体草图

第二章　投影的基本知识

本课程的核心知识之一是解决如何将空间物体用图样来表达的问题。在三维空间里，所有的形体都有长度、宽度和高度，如何在一张只有长度和宽度的图纸上，准确且全面地表达出物体的形状和大小呢？这就需要采用投影法。工程图样是应用投影的原理和方法绘制的。

学习引导

◈ **目的与要求**

1. 掌握投影的基本知识。
2. 了解正投影法的概念，掌握三面正投影图的绘制方法、符号标记方法。
3. 掌握点、线、面的投影及投影特性。
4. 正确分析点、线、面之间的相互关系。

◈ **重点和难点**

重点　绘制点、线、面的投影；求解有关点、线、面(不包括两个一般位置面)三者相互关系的投影问题。

难点　求解有关点、线、面(不包括两个一般位置面)三者相互关系的投影问题。

第一节　投影概述

学习提示

人和物体在阳光或灯光的照射下，在地面或墙面上会呈现其影像，如手影(图 2-1)、皮影戏中的影像，人们将这些影像与人及物体之间的关系总结成投影理论，从而发展成画法几何。

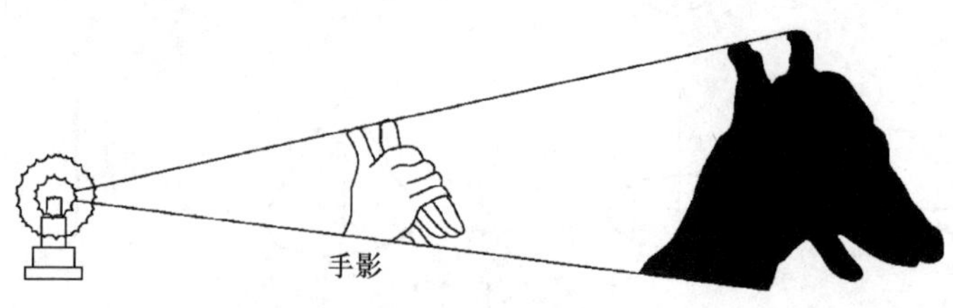

图 2-1　投影的原理

相关知识

一、投影法的概念

在投影的概念中，将发出光线的光源称为投射中心，光线称为投射线，落影的平面称为投影面，所形成的影子能反映物体形状的内外轮廓线称为投影。这种用光线照射形体，在投影面上投影产生影像的方法，称为投影法。

二、投影法的分类

投影法可分为中心投影法和平行投影法两种，如图 2-2 所示。

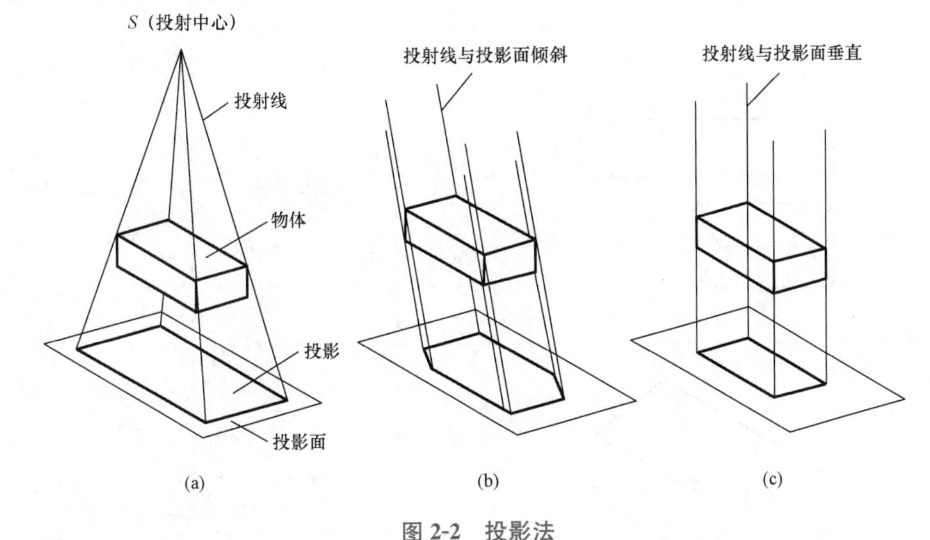

图 2-2　投影法

(a)中心投影；(b)平行投影的斜投影；(c)平行投影的正投影

中心投影法所得到的投影图立体感较强，但不能反映物体的真实形状和大小，图形的度量性较差，其常用于绘制各种建筑物效果图，如图 2-3 所示。

平行投影法根据投射线与投影面垂直与否可分为斜投影法和正投影法。

(1)斜投影法。用相互平行且倾斜于投影面的投射线对物体进行投射的方法，所作出的投影图称为斜投影图，如图 2-2(b) 所示。用斜投影法可以绘制立体感强的轴测图。

(2)正投影法。用相互平行且垂直于投影面的投射线对物体进行投射的方法，所作出的投影图称为正投影图，如图 2-2(c) 所示。在工程图样中，根据有关标准绘制的多面正投影图也称为正投影图。用正投影法绘制图

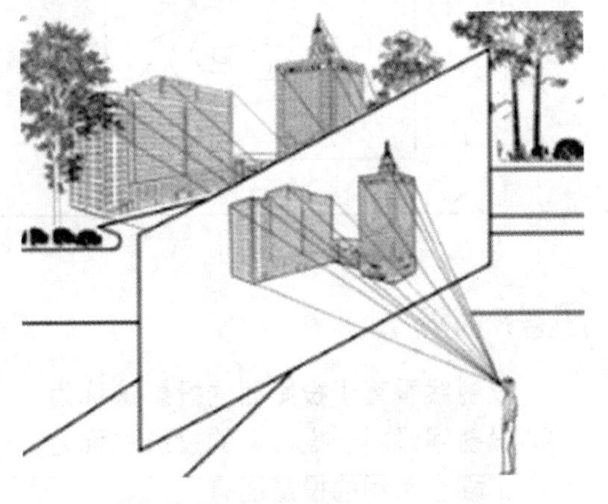

图 2-3　中心投影法应用——效果图

形能够真实反映物体的形状和大小，度量性好，作图方便，在建筑图样中广泛应用。

典型案例

指出表 2-1 中所绘工程图样的名称及绘制时所采用的投影方法。

表 2-1　工程图样的名称及投影方法

图样	名称	投影方法
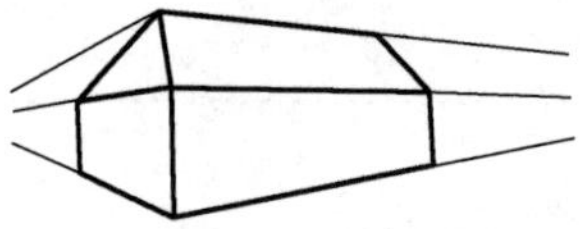	透视图	中心投影法
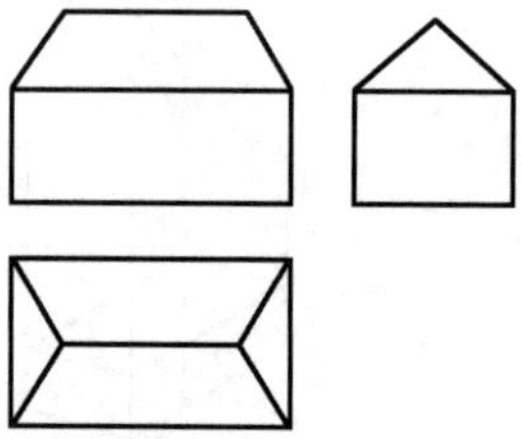	正投影图	正投影法
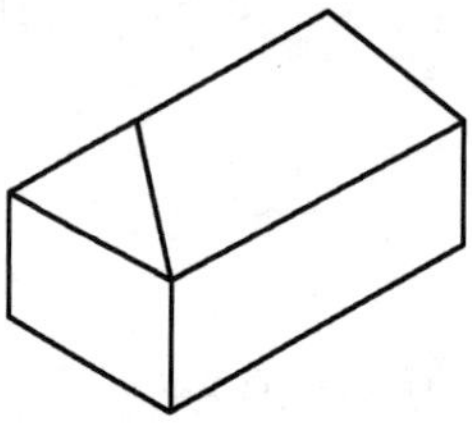	轴测图	斜投影法
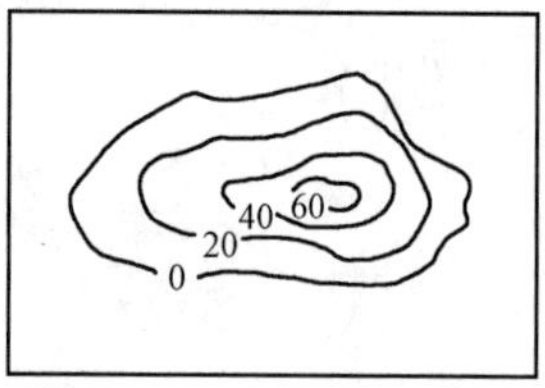	标高投影图	正投影法

实际演练

1. 投射线垂直于投影面的投影法称为__________。
2. 投射线倾斜于投影面的投影法称为__________。
3. 工程上常用的投影图有__________、__________、__________、__________。

第二节　三面正投影图

学习提示

图 2-4 所示为 V 形块的立体图和三面正投影图。通过本节的学习，了解三面正投影图的形成过程和投影规律，能够识读和绘制简单形体的三面正投影图。

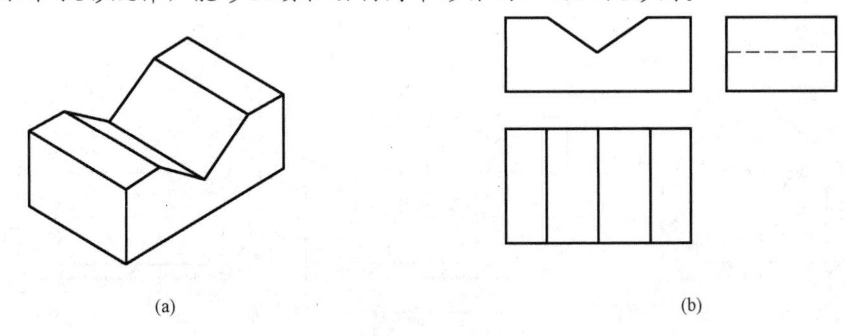

(a)　　　　(b)

图 2-4　V 形块的立体图和三面正投影图

(a)V 形块立体图；(b)V 形块三面正投影图

相关知识

用正投影法在一个投影面上得到的一个正投影图，只能反映物体一个方向的形状，而不能完整反映物体的形状，如图 2-5 所示。

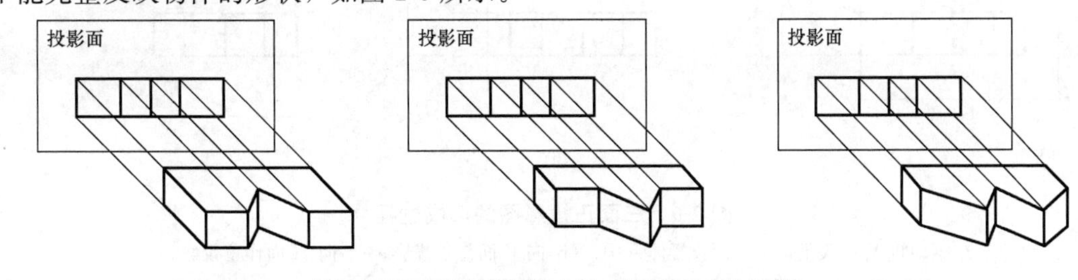

图 2-5　不同形状物体在同一投影面上的投影

要表示物体完整的形状，通常用三个正投影图来进行，从三个方向进行投射，画出三个正投影图，称为三面正投影图。

一、三面正投影图的形成

将 V 形块正置于三面投影体系中，再将 V 形块分别向三个互相垂直的投影面 V、H、W 作正投影，即可得到 V 形块的三个正投影图。为了画图和读图方便，将 H 面、W 面展开在与 V 面同一个平面上，去掉投影面边框和投影轴线后就形成了 V 形块的三面正投影图，如图 2-6 所示。

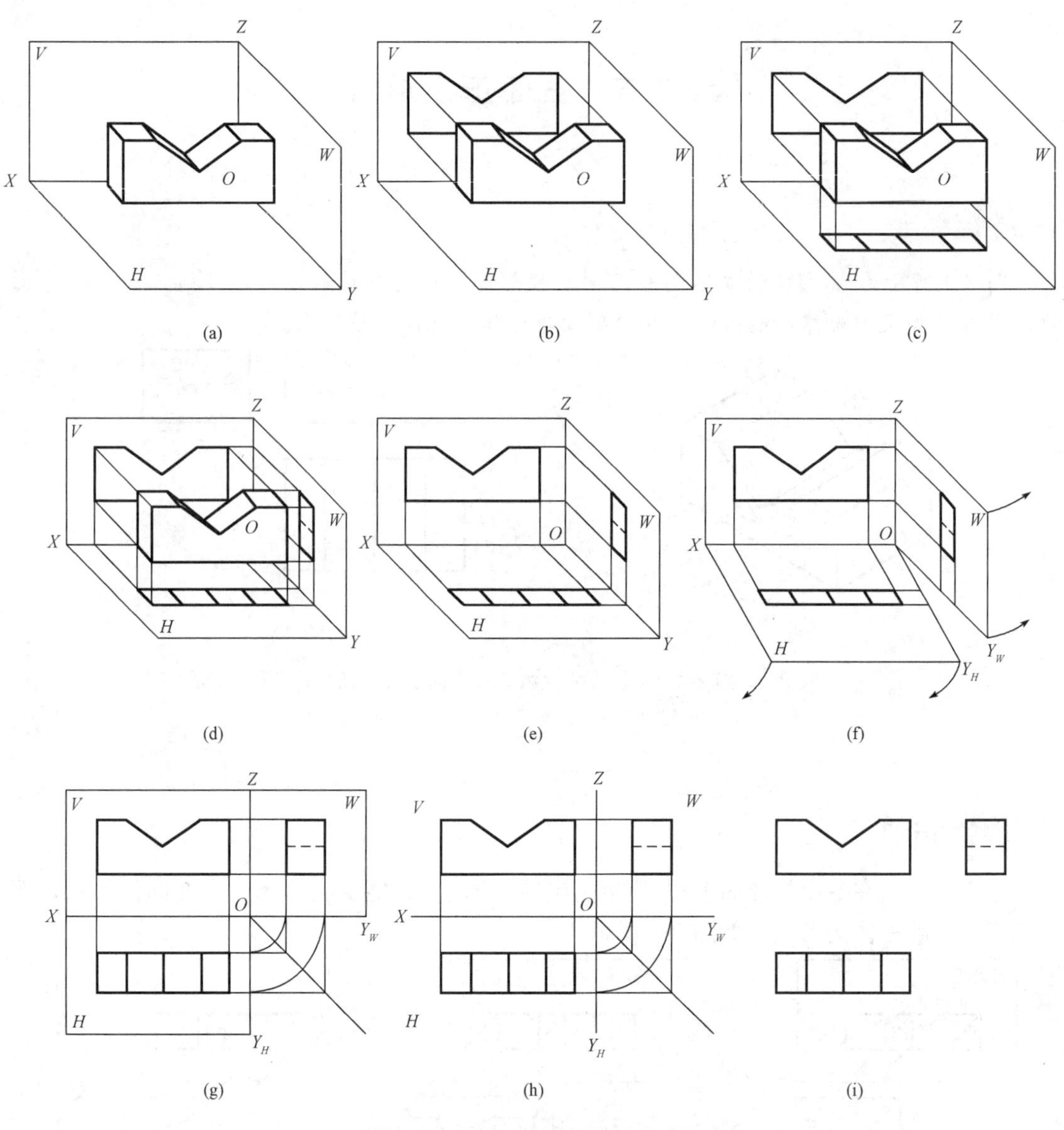

图 2-6　三面正投影图的形成过程

(a)将 V 形块正置于三面投影体系中；(b)向 V 面作正投影；(c)向 H 面作正投影；(d)向 W 面作正投影；(e)取走 V 形块；(f)展开投影；(g)H 面、W 面与 V 面共面；(h)去掉 V 面、H 面、W 面边框；(i)去掉 X、Y、Z 轴线

1. 正立面投影图

从前向后投影，在正立投影面(V 面)上所得到的正立面投影图称为正立面图或 V 面投影图。正立面图反映物体的长度和高度。

2. 水平面投影图

从上向下投影，在水平投影面(H 面)上所得到的水平面投影图称为水平面图或 H 面投影图。水平面图反映物体的长度和宽度。

3. 侧立面投影图

从左向右投影，在侧立投影面(W 面)上所得到的侧立面投影图称为侧立面图或 W 面投影图。侧立面图反映物体的高度和宽度。

二、三面正投影图的投影规律

由三面正投影图的形成过程，可以总结出三面正投影图的投影规律(图 2-7)。

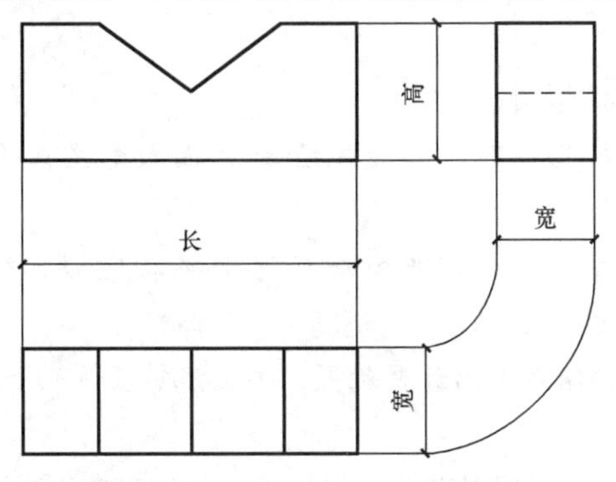

图 2-7　三面正投影图的投影规律

1. 位置关系

三面正投影图的位置以正立面投影图为基准，水平面投影图在下，侧立面投影图在右。

2. 尺寸关系

三面正投影图是同一个物体在三个不同方向的投影，不同正投影图相同方向的尺寸必定相等，即正立面投影图与水平面投影图“长对正”；正立面投影图与侧立面投影图“高平齐”；水平面投影图与侧立面投影图“宽相等”。

三、三面正投影图的画法

三面正投影图必须按三面正投影图的投影规律绘制。具体步骤如下：

(1)建立坐标轴，即画出投影轴 OX、OY_H、OY_W、OZ；

(2)根据形体在三面投影体系中的放置位置，画出能够反映形体特征的 V 面投影图；

(3)根据 V 面投影图与 H 面投影图“长对正”的投影规律，画出 H 面投影图；

(4)根据 V 面投影图与 W 面投影图“高平齐”和 H 面投影图与 W 面投影图“宽相等”的投影规律，画出 W 面投影图；

(5)擦除作图过程中的痕迹线和投影轴。

四、三面正投影图中的点、线、面符号

为了作图准确和便于校核，作图时可将所画形体上的点、线、面用符号(字母或数字)标注。

一般规定，空间形体上的点用大写字母 A，B，C，…或大写罗马数字Ⅰ，Ⅱ，Ⅲ，…表示；其 H 面投影用相应的 a，b，c，…或数字 1，2，3，…表示；V 面投影用相应的 a'，

b'，c'，…或 $1'$，$2'$，$3'$，…表示；W 面投影用 a''，b''，c''，…或 $1''$，$2''$，$3''$，…表示。

投影图中直线段的标注，用直线两端的字母表示，如空间直线 AB 的 H 面投影、V 面投影和 W 面投影分别标注为 ab、$a'b'$ 和 $a''b''$。

空间的面通常用 P，Q，R，…表示，其 H 面投影图、V 面投影图和 W 面投影图分别用 p，q，r，…、p'，q'，r'，…和 p''，q''，r''，…表示。

典型案例

绘制 V 形块的三面正投影图。

【分析】 绘制三面正投影图时，一般先绘制 V 面投影图或 H 面投影图，然后绘制 W 面投影图。

【作图】 (1)在图纸上先画出水平和垂直的十字相交线，作为投影轴，如图 2-8(a)所示。

(2)根据形体在三面投影体系中的放置位置，画出能够反映形体特征的 V 面投影图或 H 面投影图，如图 2-8(b)所示。

(3)根据投影关系，由“长对正”的投影规律，画出 H 面投影图或 V 面投影图，如图 2-8(c)所示；由“高平齐”的投影规律，将 V 面投影图中各相应部位向 W 面投影图作“等高的投影连线”；由“宽相等”的投影规律，用过原点 O 向右下方 45°斜线或以原点 O 为圆心作圆弧的方法，将 H 面投影图的宽度过渡到 W 面投影图上，求出与“等高”投影连线的交点，连接关联点而得到 W 面投影图，如图 2-8(d)所示。

(4)擦除作图痕迹线和投影轴，最终的三面正投影图如图 2-8(e)所示。

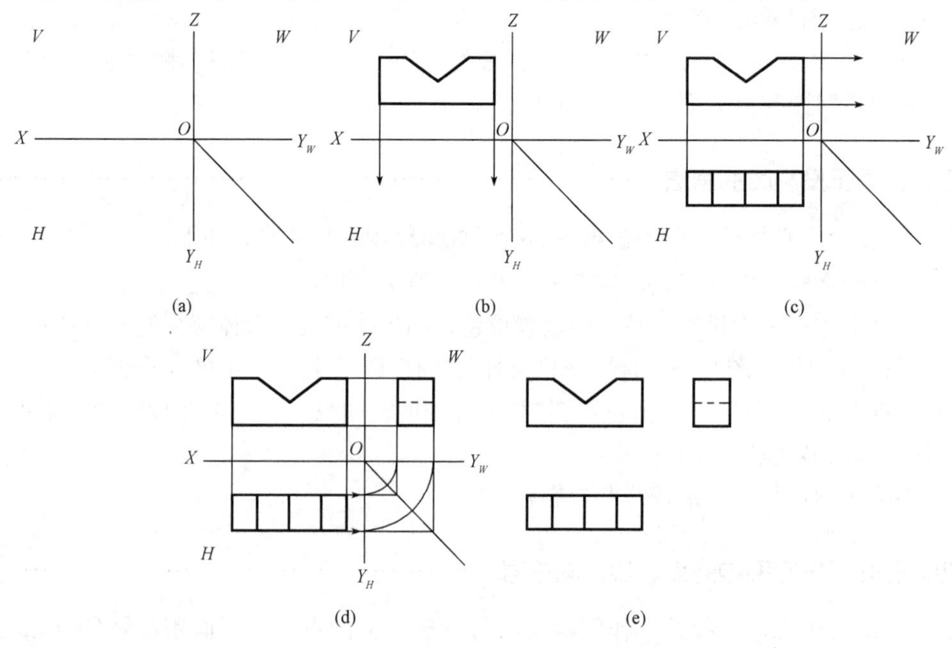

图 2-8　V 形块三面投影图的绘制步骤

(a)画出投影轴；(b)画出 V 面投影图；(c)画出 H 面投影图；(d)画出 W 面投影图；(e)擦除作图痕迹线和投影轴

实际演练

1. 参照立体图，根据三面正投影图的投影规律绘制正投影图。

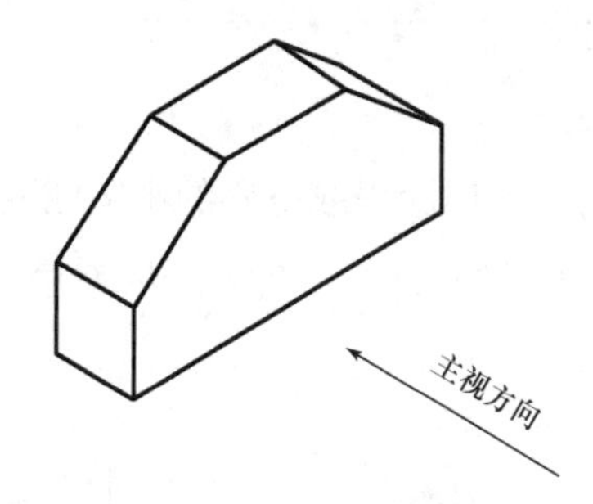

2. 参照立体图，根据三面正投影图的投影规律补画三面正投影图中所缺的线条。

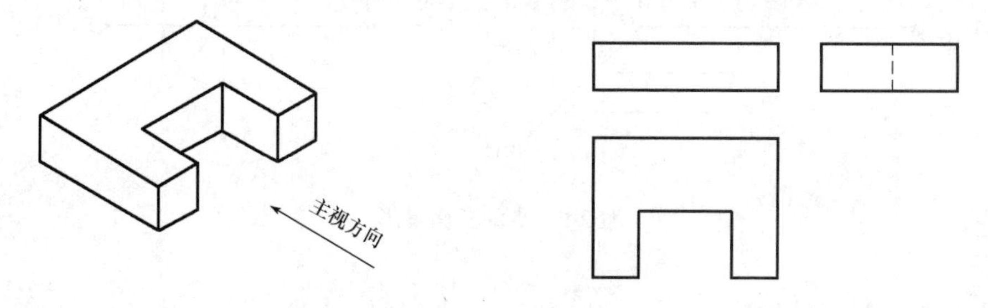

3. 参照立体图，根据三面正投影图的投影规律补画 W 面投影图。

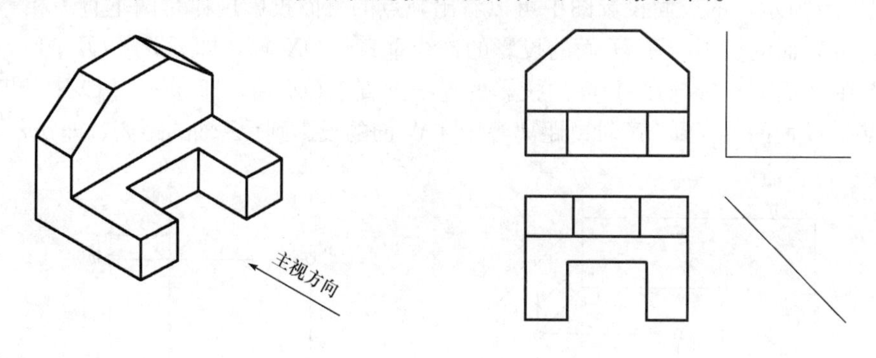

第三节　点的投影

学习提示

建筑物和构筑物都是由面组成的，每个面又是由线组成的，而每条线又是由点组成的，所以若想作形体的投影，首先应掌握最基本的点的投影方法。点是构成形体的最基本的几何元素，掌握点的投影是学习线、面、体投影的基础。

相关知识

一、点的三面投影

1. 点的三面投影表示方法

点的三面投影如图 2-9 所示。常用涂黑或空心的小圆圈或直线相交来表示点的投影。空间点在 X、Y、Z 轴上的坐标用 Oa_X、Oa_Y、Oa_Z 表示。

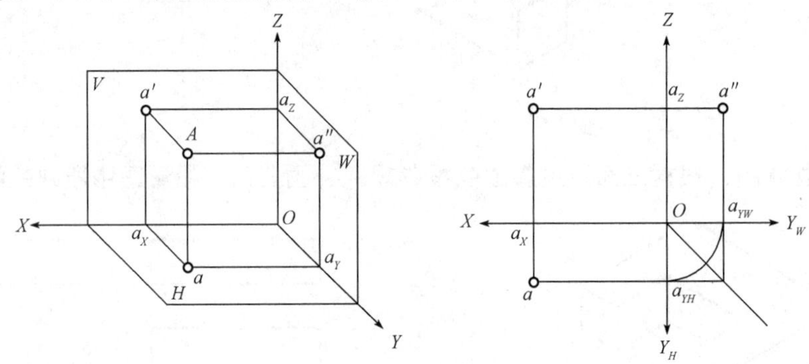

图 2-9　点的三面投影

2. 点的三面投影特性

从图 2-10 所示点的三面投影图中可以看出，点的三面投影规律是两垂直一相等。

(1)点在 V 面的投影与在 H 面的投影的连线垂直于 OX 轴，即 $mm' \perp OX$；

(2)点在 V 面的投影与在 W 面的投影的连线垂直于 OZ 轴，即 $m'm'' \perp OZ$；

(3)点在 H 面的投影到 OX 轴的距离等于在 W 面的投影到 OZ 轴的距离，即 $mm_X = m''m_Z$。

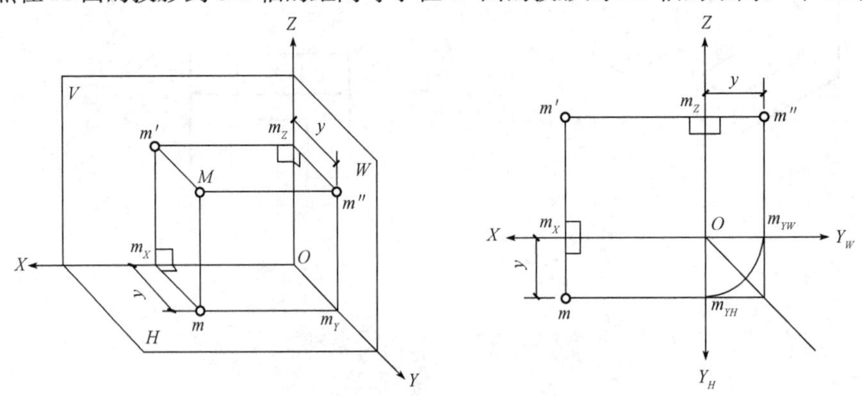

图 2-10　点的三面投影特性

二、点的坐标和点到投影面的距离

在三面投影体系中，空间点及其投影的位置可以由点的坐标来确定，将三面投影体系看作一个空间直角坐标系，O 为坐标原点，X 轴、Y 轴、Z 轴为坐标轴，投影面 H 面、V

面、W 面相当于三个坐标平面。空间一点到三个投影面的距离，就是该点的三个坐标(用小写字母 x、y、z 表示)，如图 2-11 所示。

(1)空间点 A 到 W 面的距离，等于点 A 的 x 坐标；

(2)空间点 A 到 V 面的距离，等于点 A 的 y 坐标；

(3)空间点 A 到 H 面的距离，等于点 A 的 z 坐标。

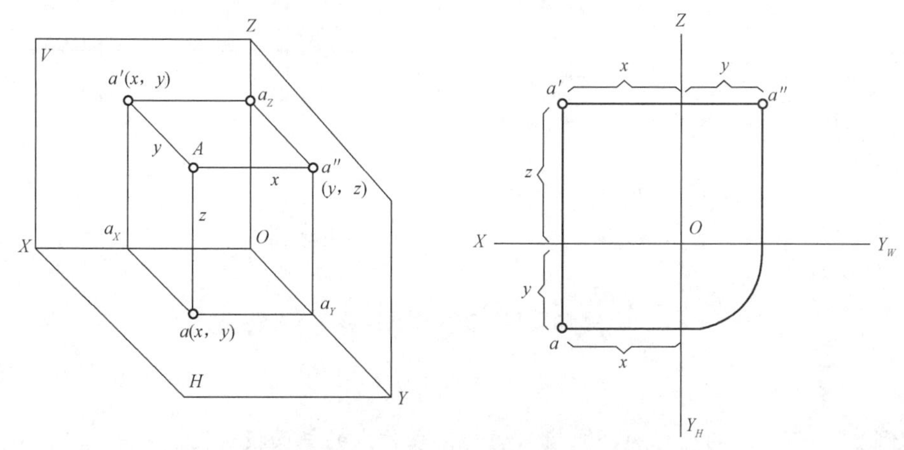

图 2-11　点到面的距离

也就是说，点 A 的空间坐标可表示为 $A(x, y, z)$，点 A 在三个投影面上的投影可分别表示为 $a(x, y, 0)$、$a'(x, 0, z)$、$a''(0, y, z)$。

三、两点的相对位置和重影点

1. 两点的相对位置

两点的相对位置是指两点之间上下、前后、左右的位置关系。

(1)x 坐标值可以判定两点的左右关系，坐标值越大越左；

(2)y 坐标值可以判定两点的前后关系，坐标值越大越前；

(3)z 坐标值可以判定两点的上下关系，坐标值越大越上。

2. 重影点

当空间两点位于某投影面的同一投射线上时，则这两点在该投影面上的投影就会重叠在一起。这种在某一投影面的投影重合的两个空间点，称为该投影面的重影点。重合的投影称为重影。

在重影点中，距离投影面较远的那个点是可见的，而另一个点则不可见。当点为不可见时，应在该点的投影上加括号表示。

典型案例

【案例 1】 已知点 A 的正面投影 a' 和水平面投影 a[图 2-12(a)]，求作侧面投影 a''。

【分析】 根据点的投影特性：两垂直一相等，即可作出点的第三面投影。

【作图】 作图方法如图 2-12(b)所示。

其作图步骤如下：

(1)过 a' 作 OZ 轴的垂线并适当延长；

(2)根据两垂直一相等即 a 到 OX 轴的距离等于 a'' 到 OZ 轴的距离，利用 45°斜线作出 a''。

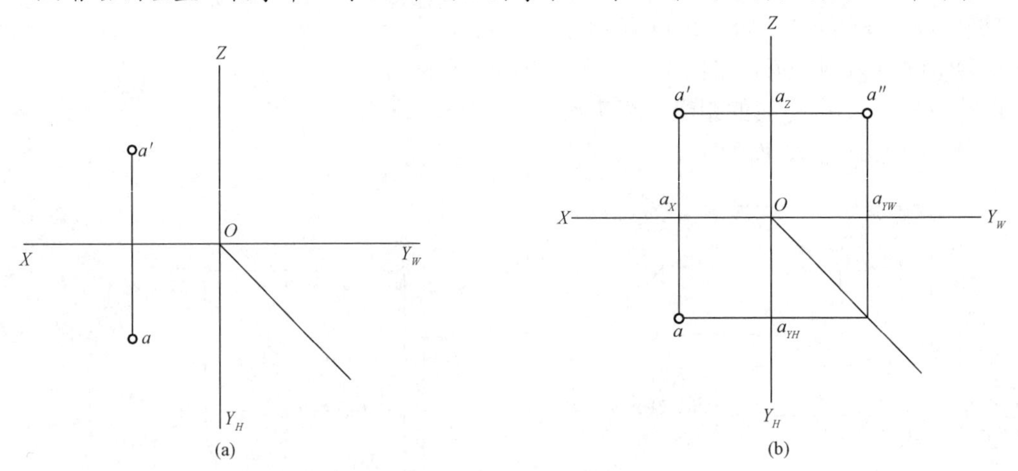

图 2-12　求作侧面投影

(a)已知；(b)作图

【案例 2】 已知点的坐标 $A(20, 10, 15)$，求作点的三面投影图。

【分析】 以空间点 M 为例，如图 2-13 所示。作图方法：先画出三面投影轴；根据点的坐标，分别在 X 轴、Y_H 轴取点 m_X、m_{YH}，并作其与 OX 轴、OY_H 轴垂线，交点 m 即空间点 M 在 H 面的投影；根据点的坐标，在 Z 轴取点 m_Z，过点 m_Z 作其与 OZ 轴垂线，然后根据点的投影特性，由于 $mm_X \perp OX$ 轴，作 mm_X 的延长线，交于点 m' 即空间点 M 在 V 面的投影；再根据点的 V 面、H 面投影及点的投影特性，作 $m'm_Z$ 的延长线，并在延长线上取 $m''m_Z = mm_X$，m'' 即空间点 M 在 W 面的投影。

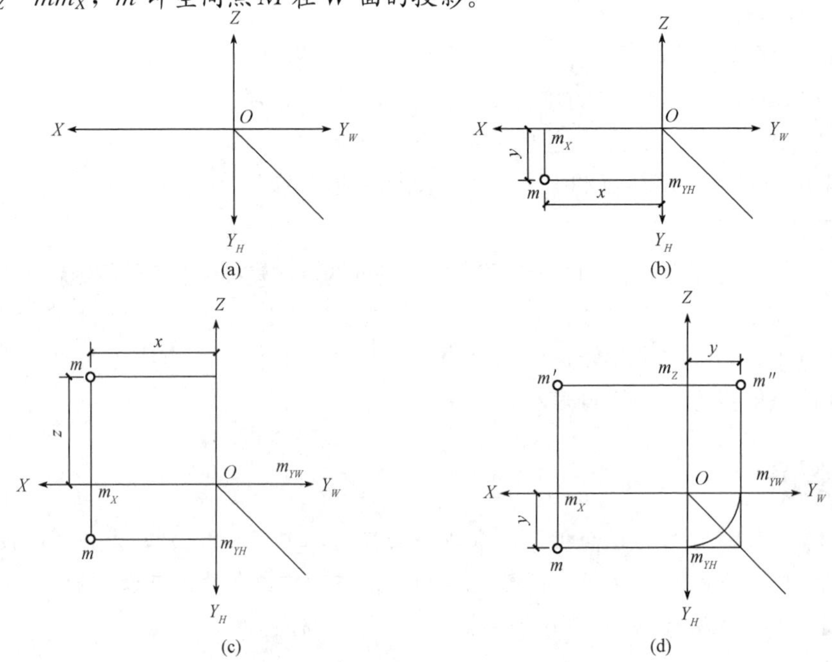

图 2-13　点的三面投影作图方法

(a)画出投影轴；(b)画出 H 面投影；(c)画出 V 面投影；(d)画出 W 面投影

【作图】 作图步骤如图 2-14 所示。

(1)画出坐标轴;

(2)在 OX 轴上量取 $oa_X=x=20$ mm;

(3)过 a_X 作 OX 轴的垂线，使 $aa_X=10$ mm，$a'a_X=15$ mm 得 a' 和 a;

(4)根据 a 和 a'，求出 a''。

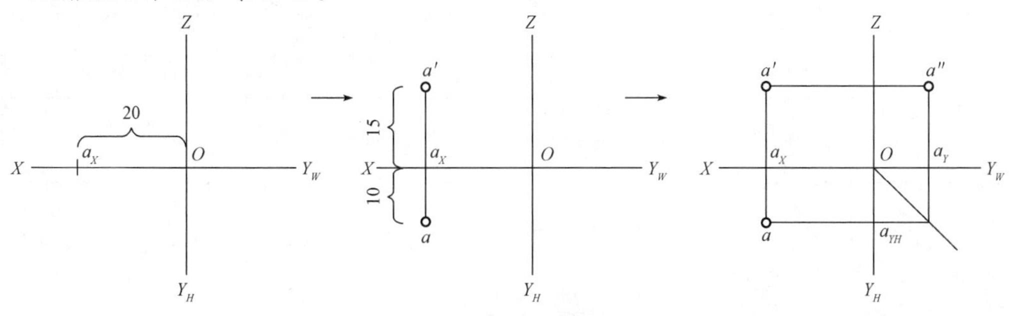

图 2-14 绘制点的三面投影

【案例 3】 试判断图 2-15 所示点 A 和点 B 的相对位置。

【分析】 要在投影图上判断空间两点的相对位置，可以根据两点的坐标值大小来确定。根据两点中 x 坐标值大的点在左、y 坐标值大的点在前、z 坐标值大的点在上，从本投影图中可以看出，A 点的 x 坐标比 B 点的 x 坐标小，A 点的 y 坐标比 B 点的 y 坐标小，A 点的 z 坐标比 B 点的 z 坐标大。

【结论】 根据上面分析可以判定点 A 在 B 点的右、后、上方。

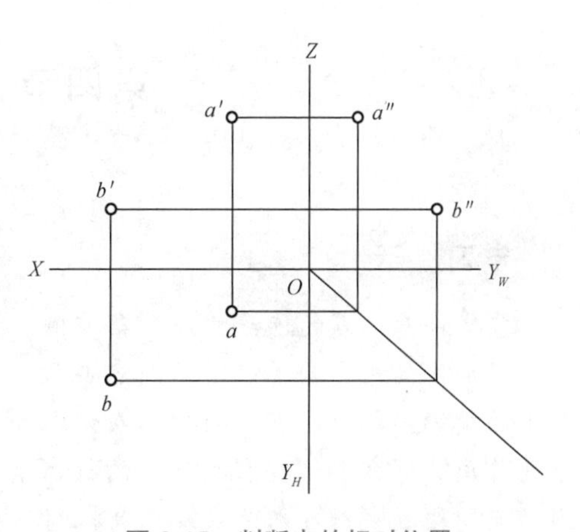

图 2-15 判断点的相对位置

实际演练

1. 根据表 2-2 中所给的点的坐标，作出点的三面正投影图并填空。

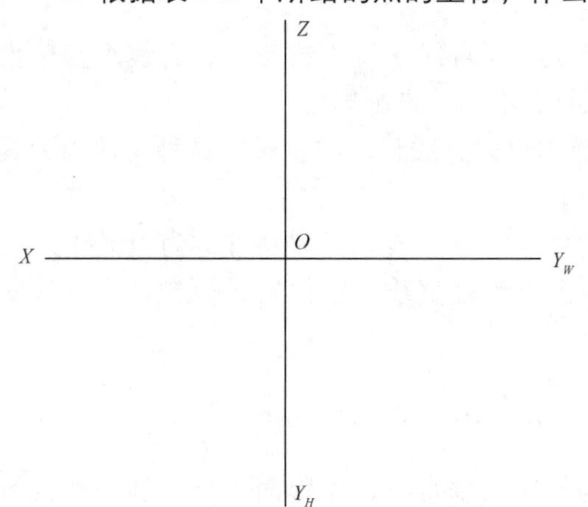

判断：点 A 距 V 面__________ mm

点 A 距 H 面__________ mm

点 A 距 W 面__________ mm

表 2-2　点的坐标　　mm

坐标 点名	X	Y	Z
A	24	20	30
B	16	15	18
C	10	11	0
D	30	0	12
E	0	0	8
F	0	25	0

2. 已知空间点 $A(15, 15, 15)$，点 B 在点 A 的左边 5 mm，后方 6 mm，上方 3 mm，求作空间点 B 的三面投影图。

第四节　直线的投影

学习提示

空间任意两点的连线构成一条直线段，直线段是形体相邻平面的交线，它们的投影就组成了形体的投影轮廓。空间两点在投影面上的同面投影相连，就构成了空间直线在投影面上的投影，所以，直线的投影在课程中是点投影的发展，又是面投影的基础，起承上启下的作用。那么，这些空间直线的投影有何规律可循呢？又如何根据给出的投影来判断直线的空间位置呢？在本节内容中将探讨这些问题。

相关知识

一、直线的投影规律

空间直线对某一投影面的相对位置有三种情况，即直线平行于投影面、直线垂直于投影面和直线倾斜于投影面。三种不同的位置关系具有不同的投影规律：

(1)平行于投影面的直线，在该投影面上的投影仍为直线且反映实长，这种特性称为真实性。

(2)垂直于投影面的直线，在该投影面上的投影积聚为一点，这种特性称为积聚性。

(3)倾斜于投影面的直线，在该投影面上的投影仍是直线，但比实长要短，不反映实长，这种特性称为缩短性。

二、各种位置直线的投影特性

空间直线段与基本投影面的相对位置可分为投影面垂直线、投影面平行线和一般位置直线三种。

1. 投影面垂直线

垂直于某一投影面，而平行于另两个投影面的直线称为投影面垂直线。投影面垂直线的三面投影及其投影特性见表 2-3。

表 2-3　投影面垂直线的三面投影及其投影特性

正垂线	铅垂线	侧垂线
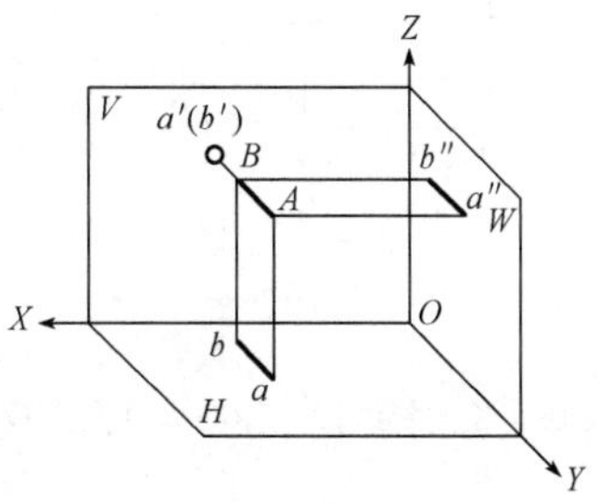	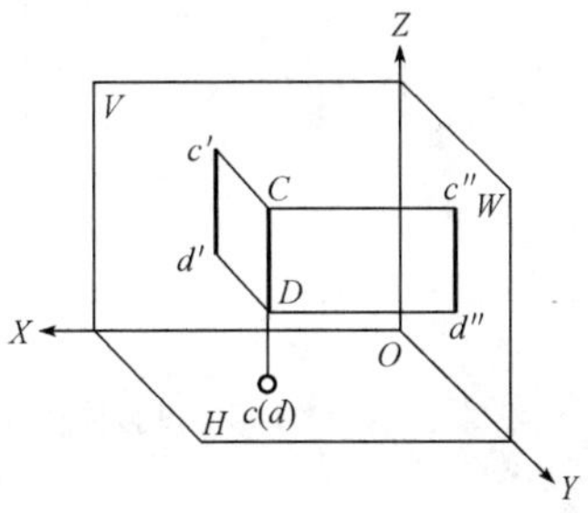	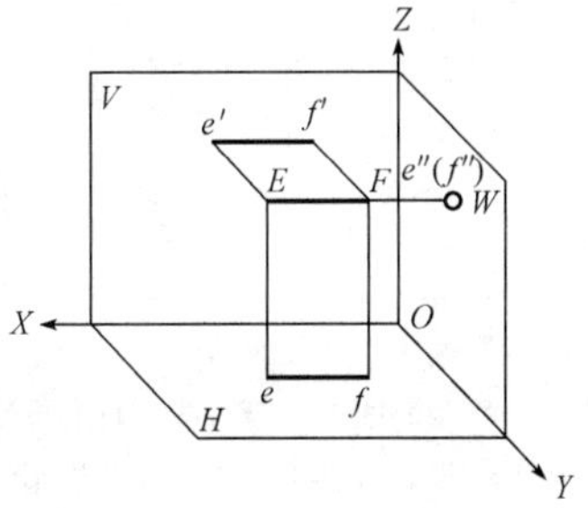
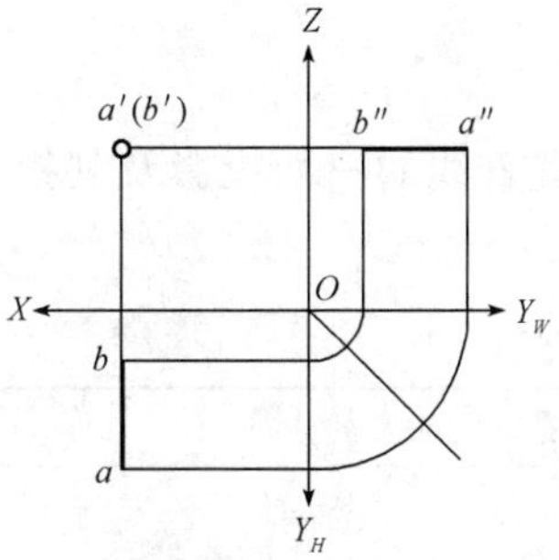	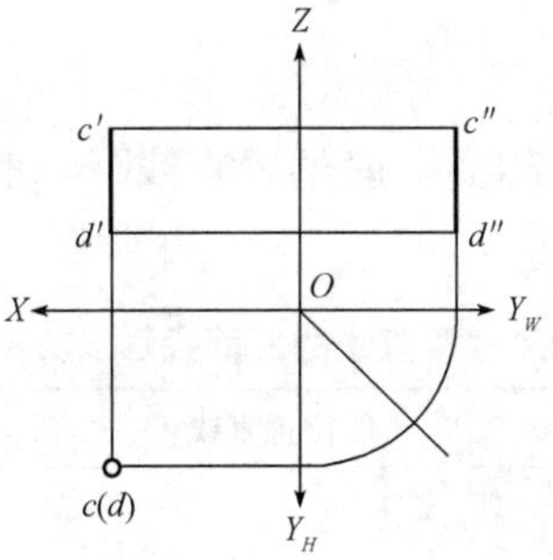	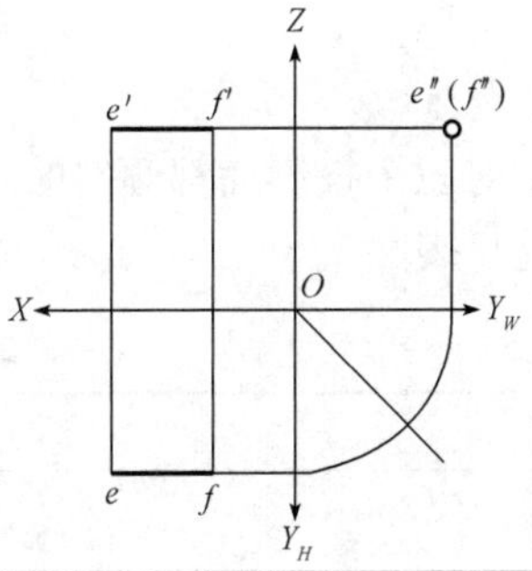
投影面垂直线投影特性： 一点两直线——与直线垂直的投影面上的投影积聚为一个点，而在另外两个投影面上的投影分别平行于相应的投影轴且反映实长		

2. 投影面平行线

平行于某一投影面，而倾斜于另两个投影面的直线称为投影面平行线。投影面平行线的三面投影及其投影特性见表 2-4。

表 2-4　投影面平行线的三面投影及其投影特性

正平线	水平线	侧平线
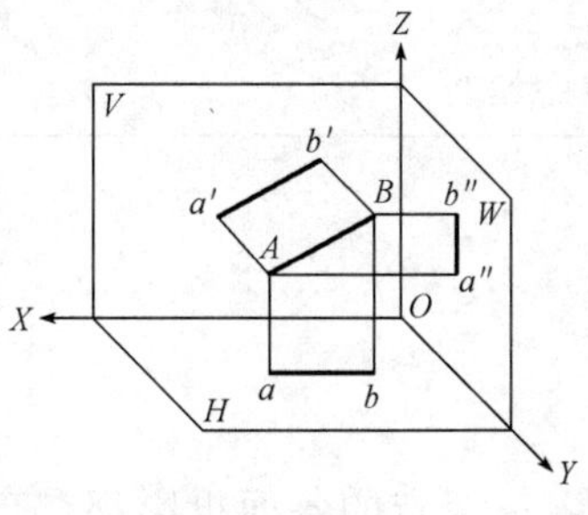	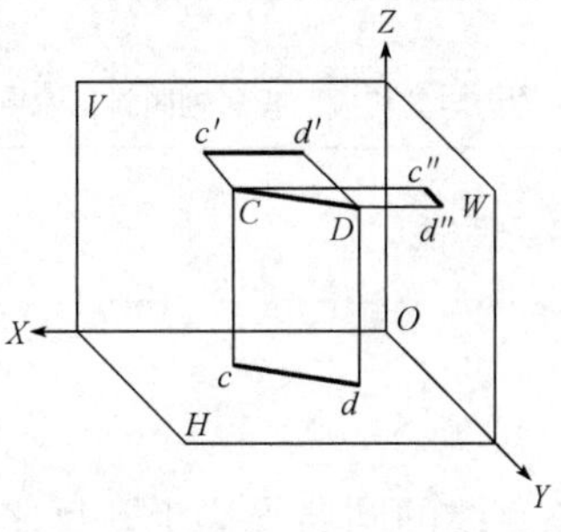	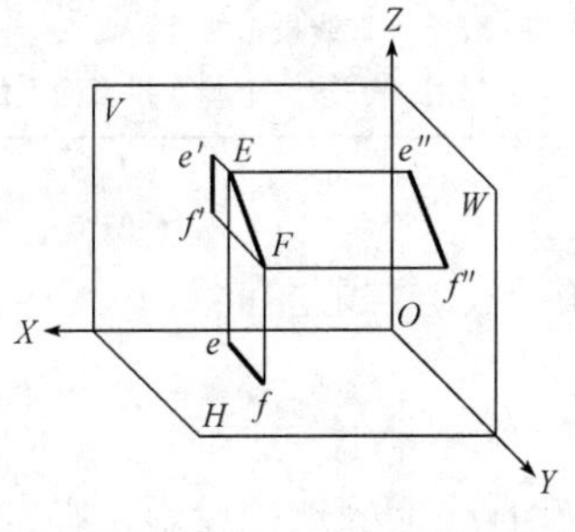

续表

<table>
<tr><th>正平线</th><th>水平线</th><th>侧平线</th></tr>
<tr><td colspan="3">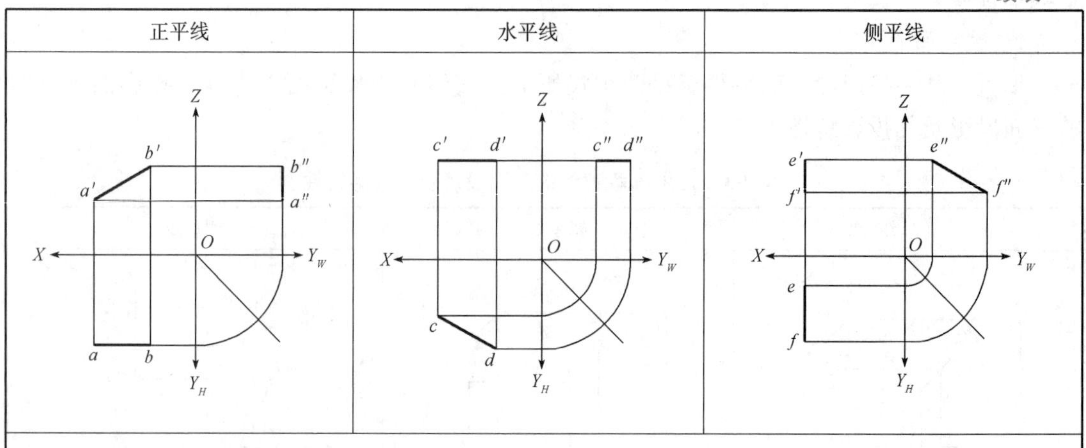
</td></tr>
<tr><td colspan="3">投影面平行线投影特性：
一斜两直线——与直线平行的投影面上的投影为一条与其相应投影轴倾斜且反映实长的斜线段，而在另外两个投影面上的投影分别平行于相应的投影轴且具有缩短性</td></tr>
</table>

3. 一般位置直线

对三个投影面都倾斜的直线，称为一般位置直线。一般位置直线的三面投影及其投影特性见表 2-5。

表 2-5　一般位置直线的三面投影及其投影特性

<table>
<tr><th>一般位置直线</th></tr>
<tr><td>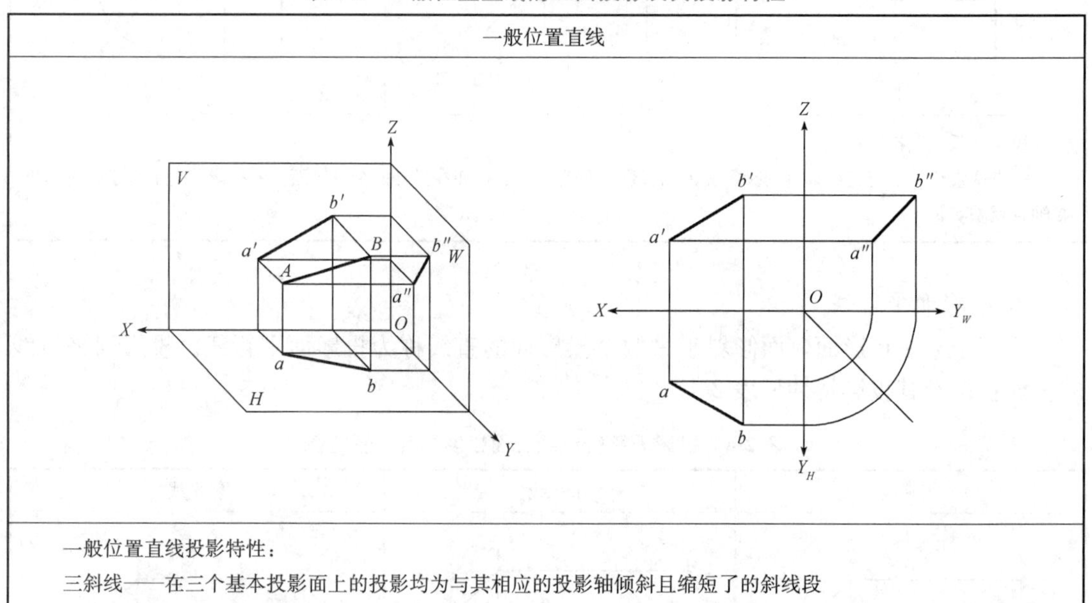
</td></tr>
<tr><td>一般位置直线投影特性：
三斜线——在三个基本投影面上的投影均为与其相应的投影轴倾斜且缩短了的斜线段</td></tr>
</table>

三、直线上的点

1. 从属性

直线上的点的投影，必定在该直线的同名投影上；反之，若一个点的各面投影都在直线的同名投影上，则此点一定在该直线上。

如图 2-16 所示，如果点 K 在直线 AB 上，则 k 在 ab 上，k'在 $a'b'$ 上，k''在 $a''b''$ 上；反之，如果 k 在 ab 上，k'在 $a'b'$ 上，k''在 $a''b''$ 上，则可以判定点 K 在直线 AB 上。

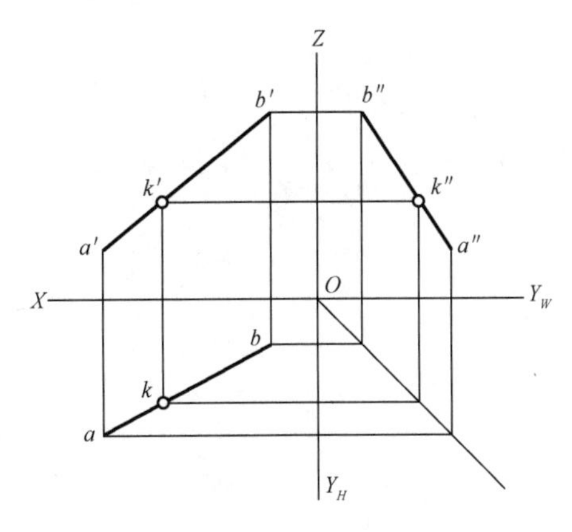

图 2-16　直线上的点

2. 定比性

直线上的点将直线分为几段，各线段长度之比等于它们的同面投影长度之比；反之，若点的各投影分线段的同面投影长度之比相等，则此点在该直线上。

如图 2-16 所示，如果点 K 在直线 AB 上，则 $AK:KB=ak:kb=a'k':k'b'=a''k'':k''b''$；反之，如果 $AK:KB=ak:kb=a'k':k'b'=a''k'':k''b''$，则可以判定点 K 在直线 AB 上。

典型案例

【案例 1】 已知点 A 的两面投影[图 2-17(a)]，正平线 $AB=20$ mm，且 $\alpha=30°$，作出直线 AB 的三面投影。

【分析】 已知点 A 的 H 面和 V 面投影可以作出点 A 的 W 面投影；已知 AB 为一条正平线，正平线的投影特性为在 V 面反映实长的斜线，且斜线与 OX 轴的夹角 α 为 30°，H 面投影和 W 面投影分别为垂直于 OY_H 轴和 OY_W 轴的两条直线。

【作图】 作图方法如图 2-17(b)所示。

(1)过点 a' 作 $a'b'$ 与 OX 轴成 30°角，且量取 $a'b'=20$ mm；

(2)过点 a 作 $ab//OX$ 轴，由点 b' 作投影连线，确定点 b；

(3)由 ab 和 $a'b'$ 作出 $a''b''$。

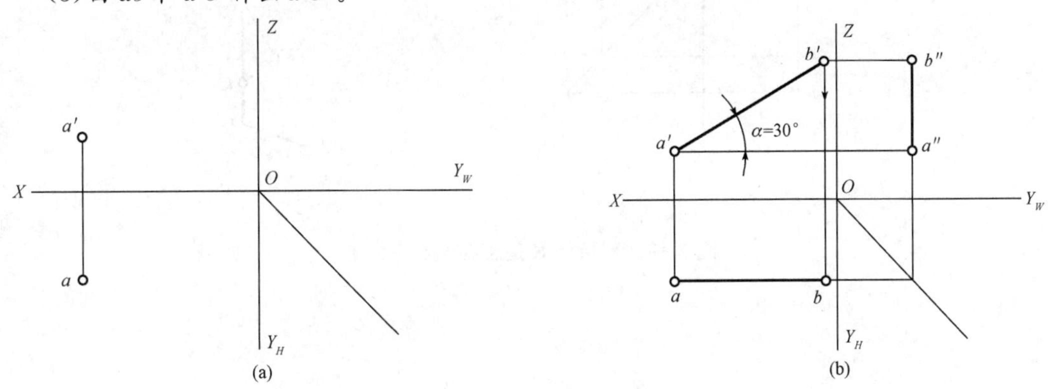

图 2-17　作直线 AB 的三面投影

(a)已知；(b)作图

【案例 2】 已知直线 EF 和点 K 的两面投影(图 2-18)，判断点 K 是否在直线 EF 上。

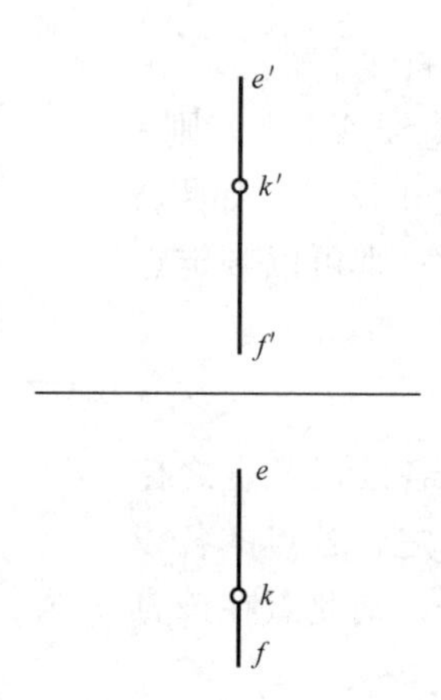

图 2-18　直线 EF 和点 K 的两面投影

【分析】 方法一：根据点在直线上从属性的投影特性，点 K 的正面投影和水平面投影都符合从属性的投影特性，所以，只要作出点 K 和直线 EF 的侧面投影，如果 k'' 在直线 $e''f''$ 上，则可以判定点 K 在直线 EF 上。

方法二：根据点在直线上定比性的投影特性，只要图中投影满足 $ek : kf = e'k' : k'f'$，则可以判定点 K 在直线 EF 上。

【作图】 作图方法如图 2-19 所示。

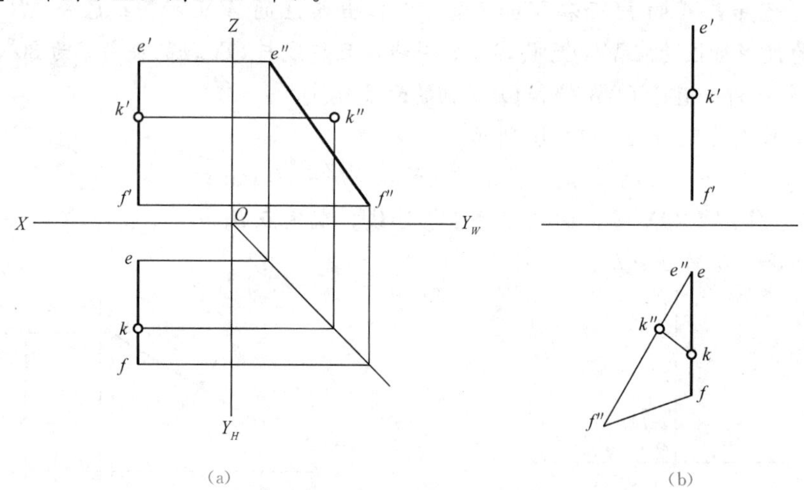

图 2-19　判断点 K 是否在直线 EF 上

(a)方法一；(b)方法二

实际演练

1. 已知直线的两面投影，求作第三面投影，并填空。

直线 AB 是__________线，H 面投影具有__________性；

直线 CD 是__________线，H 面投影具有__________性；

直线 EF 是__________线，H 面投影具有__________性。

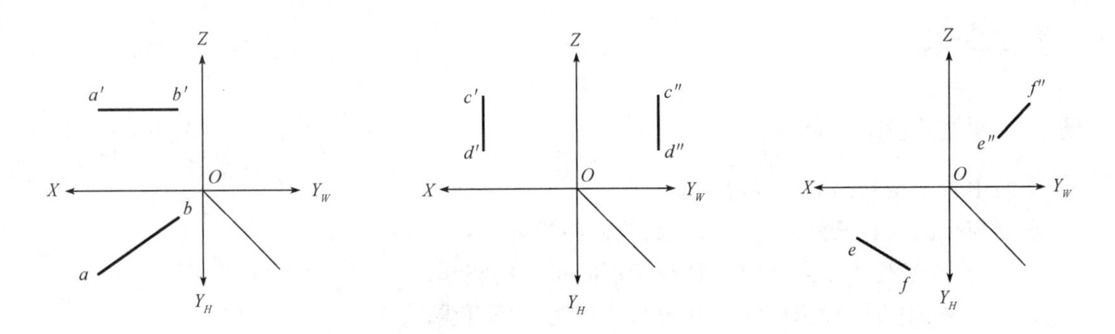

2. 已知水平线 AB，点 B 在点 A 的左前方，$\beta=30°$，实长为 30 mm，求作直线 AB 的三面投影。

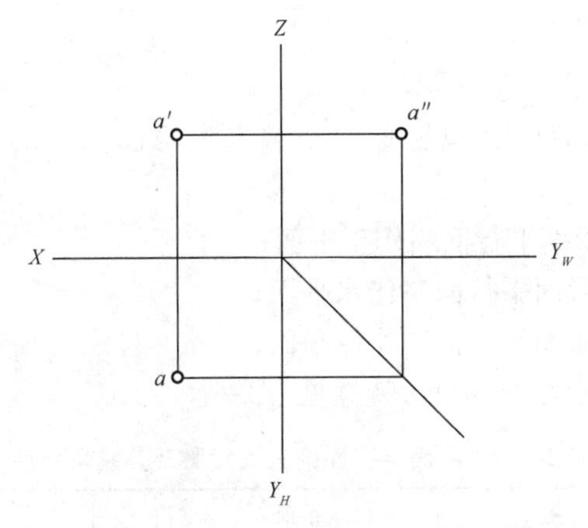

3. 已知 AB 的两面投影，试在 AB 上找到一点 C，使其将 AB 分为 3∶2。

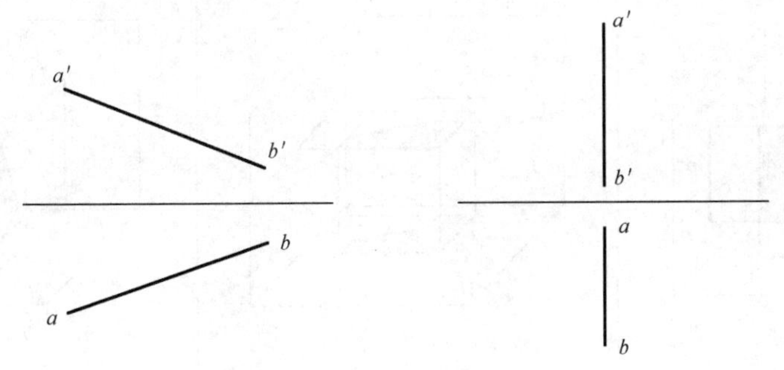

第五节　平面的投影

学习提示

平面是用线面分析法分析图形、想象形体的理论依据。掌握平面的投影特性和规律，能够透彻理解工程图样所表达的物体形状，为正确识图与画图打下坚实的基础。

相关知识

一、平面的投影规律

平面由若干条共面的直线段组成。

平面与投影面有三种位置关系，其投影特性如下：

(1)当平面平行于投影面时，其投影反映平面的实形；

(2)当平面垂直于投影面时，其投影积聚为一条直线；

(3)当平面倾斜于投影面时，其投影仍然是平面，是缩小的类似形，不反映实形。

二、各种位置平面的投影特性

1. 投影面平行面

平行于一个基本投影面而必与另外两个基本投影面垂直的空间平面称为投影面平行面。

(1)平行于 V 面的投影面平行面叫作正平面；

(2)平行于 H 面的投影面平行面叫作水平面；

(3)平行于 W 面的投影面平行面叫作侧平面。

投影面平行面的三面投影及其投影特性见表 2-6。

表 2-6 投影面平行面的三面投影及其投影特性

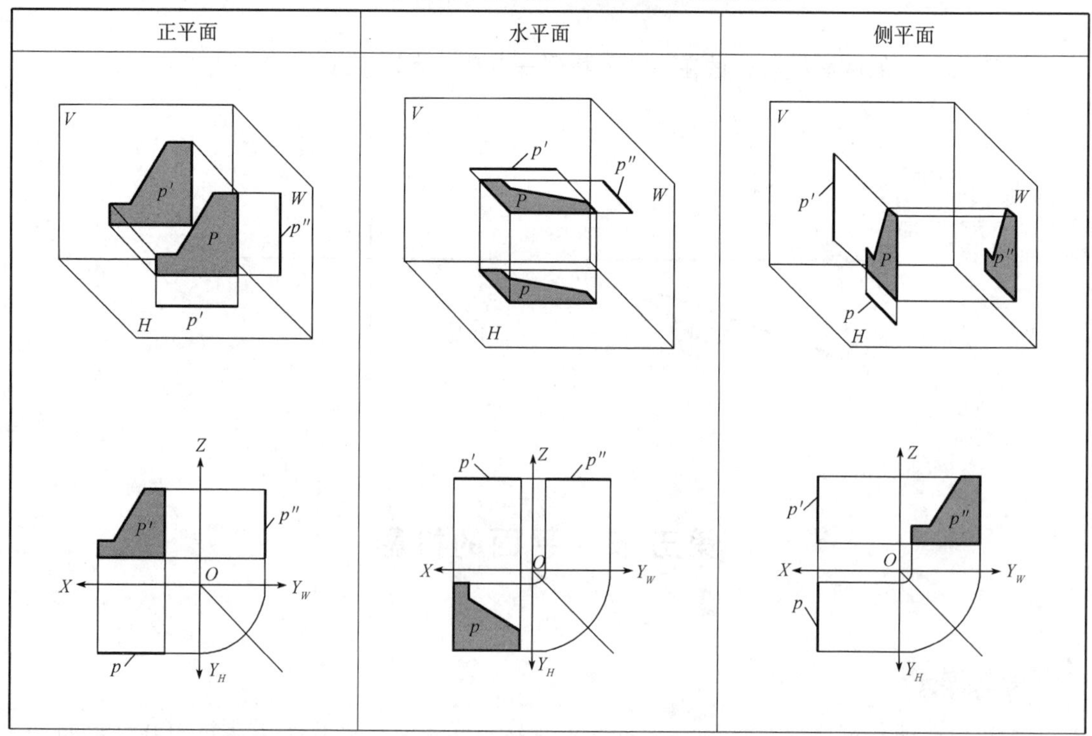

续表

正平面	水平面	侧平面
投影面平行面投影特性： 一框两直线——在与空间平面平行的基本投影面上，投影为实形，而在另外两个基本投影面上，投影分别积聚为平行于相应投影轴的直线		

2. 投影面垂直面

垂直于一个基本投影面而与另外两个基本投影面倾斜的空间平面称为投影面垂直面。

(1)垂直于 V 面的投影面垂直面叫作正垂面；

(2)垂直于 H 面的投影面垂直面叫作铅垂面；

(3)垂直于 W 面的投影面垂直面叫作侧垂面。

投影面垂直面的三面投影及其投影特性见表 2-7。

表 2-7　投影面垂直面的三面投影及其投影特性

正垂面	铅垂面	侧垂面
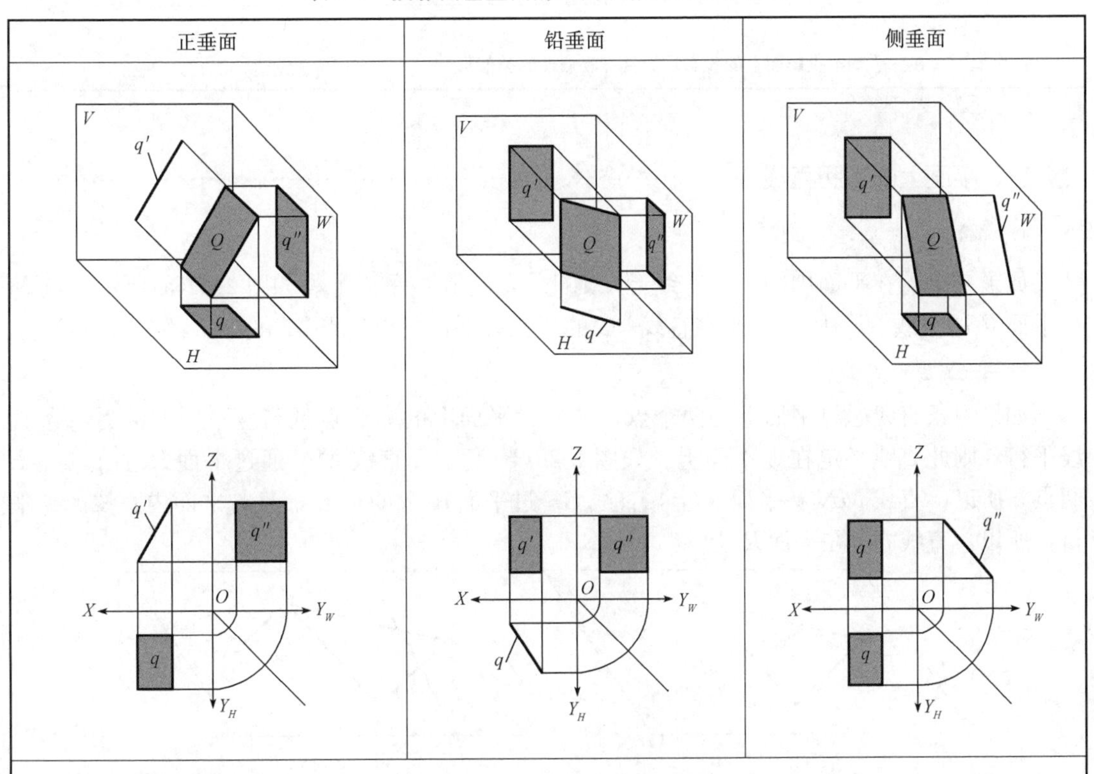		
投影面垂直面投影特性： 一斜两直线——在与空间平面垂直的基本投影面上，投影积聚为一条与其相应投影轴倾斜的斜线，而在另外两个基本投影面上，投影分别为具有收缩性的类似形		

3. 一般位置平面

不平行也不垂直于任何一个基本投影面的空间平面称为一般位置平面。

一般位置平面的三面投影及其投影特性见表 2-8。

表 2-8　一般位置平面的三面投影及其投影特性

<table>
<tr><td>一般位置平面</td></tr>
<tr><td>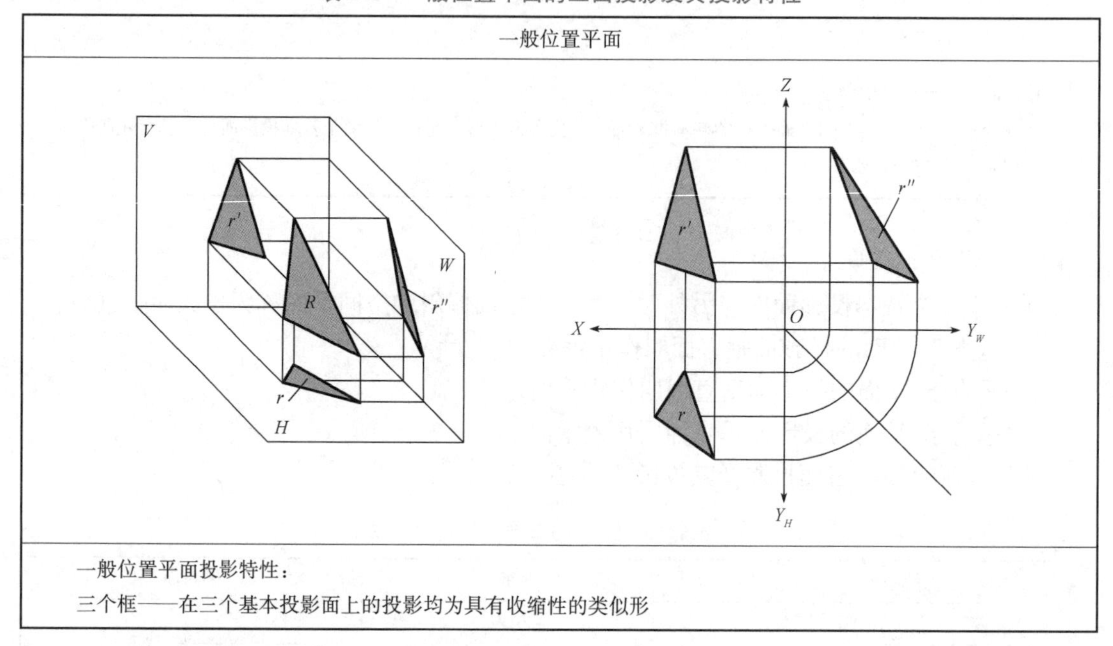
</td></tr>
<tr><td>一般位置平面投影特性：
三个框——在三个基本投影面上的投影均为具有收缩性的类似形</td></tr>
</table>

三、平面上的点和直线

1. 平面上的点

如果一个点在平面内的一条直线上，则此点必定在该平面上。如图 2-20(a)所示，点 M 在平面 P 的直线 DE 上，点 N 在直线 BC 的延长线上，所以，点 M 和点 N 都在平面 P 上。

2. 平面上的直线

如果一条直线通过平面上的两个点，或通过平面上的一个点且与该平面上的另一条直线平行，则此直线必定在该平面上。如图 2-20(b)所示，直线 MN 通过平面 R 上的 D、E 两点，所以，直线 MN 在平面 R 上，直线 GF 过平面 R 上的 C 点，且与平面内直线 AB 平行，所以，直线 GF 在平面 R 上。

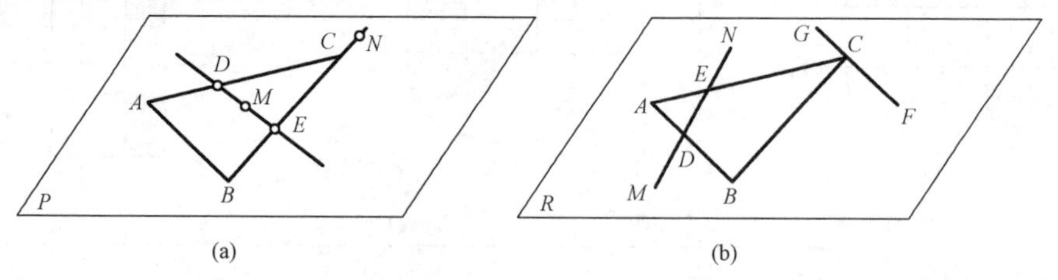

图 2-20　平面上的点和直线

典型案例

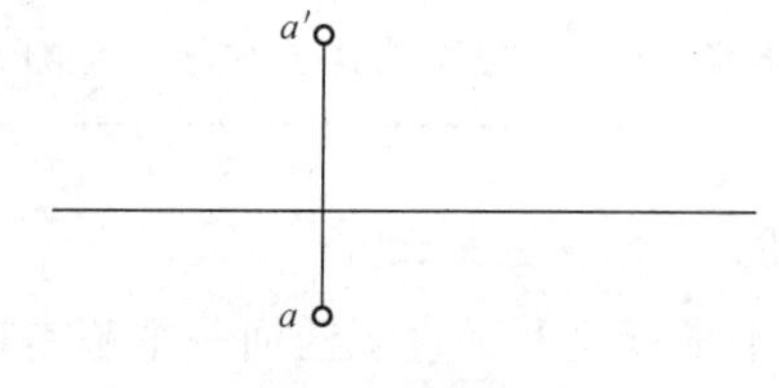

图 2-21　案例 1 图

【案例 1】　过点 A 作 V 面垂直面($\alpha=30°$)，如图 2-21 所示。

【分析】 根据正垂面的投影特性："两框一斜线"，即在 H 面和 W 面投影为两个与空间平面类似形的封闭"线框"，且两个框都不反映空间平面的实形，在 V 面投影积聚为"斜线"，"斜线"与 OX 轴的夹角反映 α 角，即 30°。

【作图】 作图方法及步骤如图 2-22 所示。

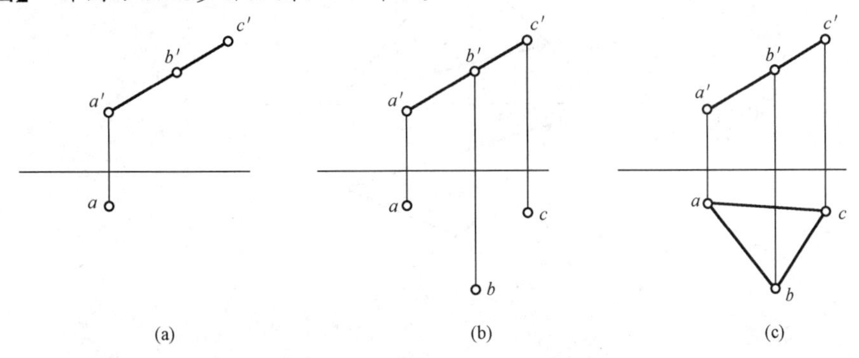

图 2-22 过点 A 作 V 面垂直面

(a)过点 a' 作与 OX 轴成 30°夹角的斜线，即正垂面的 V 面投影，在斜线上取点 b' 和点 c'；
(b)自点 b' 和点 c' 下引 OX 轴的垂线，在 H 面取与点 a 不共线的两点，分别为点 b 和点 c；
(c)连接 abc，即正垂面的 H 面投影

【案例 2】 已知点 K 在平面 ABC 上，并已知其中一个投影(图 2-23)，求作点 K 的另一投影。

【分析】 根据平面上的点的投影特性，如果点在平面上，那么该点必定在该平面的一条直线上，本题中点 K 在平面 ABC 上，那么可以用点 K 所在的直线作为辅助线，先作出辅助线的另一面投影，再在其上找到点的投影。

【作图】 作图方法及步骤如图 2-24 所示。

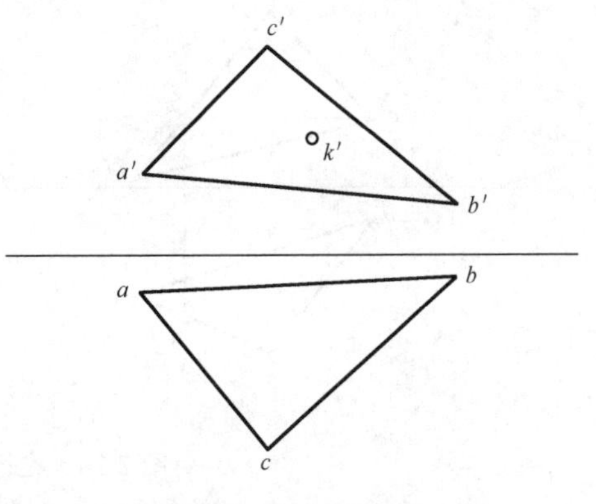

图 2-23 案例 2 图

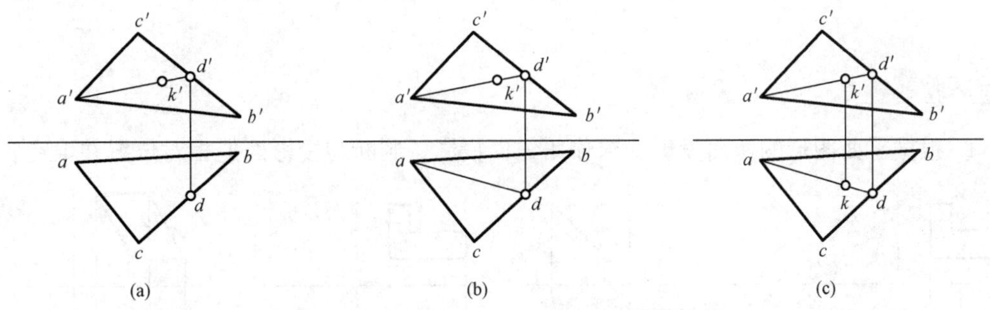

图 2-24 求作点 K 的另一投影

(a)过 $a'k'$ 作辅助线交 $b'c'$ 于点 d'，自点 d' 向下引 OX 轴的垂线交 bc 于点 d；
(b)连接 ad；(c)自点 k' 向下引 OX 轴的垂线交 ad 于点 k，即所求点 K 的另一投影

【案例 3】 已知平面 ABC 的两面投影(图 2-25)，在平面内作一条水平线 AD，求 AD 的投影。

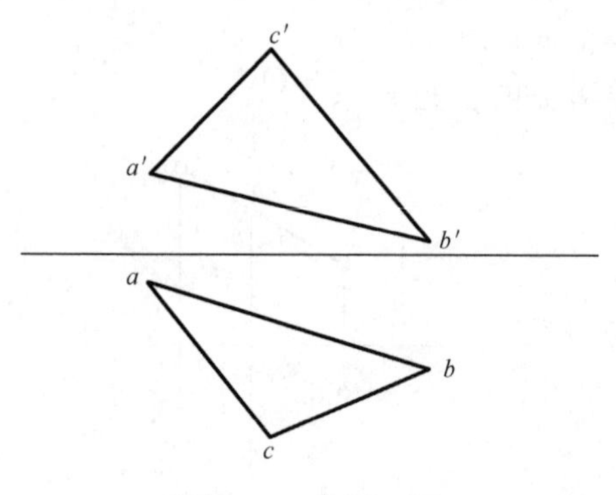

图 2-25 案例 3 图

【分析】 根据平面上直线的投影特性，要在平面内作一条直线，那么这条直线上要有两个点在平面上。结合水平线的投影特性，V 面投影应该为一条与 OX 轴平行的直线，H 面投影应该为一条斜线。

【作图】 作图方法及步骤如图 2-26 所示。

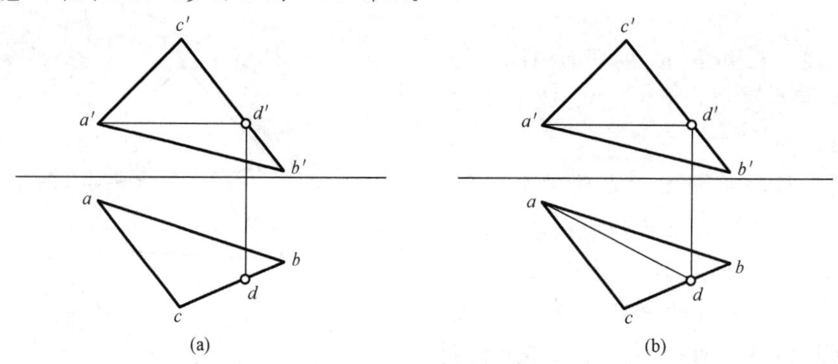

图 2-26 在已知平面内作水平线

(a)过点 a' 作与 OX 轴平行的直线与 $b'c'$ 相交于点 d'，过点 d' 向下引垂线与 bc 交于点 d；(b)连接 ad，则 ad 和 $a'd'$ 即所求水平线的投影

实际演练

1. 根据平面图形的两面投影，求作第三面投影，判断与投影面的相对位置并填空。

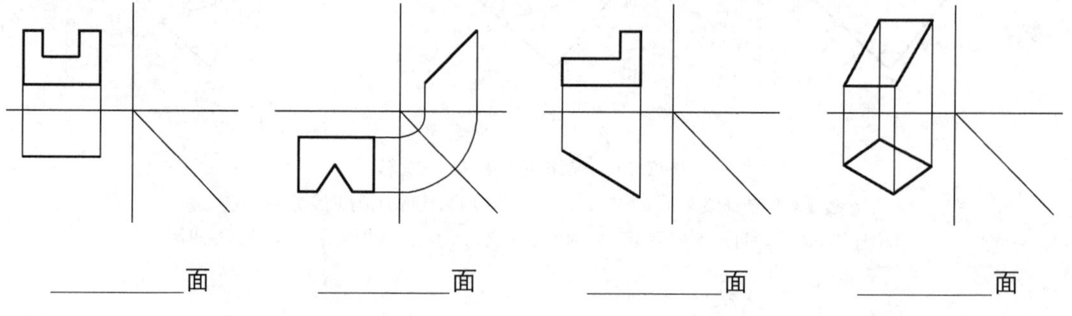

__________面　　__________面　　__________面　　__________面

2. 在平面 ABC 上作一正平线。

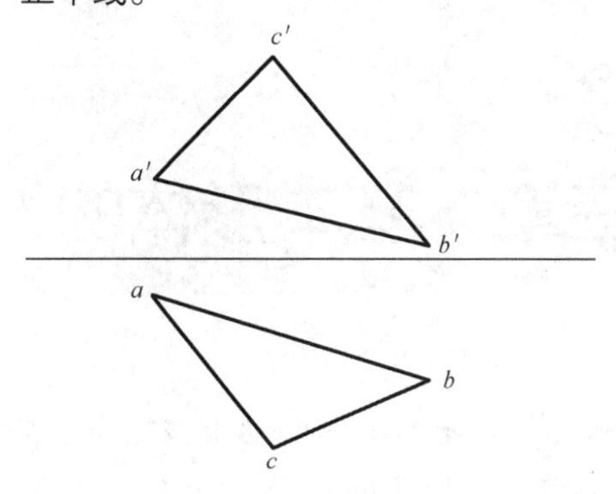

3. 已知位于所给平面上的图形的一个投影，试求其另一个投影。

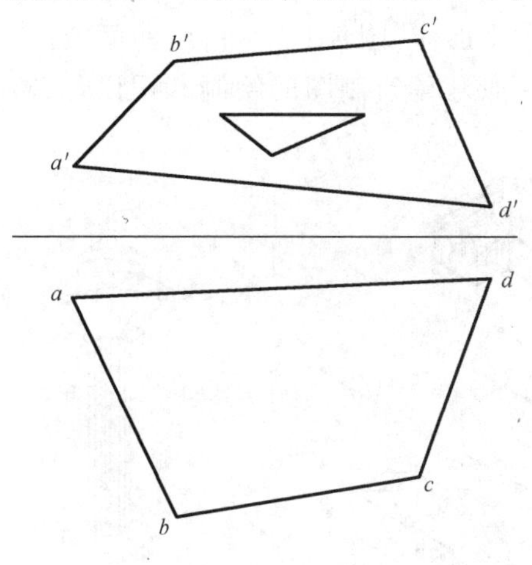

第三章　基本形体的投影

形状各异的建筑形体都可以看作是由一些基本形体组成的。基本形体由点、线、面等几何元素组成，因此，研究基本形体的投影实际上就是研究点、线、面投影的综合。为了研究方便，根据其表面的不同形状，可将基本形体分为平面体和曲面体两大类。由平面图形所组成的形体称为平面体[图 3-1(a)]；由曲面或曲面和平面共同组成的形体称为曲面体[图 3-1(b)]。为了便于建筑制图的绘制和识读，必须正确掌握一些常见基本形体投影的画法。

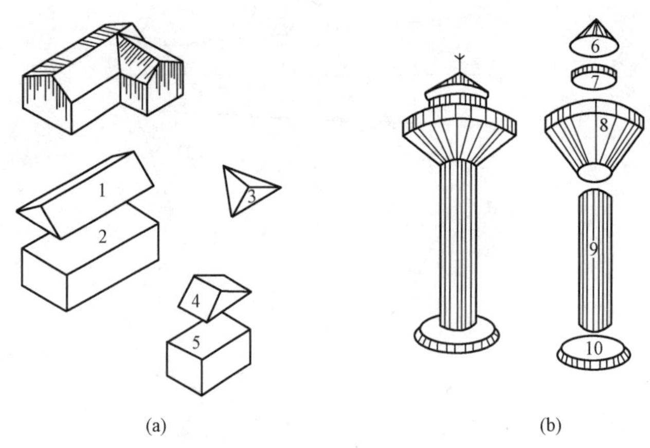

图 3-1　建筑的基本形体

(a)平面体；(b)曲面体

1、4—三棱柱；2、5—四棱柱；3—三棱锥；6—圆锥；7、9—圆柱；8、10—圆台

学习引导

◈ 目的与要求

1. 了解平面体和曲面体的概念和形成。
2. 掌握基本形体表面的点、线的投影作图方法。
3. 掌握基本形体的投影规律。

◈ 重点和难点

重点　基本形体表面的点、线的投影作图方法。

难点　基本形体的投影规律。

第一节　平面立体

学习提示

表面是由平面基本形体组成的几何体，称为平面体，也称平面几何体。在建筑工程中，多数构配件是由平面体构成的。根据棱体中各棱线之间的相互关系，可以分为棱柱体和棱锥体两种。棱柱体是各棱线相互平行的几何体，如正方体、长方体、棱柱体；棱锥体是各棱线或其延长线交于一点的几何体，如三棱锥、四棱台等。

相关知识

一、长方体

长方体由前、后、左、右、上和下六个平面构成，且相互垂直。对于其投影图，只要按照投影规律画出各个表面的投影，即可得到长方体的投影图。

图 3-2 所示为某长方体的三面投影图。根据长方体在三面投影体系中的位置，底面、顶面平行于 H 面，则在 H 面的投影反映实形，并且相互重合。前后面、左右面垂直于 H 面，故其投影积聚为直线，构成长方形的各条边。

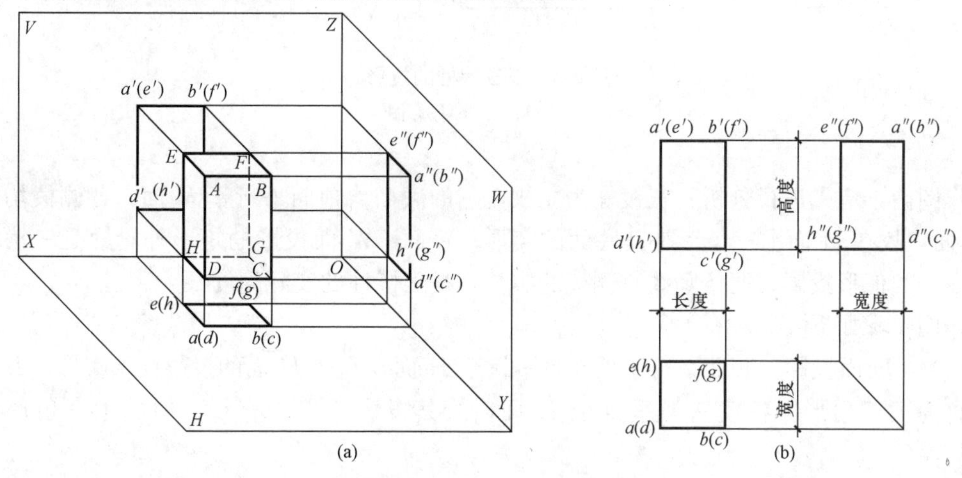

图 3-2　某长方体的三面投影图

(a)立体图；(b)投影图

由于长方体的前面和后面平行于 V 面，故其在 V 面的投影反映实形，并且重合；由于长方体的左侧面和右侧面平行于 W 面，故其在 W 面的投影反映实形，并且相互重合。而前后面、顶面、底面与 W 面垂直，故其投影积聚为直线，构成 W 面四边形的各条边。

从长方体的三面投影图中可以看出，正面投影反映长方体的长度 L 和高度 H，水平投影反映长方体的长度 L 和宽度 B，侧面投影反映长方体的宽度 B 和高度 H，完全符合前面介绍的三面投影图的投影特性。

■ 二、棱柱

棱柱是指由两个互相平行的多边形平面，其余各面都是四边形，且每相邻两个四边形的公共边都互相平行的平面围成的形体。这两个互相平行的平面称为棱柱的底面，其余各平面称为棱柱的侧面，侧面的公共边称为棱柱的侧棱。常见的棱柱有三棱柱、五棱柱、六棱柱等。

将正三棱柱置于三面投影体系中，使其底面平行于 H 面，并保证其中一个侧面平行于 V 面，如图 3-3(a)所示。

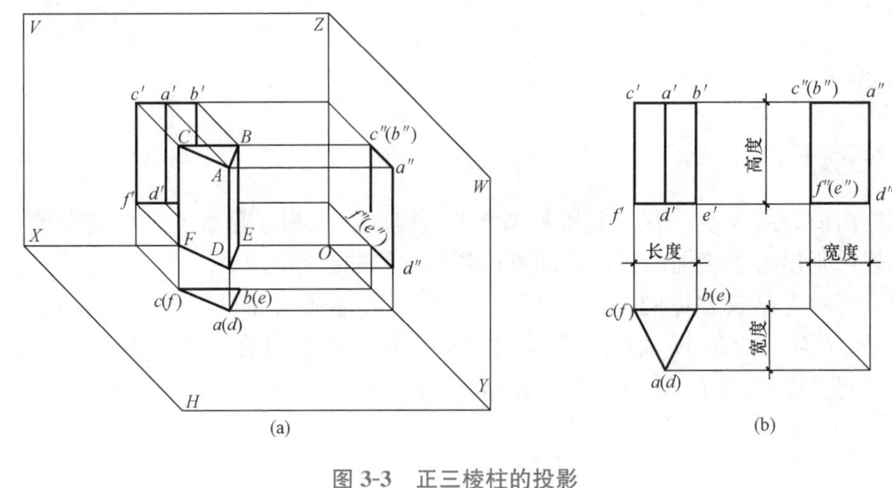

图 3-3　正三棱柱的投影

(a)立体图；(b)投影图

作图前，应先进行分析：三棱柱为立放，它的底面、顶面平行于 H 面，各侧棱均垂直于 H 面，故在 H 面上三角形是其底面的实形；V 面、W 面投影的矩形外轮廓是三棱柱两个侧面的类似形投影，两条竖线是侧棱的实长，是三棱柱的实际高度。

作图步骤如下[图 3-3(b)]：

(1)作 H 面投影。底面平行于顶面且平行于 H 面，则在 H 面的投影反映实形，并且相互重合为正三角形。各棱柱面垂直于 H 面，故其投影积聚为直线，构成正三角形的各条边。

(2)作 V 面投影。由于其中一个侧面平行于 V 面，则在 V 面上的投影反映实形。其余两个侧面与 V 面倾斜，在 V 面上的投影形状缩小，并与第一个侧面重合，所以 V 面上的投影为两个长方形。底面和顶面垂直于 V 面，故它们在 V 面上的投影积聚成上、下两条平行于 OX 轴的直线。

(3)作 W 面投影。由于与 V 面平行的侧面垂直于 W 面，在 W 面上的投影积聚成平行于 OZ 轴的直线。顶面和底面也垂直于 W 面，故其在 W 面上的投影积聚为平行于 OY 轴的直线；另两个侧面在 W 面的投影为缩小的重合的长方形。

■ 三、棱锥

棱锥与棱柱的区别是侧棱线交于一点，即锥顶。棱锥的底面是多边形，各个棱面是都有一个公共顶点的三角形。正棱锥的底面是正多边形，顶点在底面投影位于正多边形的中心。棱锥体的投影仍是空间一般位置和特殊位置平面投影的集合，其投影规律和方法同平面投影。

如图 3-4 所示，将正三棱锥放置在三面投影体系中，使其底面 ABC 平行于 H 面。由于底面 ABC 为正三角形且是水平面，则其水平投影反映实形；棱面 SAB、SBC 为一般位置平面，其各个投影都为类似形；棱面 SAC 为侧垂面，其侧面投影积聚为一条直线，其他投影面的投影均为类似形；正三棱锥的底边 AB、BC 为水平线，AC 为侧垂线，棱线 SA、SC 为一般位置直线，棱线 SB 为侧平线，其投影特性可以根据不同位置的直线的投影特性来分析，也可以根据三视图的投影规律作出这个正三棱锥的三视图。

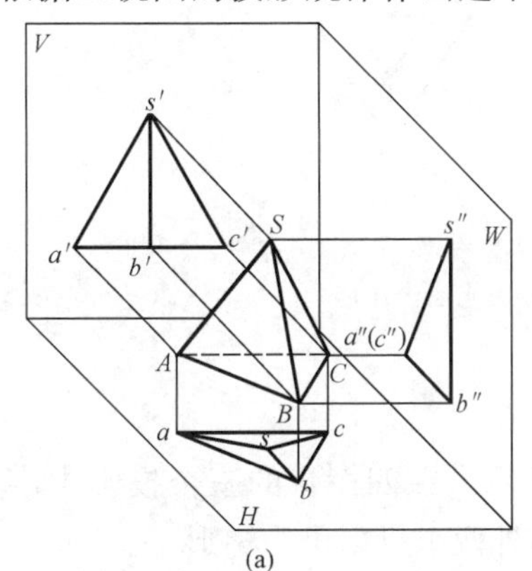

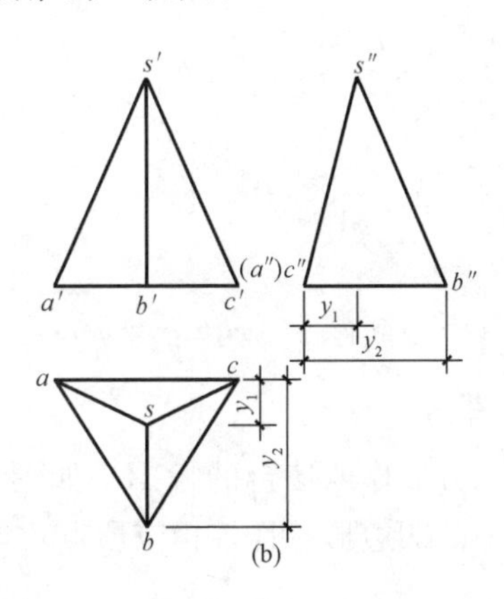

图 3-4　正三棱锥的投影

(a)立体图；(b)三视图

作图时，应根据上述分析结果和正三棱锥的特性，先作出正三棱锥的水平投影，也就是平面图，再作出正三角形，分别作三角形的高，找到中心点，然后根据投影规律作出其他两个视图。作图时，要注意“长对正，高平齐，宽相等”的对应关系。

■ 四、棱台

用平行于棱锥底面的平面切割棱锥后，底面与截面之间剩余的部分称为棱台。截面与原底面称为棱台的上底面、下底面，其余各平面称为棱台的侧面，相邻侧面的公共边称为侧棱，上底面、下底面之间的距离称为棱台的高。棱台有三棱台、四棱台、五棱台等。

1. 三棱台的投影

为方便作图，应使棱台上底面、下底面平行于水平投影面。图 3-5 所示为三棱台的投影。其作图步骤如下：

(1)作水平投影。由于上底面和下底面为水平面，水平投影反映实形，为两个相似的三角形。其余各侧面倾斜于水平投影面，水平投影不反映实形，因此是以上底面、下底面的水平投影相应边为底边的三个梯形。

(2)作正面投影。棱台上底面、下底面的正面投影积聚成平行于 OX 轴的线段；侧面

$ACFD$ 和 $ABED$ 为一般位置平面，其正面投影仍为梯形；$BCFE$ 为侧垂面，正面投影不反映实形，仍为梯形，并与另两个侧面的正面投影重合。

(3)作侧面投影。棱台上底面、下底面的侧面投影分别积聚成平行于 OY 轴的线段，侧垂面 $BCFE$ 也积聚成倾斜于 OZ 轴的线段，而侧面 $ACFD$ 与 $ABED$ 重合成为一个梯形。

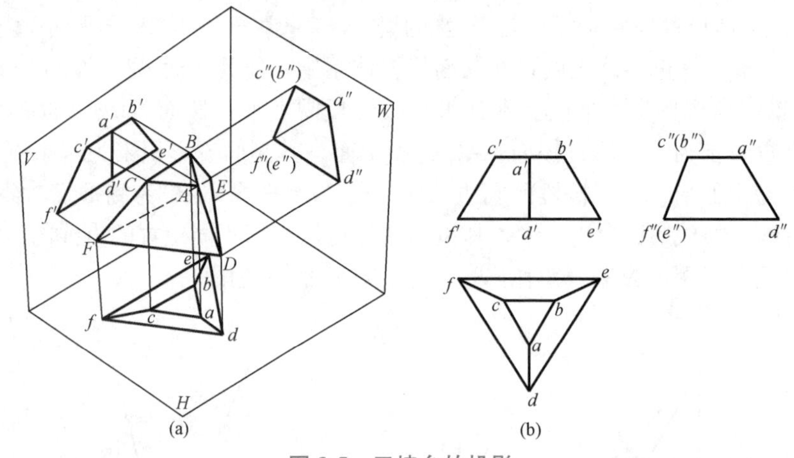

图 3-5　三棱台的投影

(a)直观图；(b)投影图

2. 四棱台的投影

用同样的方法作四棱台的投影，如图 3-6 所示。在四棱台的三个投影中，其中一个投影为两个相似的四边形，且各相应顶点相连；另外两个投影仍为梯形。

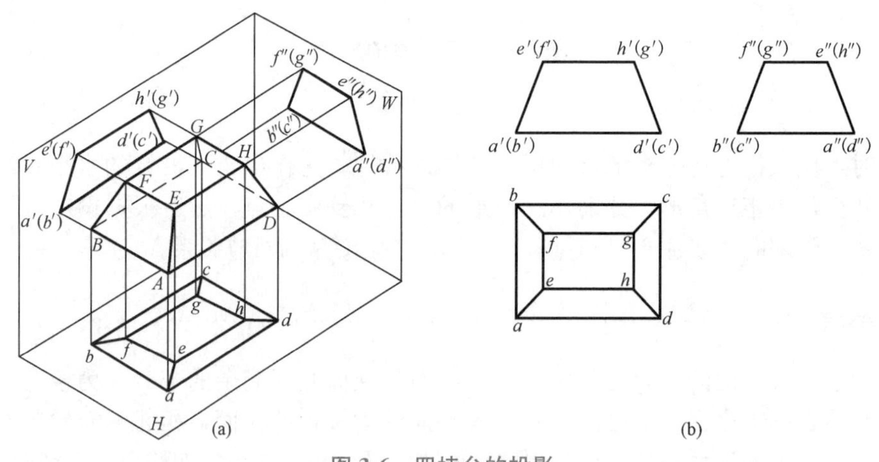

图 3-6　四棱台的投影

(a)直观图；(b)投影图

从三棱台、四棱台的投影中可以得出这样的结论：在棱台的三面投影中，其中一个投影中有两个相似的多边形，且各相应顶点相连，构成梯形；另外两个投影分别为一个或若干个梯形。反之，若一个形体的投影中有两个相似的多边形，且两个多边形相应顶点相连，构成梯形，其余两个投影也为梯形，则可以得出这个形体为棱台，从相似多边形的边数可以得知棱台的棱数。

五、平面立体的尺寸标注

平面立体的尺寸数量与立体的具体形状有关，但总体来看，这些尺寸分属于三个方向，即平面立体上的长度方向、宽度方向和高度方向。因此，标注平面立体几何尺寸时，应将这三个方向的尺寸标注齐全，且每个尺寸只需在某一个视图上标注一次。一般都是将尺寸标注在反映形体端面实形的视图上。

图 3-7 所示分别为长方体、四棱柱和正六棱柱的尺寸标注。其中，正六棱柱俯视图中所标的外接圆直径，既是长度尺寸，也是宽度尺寸，故图 3-7(c)中的宽度尺寸 22 应省略不标。

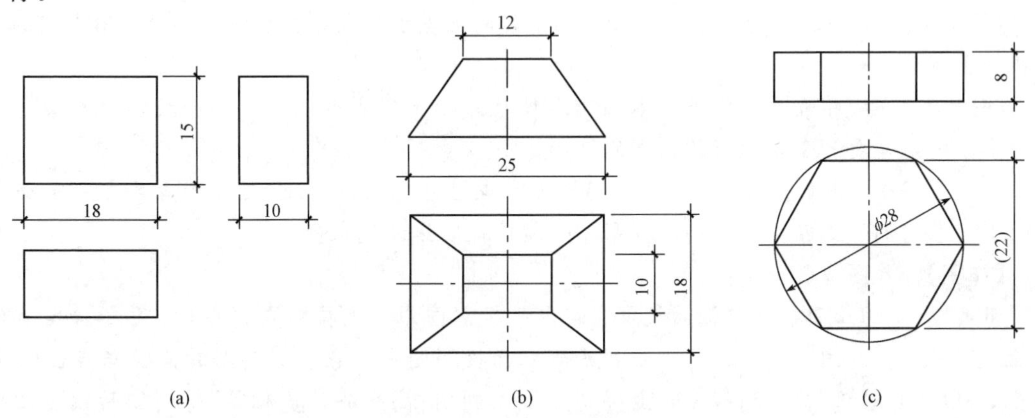

图 3-7　平面立体的尺寸标注

(a)长方体；(b)四棱柱；(c)正六棱柱

典型案例

【案例 1】 如图 3-8 所示，已知三棱柱表面上点 1、点 2 和点 3 的正面投影，试作出它们的水平投影和侧面投影。

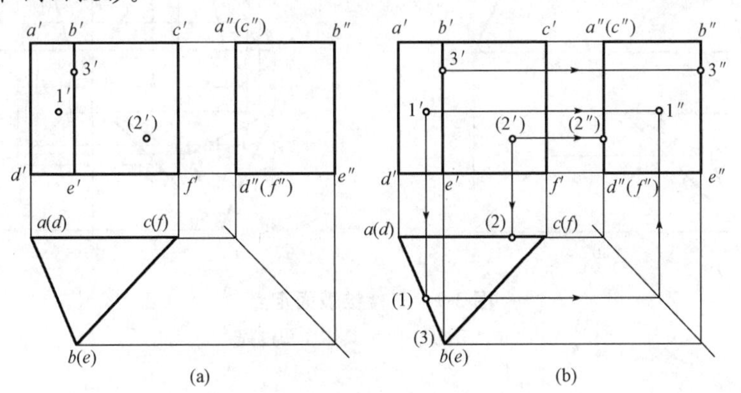

图 3-8　三棱柱表面上的定点投影

(a)三视图；(b)具体作图过程

【分析】 平面立体是由平面围成的，所以，平面立体表面上点的投影与平面上点的投影特性是相同的，不同的是平面立体表面上的点存在可见性问题。通常规定，处在可见面上的点为可见点；处在不可见面上的点为不可见点，用加括号的方式标注。

在投影图上，如果给出平面立体表面上点的一个投影，就可以根据点在平面上的投影特性，求出点在其他投影面上的投影。从投影图上可以看出，点 1 在三棱柱的左前棱面 $ABED$ 上，点 2 在三棱柱的后表面 $ACFD$ 上，点 3 在棱线 BE 上。

【作图】 由分析可知三点的位置，将 $1'$、$(2')$、$3'$点利用“长对正”分别投影到水平投影图中相应位置得(1)、(2)、(3)点，利用“高平齐，宽相等”，可以求解出侧面投影 $1''$、$(2'')$、$3''$点，如图 3-8(b)所示。

【案例 2】 如图 3-9(a)所示，已知三棱锥表面上点 1 和点 2 的水平投影，作出它们的正面投影和侧面投影。

【分析】 在棱锥表面上定点，不同于在棱柱表面上定点可以利用平面投影的积聚性直接作出，而是需要利用辅助线作出点的投影。

从投影图上可知，点 1 在左棱面 SAB 上，点 2 在右棱面 SBC 上。两点均在一般位置平面上，求它们的正面投影和侧面投影，必须作辅助线才能求出。

【作图】 作图步骤如下：

(1)求点 1 的正面投影与侧面投影：在水平投影图中，连接顶点 s 与点 1 并延伸至直线 ab 上交于点 d，利用“长对正”将点 d 投影到正面投影图中得点 d'，连接顶点 s'与点 d'，再将点 1 利用“长对正”投影到线 $s'd'$ 上得到点 $1'$，利用“高平齐，宽相等”得到侧面投影图中的点 $1''$，如图 3-9(b)所示。

(2)求点 2 的正面投影与侧面投影：在水平投影图中，通过点 2 作辅助线 $mn // bc$，点 n 或点 m 为棱线上的点，可直接通过“长对正”找到线 $m'n'$，由于点 $2'$在线 $m'n'$上，将点 2 通过“长对正”得到点 $2'$，利用“高平齐，宽相等”得到侧面投影图中的点$(2'')$，如图 3-9(b)所示。

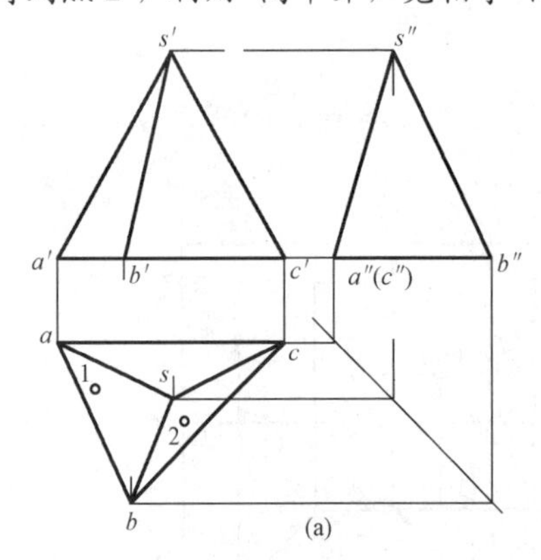

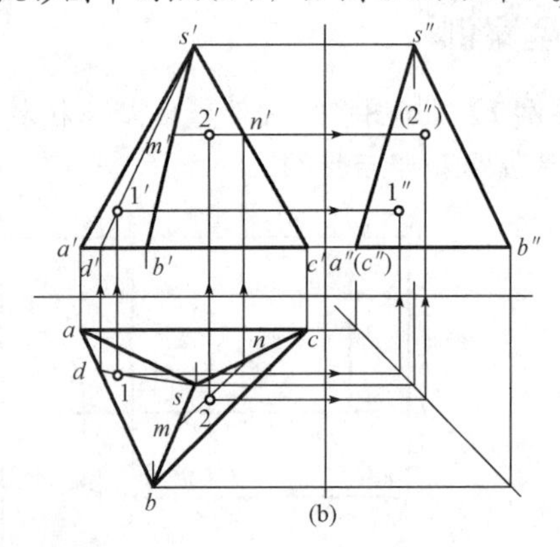

图 3-9　三棱锥表面定点

(a)三视图；(b)具体作图过程

实际演练

1. 已知平面立体的两个投影，作出第三个投影，并完成立体表面上的各点的三面投影。

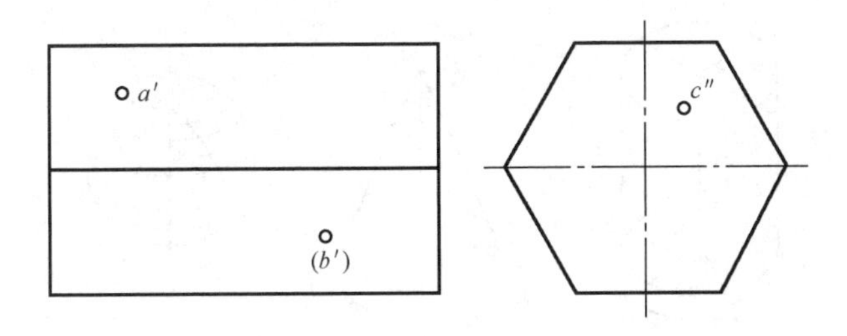

2. 作出棱锥、棱柱的侧面投影，并求出表面上的点的其余投影。

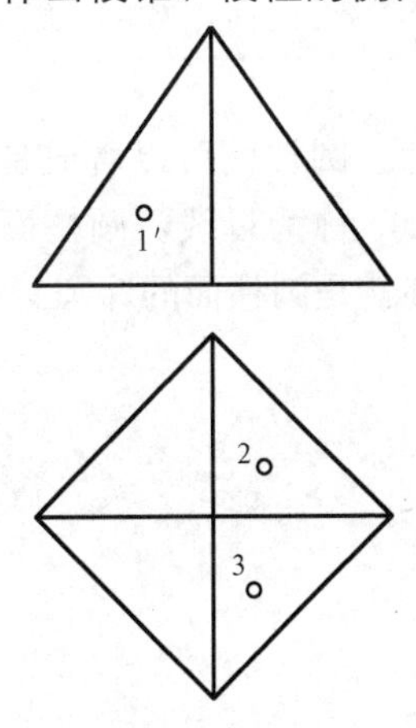

第二节　曲面立体

学习提示

曲面立体是指立体表面由曲面和平面所组成的立体。曲面立体的表面由曲面或曲面和平面组成，曲面可以看成是母线运动后的轨迹，也可以是曲面上所有素线的集合。曲面立体的投影实质上是曲面立体表面上曲面轮廓素线或曲面轮廓素线和平面的投影。

常见的曲面立体有圆柱、圆锥、圆球等。当母线为直线且平行于回转轴时，形成的曲面为圆柱面，如图 3-10(a)所示。当母线为直线且与回转轴相交时，形成的曲面为圆锥面，圆锥面上所有母线交于一点，称为锥顶，如图 3-10(b)所示。由圆母线绕其直径回转而形成的曲面称为圆球面，如图 3-10(c)所示。

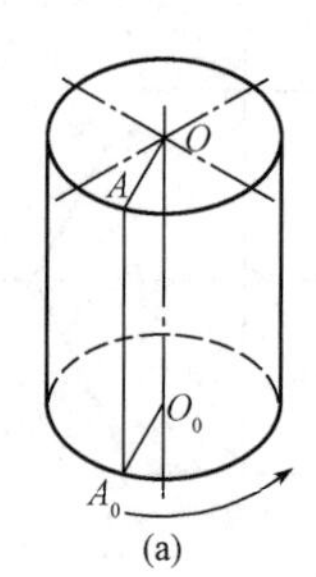

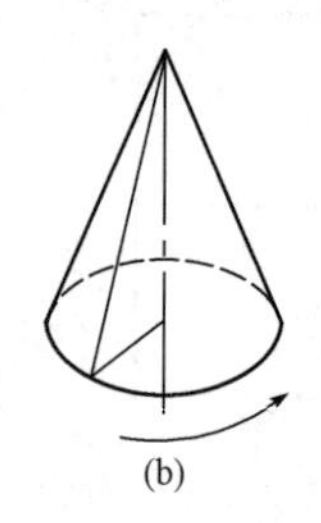

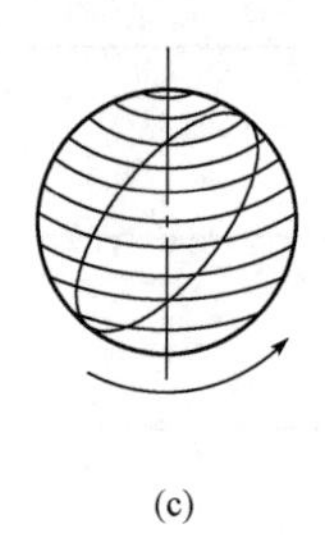

图 3-10　回转面的形式

(a)圆柱面；(b)圆锥面；(c)圆球面

相关知识

一、圆柱体

圆柱体是由圆柱面和两个圆形底面组成的，如图 3-11 所示。圆柱面可以看成是由一条直线 AA_0 围绕与它平行的轴线 OO_0 旋转而成。运动的直线 AA_0 称为母线。圆柱面上与轴线平行的直线称为圆柱面的素线。母线 AA_0 上任意一点的轨迹就是圆柱面的纬圆。

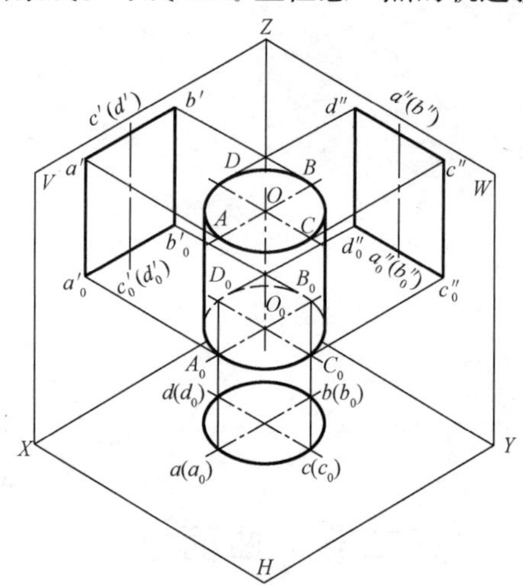

图 3-11　圆柱体作图分析

如图 3-12 所示，当圆柱体的轴线为铅垂线时，圆柱面所有的素线都是铅垂线，在平面图上积聚为一个圆，圆柱面上所有的点和直线的水平投影，都在平面图的圆上；其正立面图和侧立面图上的轮廓线为圆柱面上最左、最右、最前、最后轮廓素线的投影。圆柱体的上底面、下底面为水平面，水平投影为圆(反映实形)，另外两个投影积聚为直线。

圆柱体投影图的绘制步骤如下：

(1)先作圆柱体三面投影图的轴线和中心线，然后由直径画水平投影图；

(2)由“长对正”和高度作正面投影矩形；

(3)由“高平齐，宽相等”作侧面投影矩形。

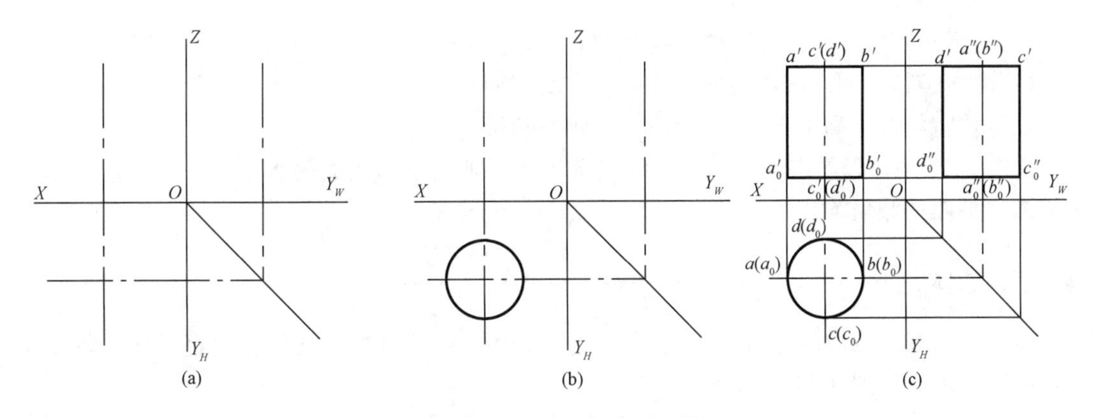

图 3-12　圆柱体的投影作图

(a)作轴线和中心线；(b)画水平投影图；(c)作投影矩形

■ 二、圆锥体

圆锥体是由圆锥面和一个底面组成的。圆锥面可以看成是由一条直母线围绕与其相交的轴线旋转而成的曲面。母线与轴线相交点即圆锥面顶点，母线另一端运动轨迹为圆锥体底面圆的圆周。圆锥体放置时，应使轴线与水平面垂直，底面平行于水平面，以便于作图，如图 3-13 所示。

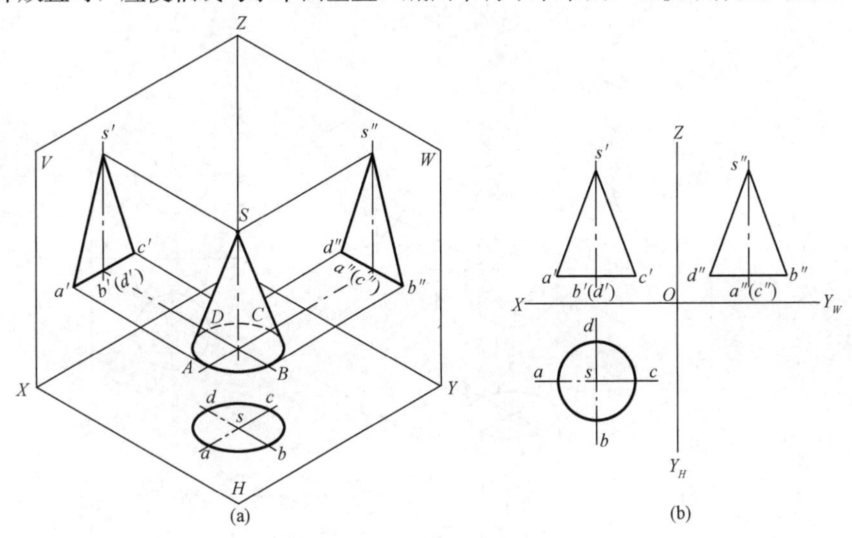

图 3-13　圆锥体的投影图

(a)直观图；(b)投影图

如图 3-13(a)所示，当圆锥体的轴线为铅垂线时，其正立面图和侧立面图上的轮廓线为圆锥面上最左、最右、最前、最后轮廓素线的投影。圆锥体的底面为水平面，水平投影为圆(反映实形)，另外两个投影积聚为直线。

与圆柱一样，圆锥的 V 面、W 面投影代表了圆锥面上不同的部位。正面投影是前半部投影与后半部投影的重合，而侧面投影则是圆锥左半部投影与右半部投影的重合。

如图 3-13(b)所示，圆锥体投影图的绘制步骤如下：

(1)先画出圆锥体三面投影的轴线和中心线，然后由直径画出圆锥的水平投影图；

(2)由“长对正”和高度作底面及圆锥顶点的正面投影，并连接成等腰三角形；

(3)由“宽相等，高平齐”作侧面投影等腰三角形。

由图 3-13 中可以看出，圆锥的轴线铅垂放置，则圆锥的底面为水平面，圆锥面上所有素线与水平面的倾角均相等。

■ 三、球体

球体是由球面围成的立体。球面可以看成是由一条半圆曲线绕与它的直径作为轴线的 OO_0 旋转而成，如图 3-14(a)所示。

如图 3-14(b)所示，球体的三面投影均为与球的直径大小相等的圆，故又称为“三圆为球”。V 面、H 面和 W 面投影的三个圆分别是球体的前、上、左三个半球面的投影，后、下、右三个半球面的投影分别与之重合；三个圆周代表了球体上分别平行于正面、水平面和侧面的三条素线圆的投影。由图 3-14 中还可看出，球面上直径最大的、平行于水平面和侧面的圆 A 与圆 C 的正面投影分别积聚在过球心的水平与铅垂中心线上。

如图 3-14(c)所示，球体投影图的绘制步骤如下：

(1)画球面三投影圆的中心线；

(2)以球的直径为直径画三个等大的圆，即各个投影面的投影圆，如图 3-14(b)所示。

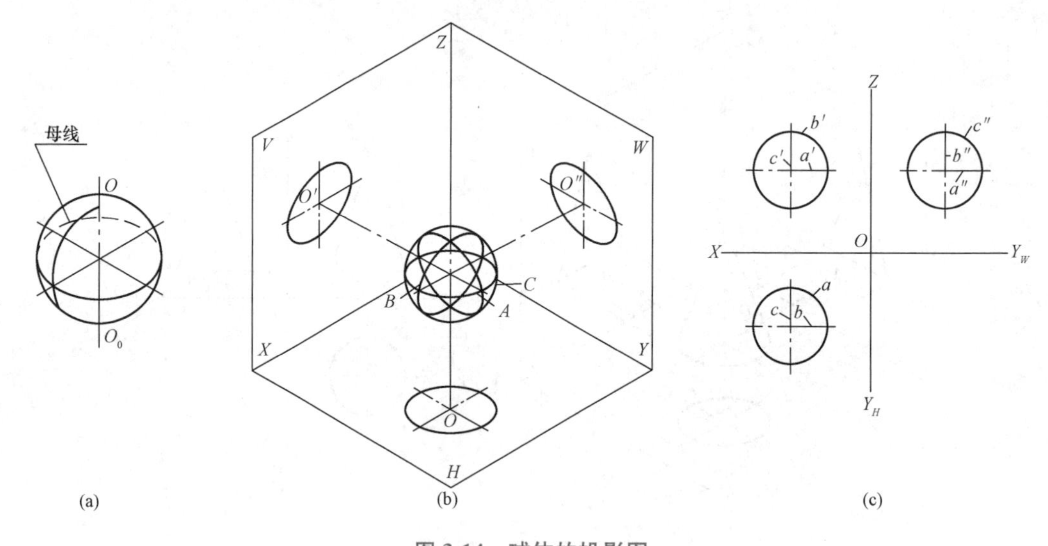

图 3-14 球体的投影图

(a)球的形成；(b)球的作图分析；(c)投影图

■ 四、圆环

圆环是由圆环面围成的。圆环面可以看成是由一条圆曲线围绕与圆在同一平面上且在圆外的直线 OO_0 旋转而成的，如图 3-15(a)所示。圆上任意点的运动轨迹为垂直于轴线的纬圆。

如图 3-15(b)所示，圆环的正面投影是最左、最右两个素线圆和与该圆相切的直线，其素线圆是圆环面正面投影的轮廓线，其直径等于母线圆的直径；直线是母线圆最上和最下的点的纬圆的积聚投影，其投影长度等于此点纬圆的直径，也就是母线圆的直径。侧面投影和正面投影分析相同，在此不再赘述。水平面的投影为三个圆，其直径分别为圆环上、下两部分的分界线的纬圆，也就是回转体的最大直径纬圆和最小直径纬圆，用粗实线画出，另一个圆用点画线画出，是母线圆圆心的轨迹。

如图 3-15(c)所示，圆环投影图的绘制步骤如下：

(1)画出三个视图的中心线的投影(细点画线)；

(2)画出各个投影面的投影圆；

(3)作出正面投影和侧面投影的切线，并将不可见部分用虚线画出。

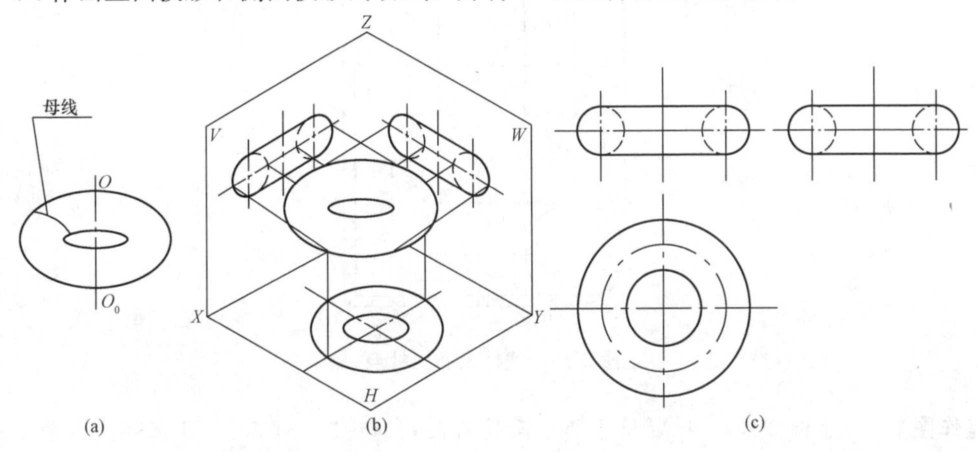

图 3-15　圆环的投影图

(a)圆环的形成；(b)作图分析；(c)投影图

■ 五、回转体的尺寸标注

由回转体的形成可知，回转体的尺寸标注应分为径向尺寸标注和轴向尺寸标注。标注尺寸时，应先标注反映回转体端面图形圆的直径，标注时须在前面加上符号“ϕ”，然后再标注其长度，如图 3-16 所示。

回转体的尺寸标注，也可采用集中标注的方法，即将其各种尺寸集中标注在某一视图上，以减少组合体的视图数目。圆球尺寸集中标注时，只需标注出其径向尺寸即可，但须在直径符号前加注“*S*”，如图 3-17 所示。

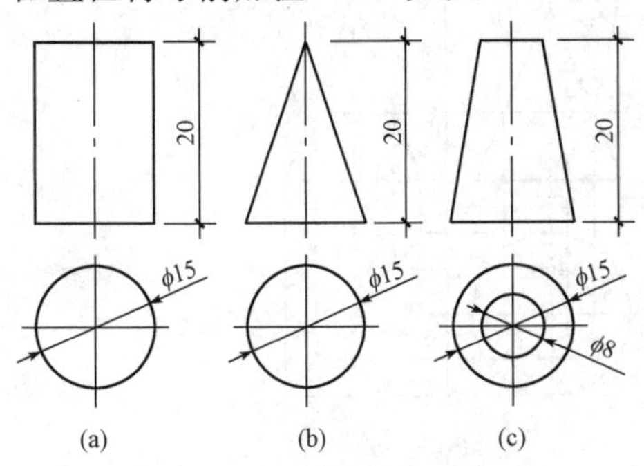

图 3-16　回转体的尺寸标注

(a)圆柱；(b)圆锥；(c)圆台

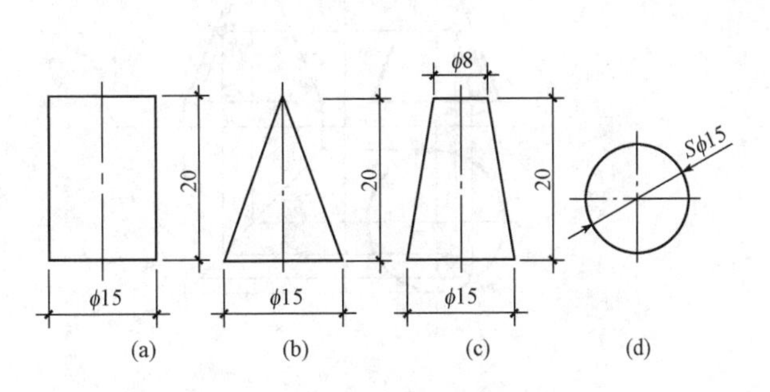

图 3-17　回转体尺寸集中标注

(a)圆柱；(b)圆锥；(c)圆台；(d)圆球

典型案例

【案例1】 如图3-18所示，已知点M的正面投影点m'为可见点的投影，求点M在水平投影面和侧面投影面的位置。

【分析】 由已知条件可以分析出，点M必定在前半个圆柱面上，其水平投影必定落在具有积聚性的前半个柱面的水平投影图上。

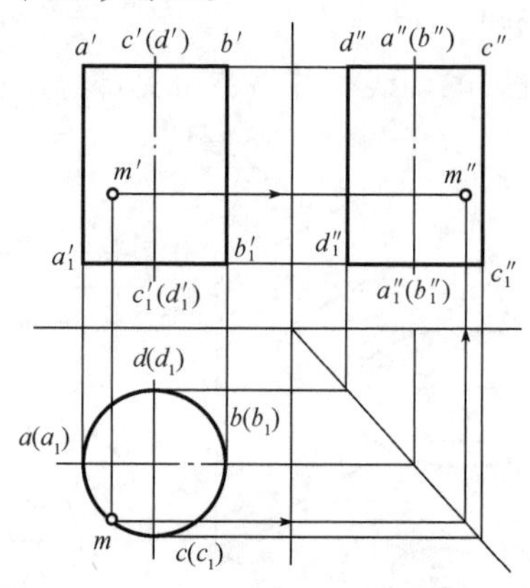

图3-18　圆柱表面上补点

【作图】 由分析可知，点M位于圆柱面的前面，通过“长对正”，可求解出水平投影面中的点m，再依据“高平齐，宽相等”求解出点m''，如图3-18所示。

【案例2】 在圆锥表面上补点，图3-19中点A为圆锥表面上一点，已知水平投影面中点a的位置，求另外两个投影面中点a'与点a''。

【分析】 因为圆锥面的三个投影都没有积聚性，所以不能利用积聚性直接在圆锥面上求点，可以利用素线法和辅助平面法求得。

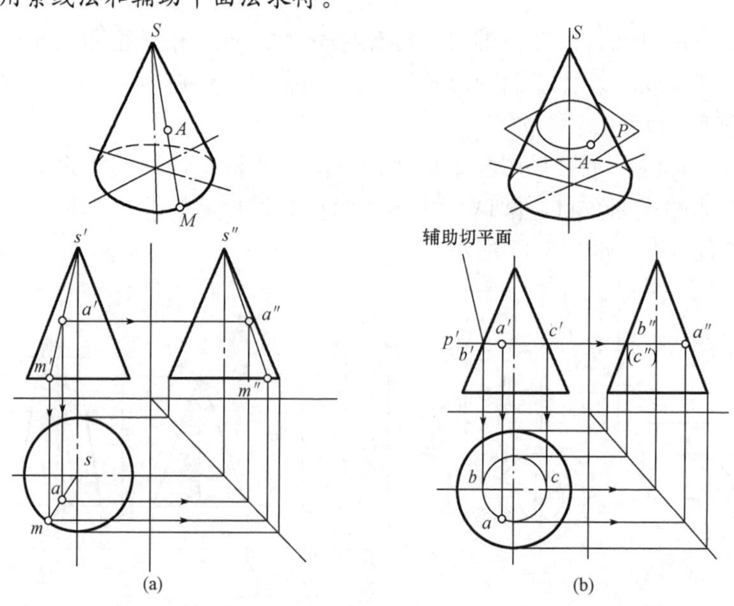

图3-19　圆锥表面上补点

(a)素线法；(b)辅助平面法

【作图】

(1)素线法，如图 3-19(a)所示，先过点 A 作素线 SM 的水平面投影，然后求出 $s'm'$ 和 $s''m''$，在 $s'm'$ 和 $s''m''$ 上求出 a' 和 a''。

(2)辅助平面法，如图 3-19(b)所示，过点 A 作一直径为 BC 的辅助圆 P。该圆的正面投影与侧面投影为一条与轴线垂直的直线，它与圆锥轮廓素线的两个交点之间的距离，即圆的直径。通过"长对正，高平齐，宽相等"求出 a' 与 a''。

【案例 3】 如图 3-20(a)所示，已知球面上点 K 的 V 面投影为 k'，求点 k 与点 k''。

【分析】 作球体表面上的点只能利用辅助平面法，因为球体表面上没有直线。

从图 3-20 可知，点 K 的位置是在上半球面上，又属左半球面，同时又在前半球面上。

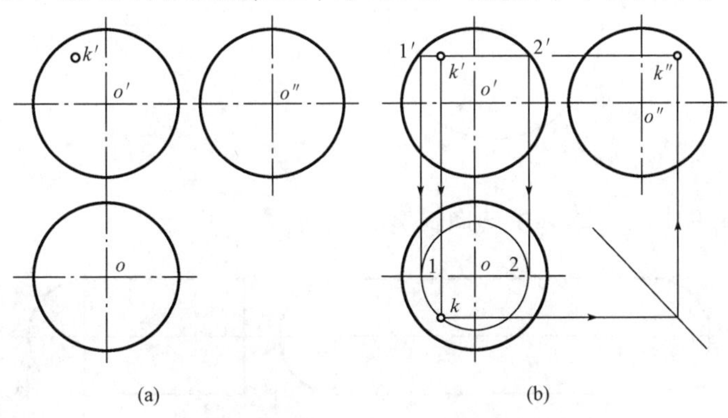

图 3-20　球体表面上点的投影

(a)已知条件；(b)作图过程

【作图】 作图可用纬圆法。如图 3-20(b)所示，过点 k' 作纬圆的 V 面投影 $1'2'$，以 $1'2'$ 的 1/2 为半径，以 O 为圆心，作纬圆的水平投影(圆)，过点 k' 引铅垂连线求得点 k，再按"三等"关系求得点 k''。最后分析可见性，由于点 K 在球面的左、前、上方，故三个投影均为可见。

实际演练

1. 求作圆锥面上的点的其余两面投影。

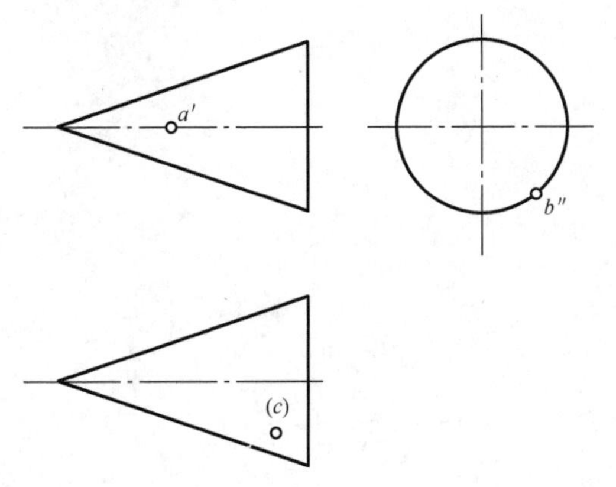

2. 求作圆球表面上的点的其余两面投影。

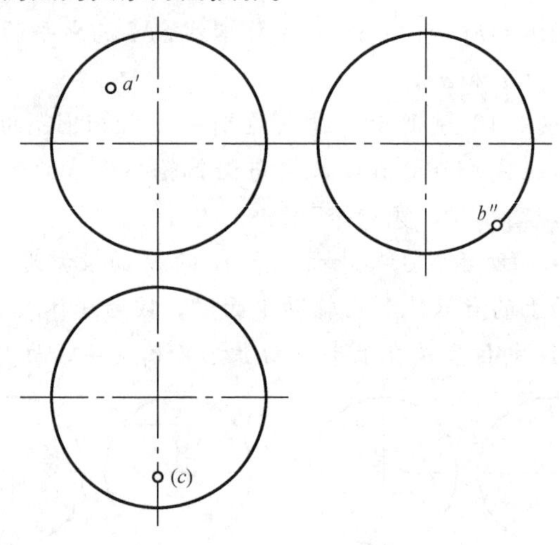

3. 求作圆环表面上的点的其余两面投影。

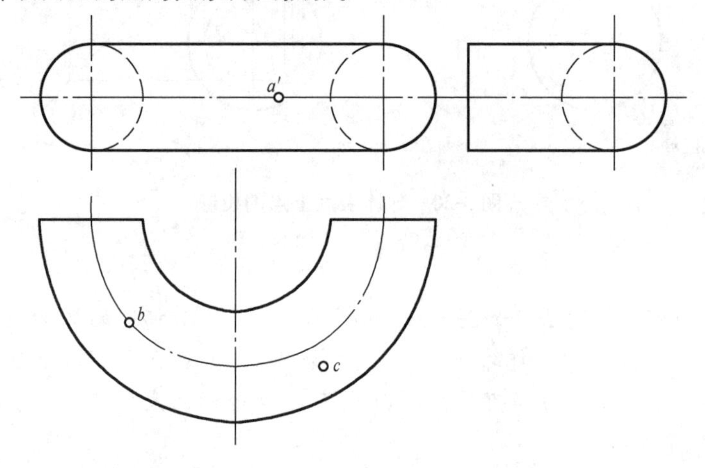

第四章　形体的表面交线

工程中，常见的形体多数具有立体被切割或两立体相交而形成的截交线或相贯线(如图4-1所示的压块、顶尖和三通管)。了解这些交线的性质并掌握交线的画法，有助于正确表达构件的结构形状及读图时对构件进行形体分析。

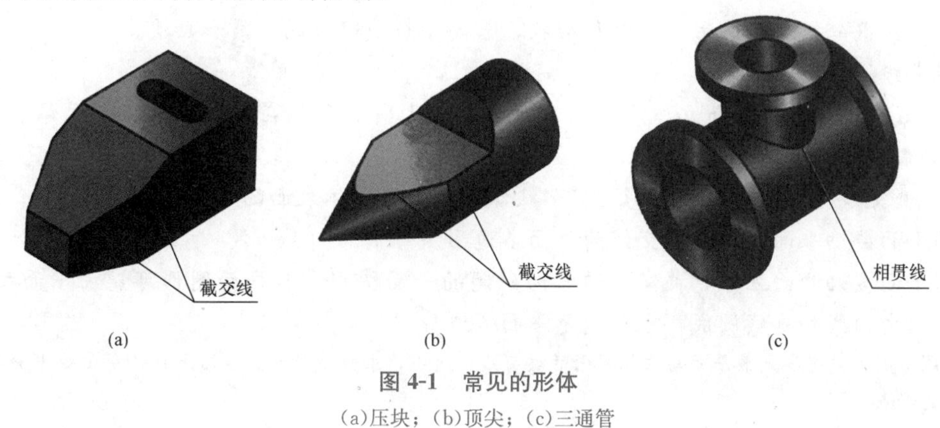

图4-1　常见的形体

(a)压块；(b)顶尖；(c)三通管

学习引导

◆ **目的与要求**

1. 了解截交线和相贯线的概念、形成。
2. 掌握用特殊位置平面切割平面体和曲面体形成的截交线的投影作图方法。
3. 掌握两圆柱体正交的相贯线和同轴回转体相贯线的投影作图方法。

◆ **重点和难点**

重点　立体被平面切割后截交线的作图方法；理解相贯线的简化画法。

难点　曲面体截交线的投影作图；相贯线投影作图的基本概念和方法。

第一节　截交线

学习提示

平面与立体表面相交，可以认为是立体被平面截切，此平面通常称为截平面。截平面与立体表面的交线称为截交线，如图 4-2 所示。

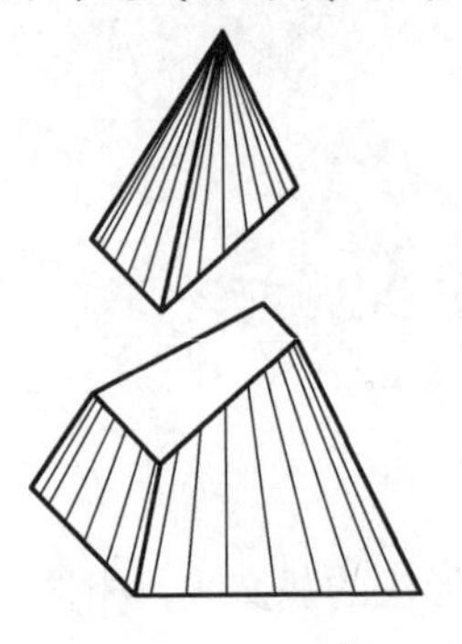

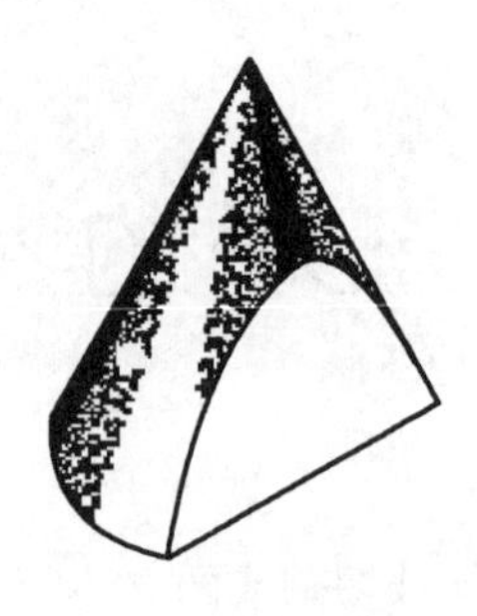

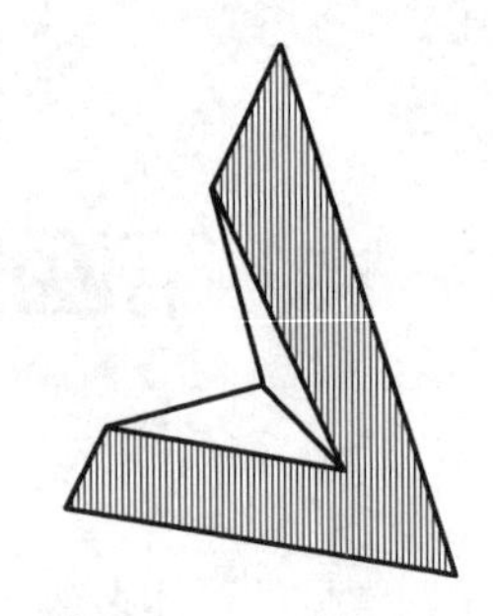

图 4-2　截断体

为了正确分析和表达形体的结构形状，需要了解截交线的性质和画法。

截交线的性质如下：

(1)截交线是截平面与立体表面的共有线，其上所有点既在截平面上又在立体表面上，是它们的共有点；

(2)截交线为封闭的平面图形，其形状取决于被截立体表面的几何性质：

1)平面截切平面立体，截交线为平面多边形。

2)平面截切曲面立体，截交线通常为封闭的平面图形，其平面图形可能由平面曲线围成，或者由曲线和直线围成，也可能是平面多边形。

注意： 因为截交线是截平面与立体表面的共有线，所以，求作截交线，实质上就是求出截平面与立体表面的共有点。

相关知识

一、平面立体的截交线

平面与平面立体相交，截交线为平面多边形，截交线上的顶点是截平面与立体棱线的交点，或是截平面与立体顶面或底面多边形的交点，每一条边是截平面与立体棱面或底面的交线(直线)。因此，求作平面切割体的截交线，实质上是求作截平面与平面立体表面的交线或截平面与各棱线的交点，如图 4-3 所示。

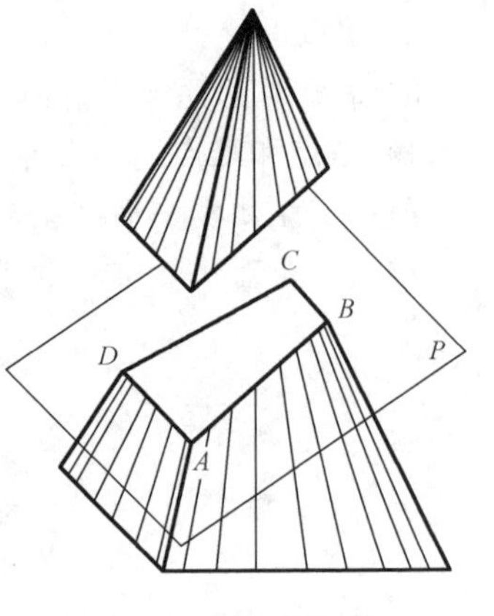

图 4-3　平面切割体

可以利用前面章节所介绍的求直线与平面相交、两平面相交的交点、交线的投影作图方法来求解截交线。

作图时，应正确分析立体表面上两种类型的点：

(1)棱线上的断点，如图 4-3 所示的 A、B、C、D 点；

(2)立体表面上两相交平面交线的两个端点，如图 4-4 所示的 A、B 点。

另外，在连线时应注意判别截交线的可见性。

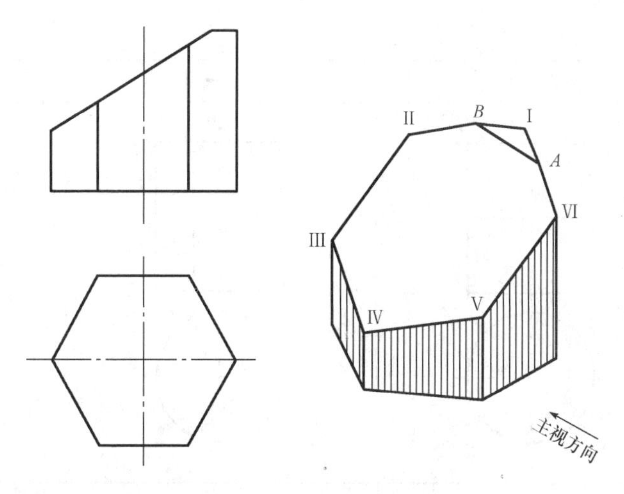

图 4-4　六棱柱切割体

■ 二、曲面立体的截交线

曲面立体的截交线，一般是封闭的平面曲线，有时是曲线和直线组成的平面图形，如图 4-5 所示。

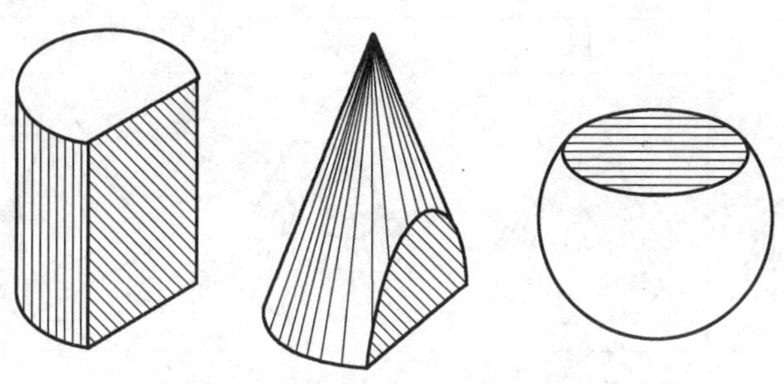

图 4-5　曲面立体截交线的形状

截交线上的点一定是截平面与曲面体的公共点，只要求得这些公共点，将同面投影依次相连即可得截交线。

当截平面切割圆柱体时，圆柱体的截交线出现圆、矩形和椭圆三种情况，见表 4-1。

表 4-1　平面与圆柱面相交的三种情况

截平面的位置	垂直于轴线	平行于轴线	倾斜于轴线
截交线	圆	矩形	椭圆
直观图			

续表

截平面的位置	垂直于轴线	平行于轴线	倾斜于轴线
投影图	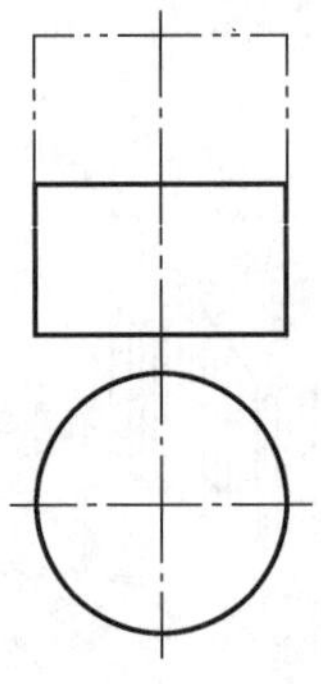	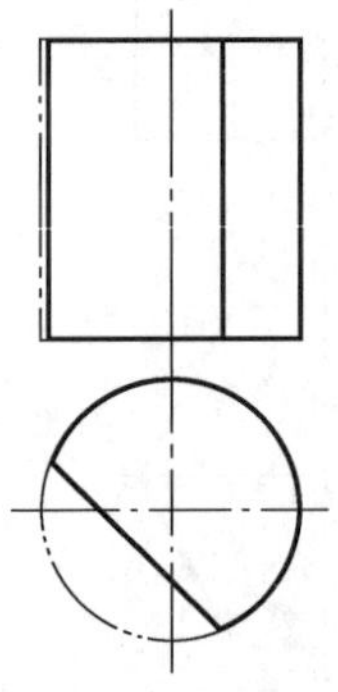	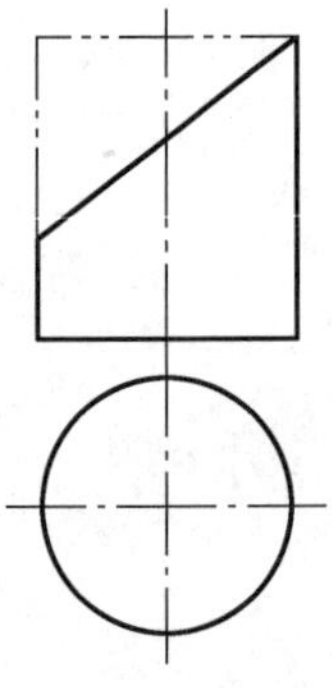

当截平面与圆锥体轴线的相对位置不同时，圆锥体的截交线出现三角形、圆、椭圆、抛物线和双曲线五种情况，见表 4-2。

表 4-2 平面与圆锥面相交的五种情况

截平面的位置	过顶点	垂直于轴线 $\theta=90^\circ$	与轴线倾斜 $\alpha<\theta<90^\circ$	与某素线平行 $\theta=\alpha$	与轴线平行 或 $0^\circ\leqslant\theta<\alpha$
截交线	三角形	圆	椭圆	抛物线	双曲线
直观图	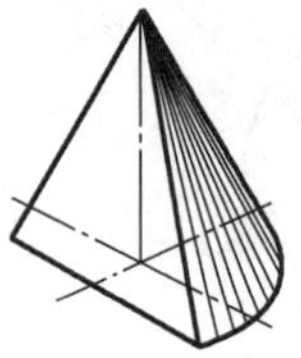	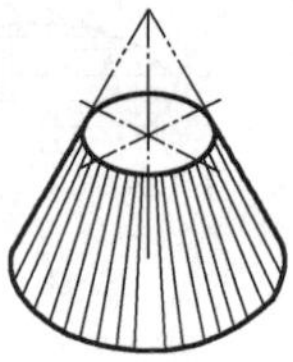	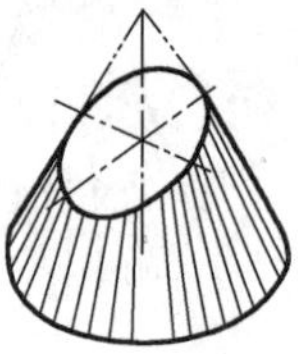	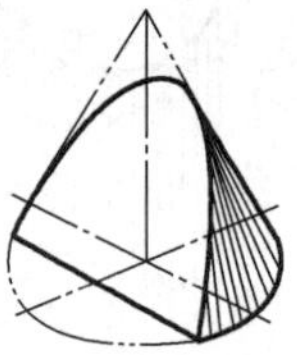	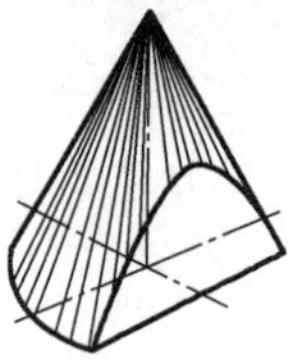
投影图	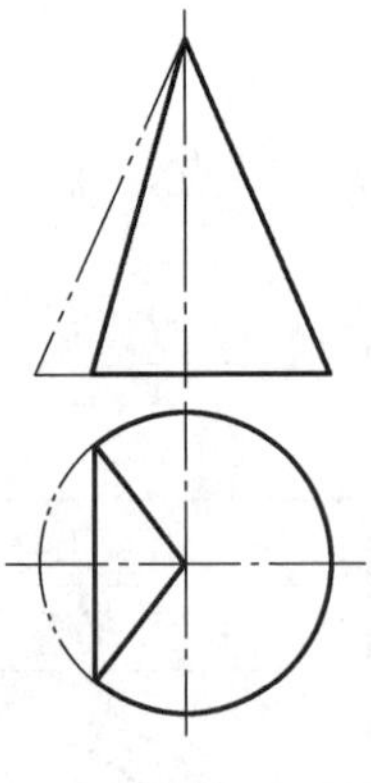	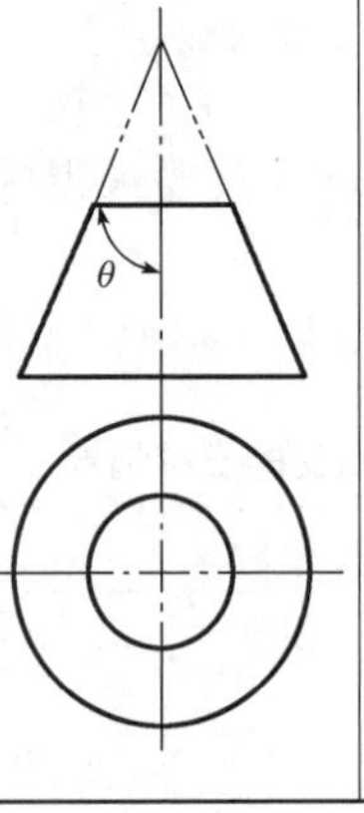	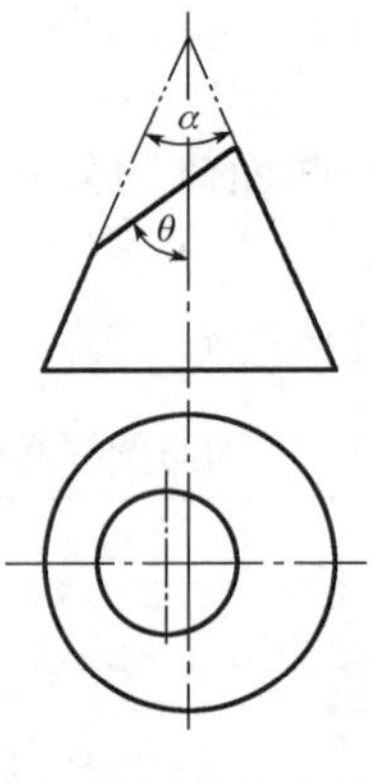	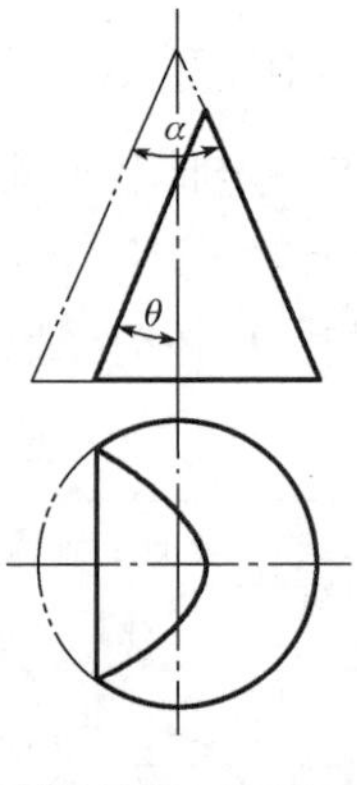	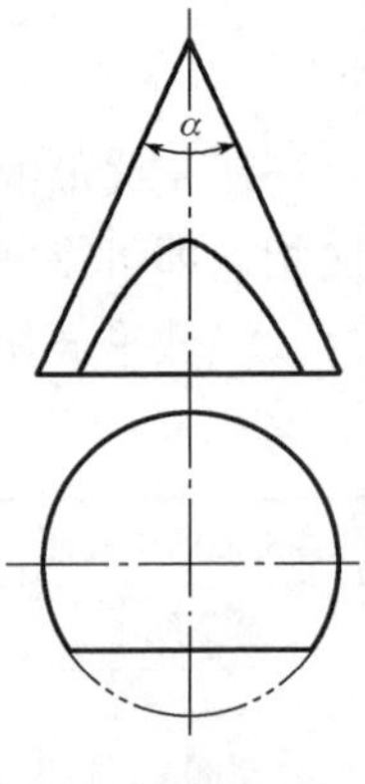

平面截切圆球，表面所产生的截交线形状一定是圆(图 4-6)。但截交线的投影与截平面和投影面的相对位置有关，可能是圆、直线或椭圆(请思考，什么情况下投影为圆、直线或椭圆)。

当截平面平行于某一投影面时，截交线在该投影面上的投影为圆的实形，在其他两面上的投影都积聚为直线。

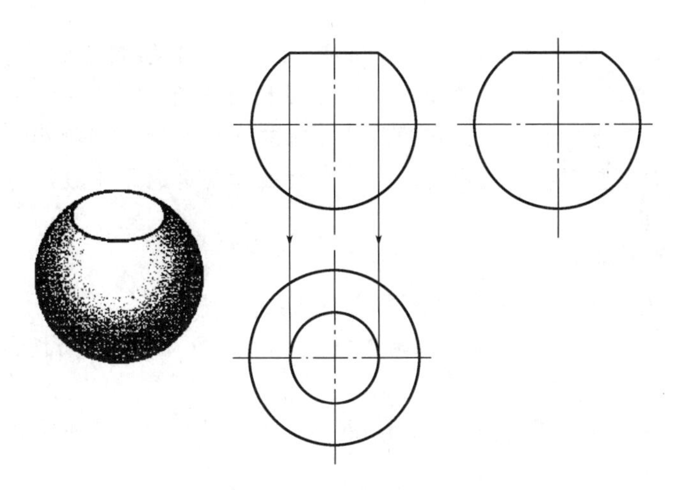

图 4-6　球体截交线的形状

典型案例

【案例 1】 绘制图 4-7(a)所示的四棱锥被正垂面 P 斜切后的投影图。

【分析】 截平面与四棱锥的四条棱线相交，可判定截交线是四边形，其四个顶点分别是四条棱线与截平面的交点。因此，只要求出截交线的四个顶点在各投影面上的投影，再依次连接四个顶点的同名投影，即可得截交线的投影。

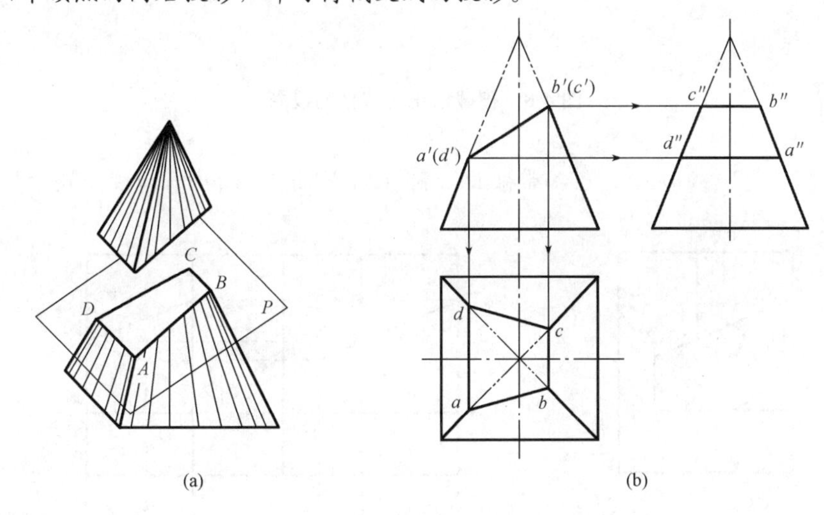

图 4-7　平面切割四棱锥

【作图】 作图步骤如下：

(1)因为截平面 P 是正垂面，其正面投影积聚成一条直线，可直接求出截交线各顶点的正面投影 a'、b'、(c')、(d')，如图 4-7(b)所示。

(2)根据直线上点的投影规律，求出各顶点的水平投影 a、b、c、d 和侧面投影 a''、b''、c''、d''。

(3)依次连接 a、b、c、d 和 a''、b''、c''、d''，即可得截交线的水平投影和侧面投影。

【案例2】 已知正五棱柱被正垂面截切后的 V 面、H 面投影[图4-8(a)]，求作 W 面投影。

【分析】 如图4-8(b)所示，截平面分别与五棱柱的顶面及四个棱面相交，截交线形状是五边形。由于截平面为正垂面，具有积聚性，所以截交线的正面投影为斜线。又因截交线所在的四个棱面都垂直于水平投影面，故截交线上四条边的水平投影与这些棱面的水平投影重合。

【作图】 作图步骤如下：

(1)确定截交线的正面投影和水平投影，如图4-8(c)所示。

(2)根据截交线的两面投影，求作各顶点 A、B、C、D、E 的侧面投影，并依次连接各点。截切后的截交线投影为可见。

(3)利用换面法将截断面变换为水平面[图4-8(d)]，即得截断面的实形。

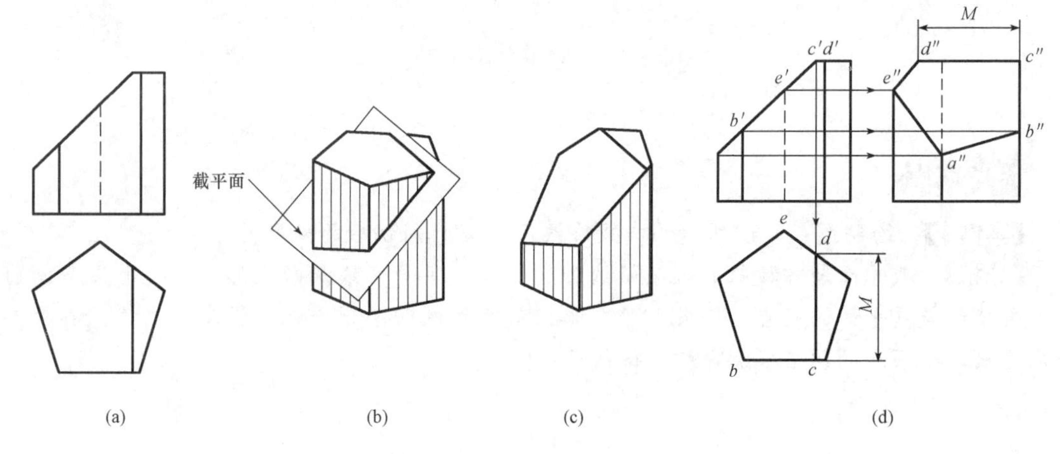

图4-8 被截切正五棱柱的投影

【案例3】 如图4-9所示，已知带缺口三棱柱的 V 面投影和 H 面投影轮廓，补全三棱柱的 H 面投影和 W 面投影。

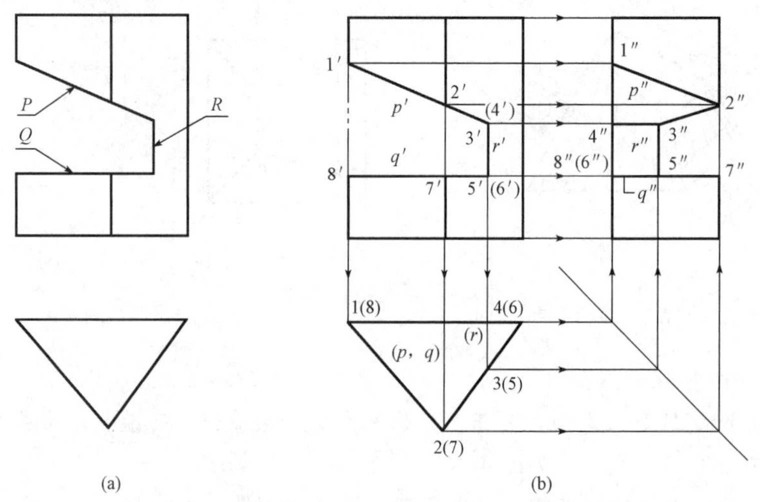

图4-9 求带缺口的三棱柱的三面投影

(a)已知条件；(b)作图

【作图】 作图步骤如下：

(1)仔细观察各截平面图形的顶点编号，P 平面截交线上各点为1、2、3、4，Q 平面截交线上各点为3、4、5、6，R 平面截交线上各点为5、6、7、8；

(2)各交点向 H 面投影引投影连线，得到各交点的 H 面投影；

(3)依次连接各截平面上的交点，并判断其可见性，补全 H 面投影；

(4)由 H 面、V 面投影，画出三棱柱轮廓线和各交点的 W 面投影；

(5)连接相关交点，判断截交线的可见性，补全 W 面投影。

【案例4】 如图4-10所示的物体由三棱锥被截切后形成，三棱锥被截切后产生了新的平面。求这个物体的投影就是画出三棱锥被截切后保留部分和新形成截交线所围成的平面的投影(图4-11)。

【分析】 该三棱锥的切口是由两个相交的截平面切割而形成。两个截平面中，一个是水平面，另一个是正垂面，它们都垂直于正面，因此，切口的正面投影具有积聚性。水平截面与三棱锥的底面平行，因此，它与棱面$\triangle SAB$和$\triangle SAC$的交线DE、DF必定分别平行于底边AB和AC，水平截面的侧面投影积聚成一条直线。正垂截面分别与棱面$\triangle SAB$和$\triangle SAC$交于直线GE、GF。由于两个截平面都垂直于正面，所以两个截平面的交线一定是正垂线，作出以上交线的投影即可得出所求的投影。

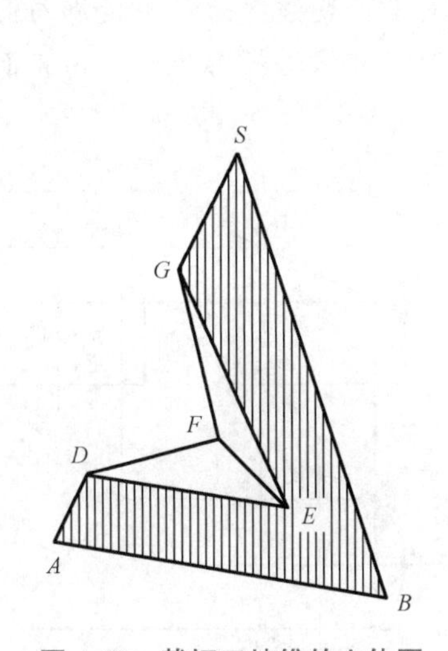

图4-10　截切三棱锥的立体图

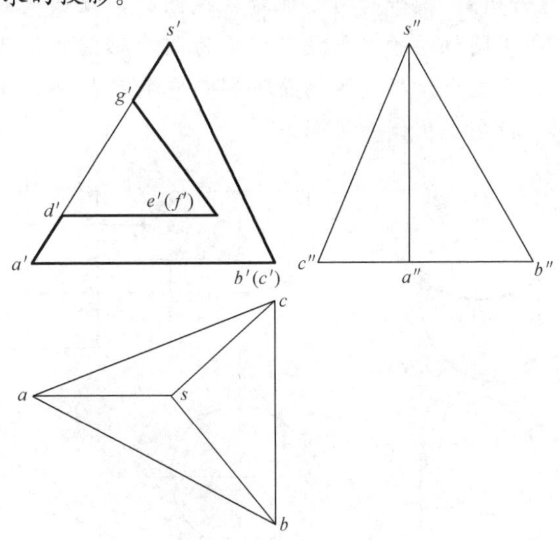

图4-11　截切三棱锥

【作图】 作图步骤如下：

(1)由d'在as上作出d，由d分别作ab、ac的平行线，再由$e'(f')$在两条平行线上分别作出e和f，连接de、df即DE、DF的水平投影。根据投影规律可在侧面上求出$d''e''$、$d''f''$，如图4-12(a)所示。

(2)由g'分别在sa、$s''a''$上求出g、g''，再分别连接ge、gf、$g''e''$、$g''f''$，如图4-12(b)所示。

(3)连接ef，由于ef被三个棱面的水平投影遮住而不可见，应画成虚线。注意棱线SA中间DG段被截去，故它的水平投影中只剩sg、ad，侧面投影中只剩$s''g''$、$a''d''$，如图4-12(b)所示。

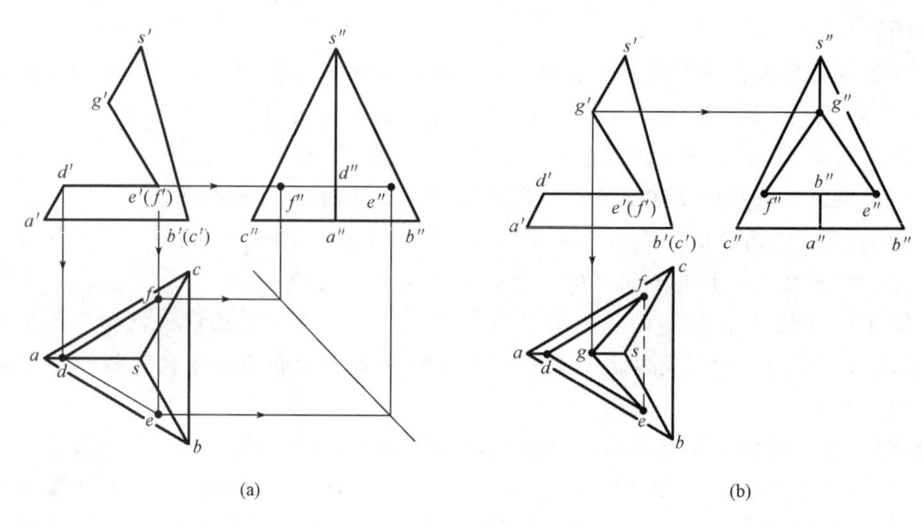

图 4-12　截切三棱锥的投影图

【案例 5】　如图 4-13(a)所示，求圆柱被正垂面截切后的截交线。

【分析】　截平面与圆柱的轴线倾斜，故截交线为椭圆。此椭圆的正面投影积聚为一直线。由于圆柱面的水平投影积聚为圆，而椭圆位于圆柱面上，故椭圆的水平投影与圆柱面水平投影重合。椭圆的侧面投影是它的类似形，仍为椭圆。可根据投影规律，由正面投影和水平投影求出侧面投影。

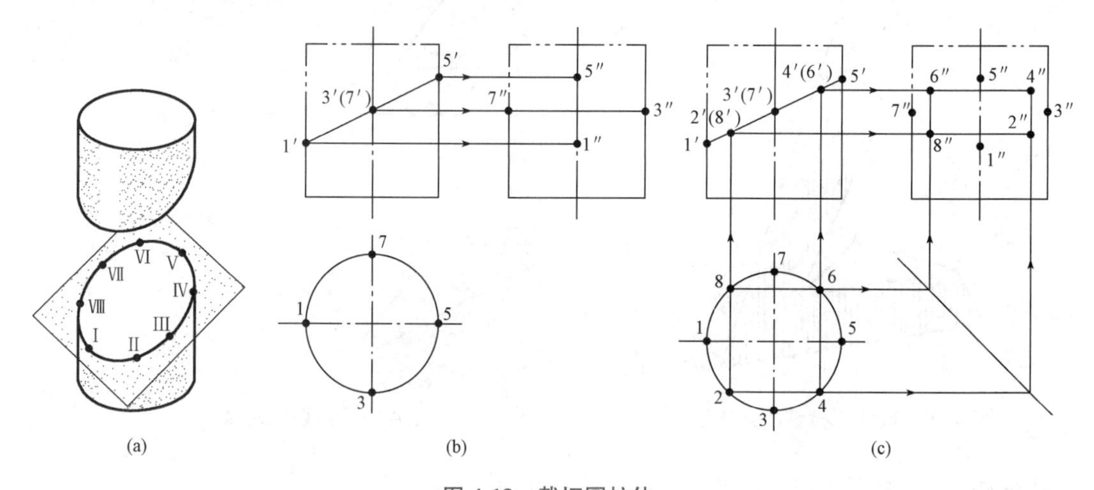

图 4-13　截切圆柱体

(a)立体图；(b)求特殊点；(c)求一般点

【作图】　作图步骤如下：

(1)先找出截交线上的特殊点。特殊点一般是指截交线上最高、最低、最左、最右、最前、最后等点。作出这些点的投影，就能大致确定截交线投影的范围。如图 4-13(a)所示，Ⅰ、Ⅴ两点是位于圆柱正面左、右两条转向轮廓素线上的点，且分别是截交线上的最低点和最高点。Ⅲ、Ⅶ两点位于圆柱最前、最后两条素线上，分别是截交线上的最前点和最后点。在图上标出它们的水平投影 1、5、3、7 和正面投影 1′、5′、3′、7′，然后根据投影规律求出侧面投影1″、5″、3″、7″，如图4-13(b)所示。

(2)再作出适当数量的截交线上的一般点。在截交线上的特殊点之间取若干点，如图4-13(a)中的Ⅱ、Ⅳ、Ⅵ、Ⅷ等点称为一般点。作图时，可先在水平投影上取2、4、6、8等点，再向上面作投影连线，得2′、4′、6′、8′点，然后由投影关系求出2″、4″、6″、8″点，如图4-13(c)所示。一般位置点越多，作出的截交线越准确。

(3)将1″、2″、3″、4″、5″、6″、7″、8″依次相连，即所求。

思考：

随着截平面与圆柱倾角的变化，所得截交线椭圆的长轴的投影也相应变化(短轴投影不变)。当截平面与轴线成45°时(正垂面位置)，截交线的空间形状仍为椭圆，请思考，截交线的侧面投影是圆还是椭圆？为什么？

【案例6】 如图4-14所示，完成被截切圆柱的正面投影和水平投影。

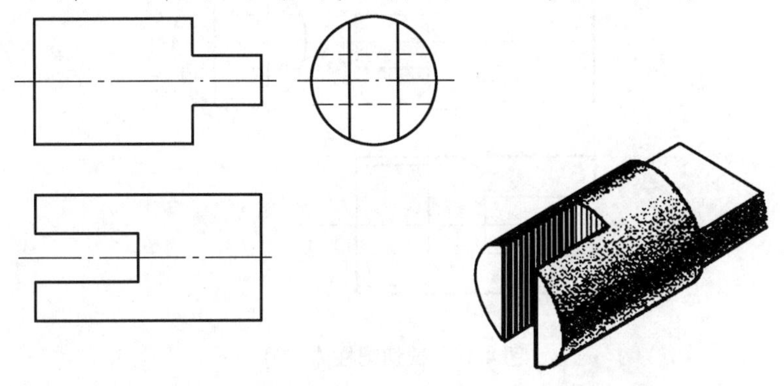

图4-14　截切圆柱体(一)

【分析】 该圆柱左端的开槽是由两个平行于圆柱轴线的对称正平面和一个垂直于轴线的侧平面切割而成的。圆柱右端的切口是由两个平行于圆柱轴线的水平面和两个侧平面切割而成的。

【作图】 作图步骤如下：

(1)画左端开槽部分。三个截平面的水平投影和侧面投影均已知，只需补出正面投影。两个正平面与圆柱面的交线是四条平行的侧垂线，它们的侧面投影分别积聚成点a''、b''、c''、d''，它们的水平投影重合成两条直线。侧平面与圆柱面的交线是两段平行于侧面的圆弧，它们的侧面投影反映实形，水平投影积聚为一条直线。根据点的投影规律，可求出上述截交线的正面投影，如图4-15(a)、(b)所示。

(2)画右端切口部分。各个截平面的正面投影和侧面投影已知，只需补出水平投影。具体作法与前述内容类似，如图4-15(b)所示。

(3)整理轮廓，完成全图，如图4-15(c)所示。其间应注意两点：一是圆柱的最上、最下两条素线均被开槽切去一段，故开槽部分的外形轮廓线向内“收缩”；二是左端开槽底面的正面投影的中间段(a'→b')是不可见的，应画成虚线。

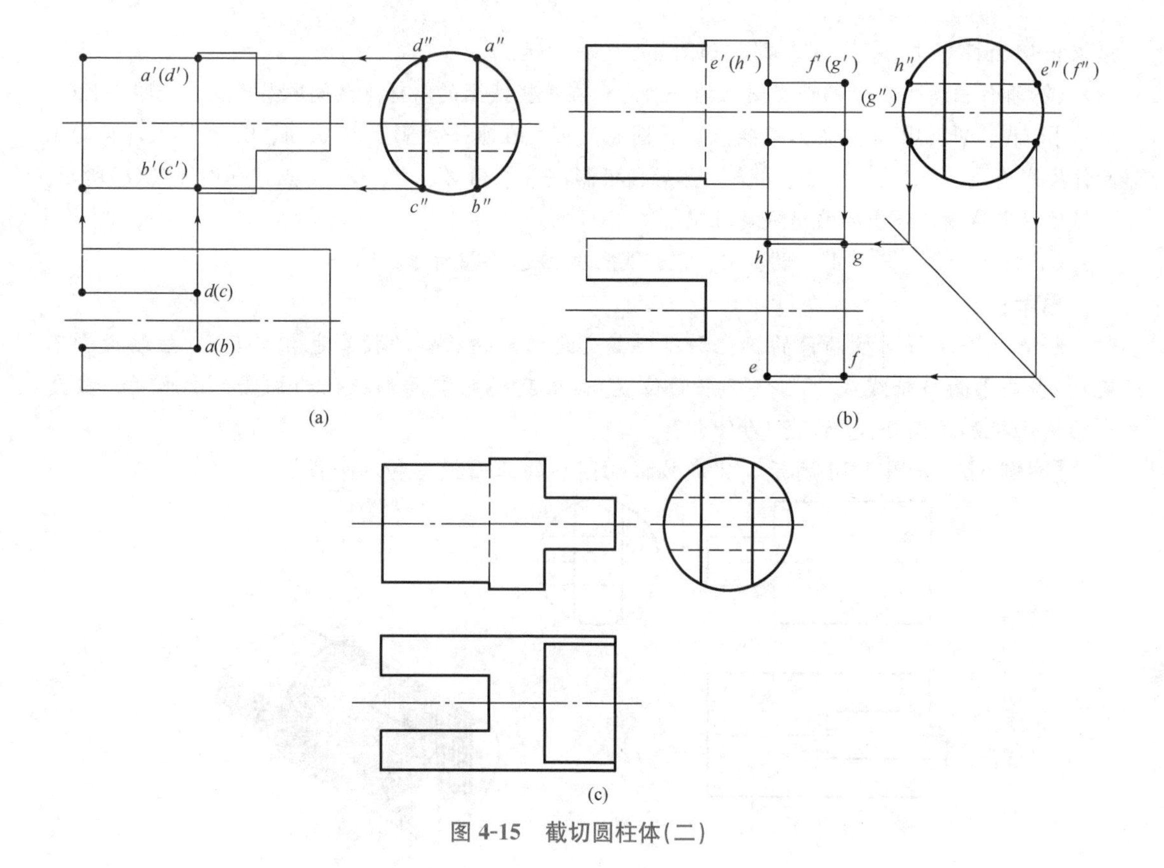

图 4-15　截切圆柱体(二)

【案例 7】 已知被截切圆柱的正面投影[图 4-16(a)]，求其另外两面投影。

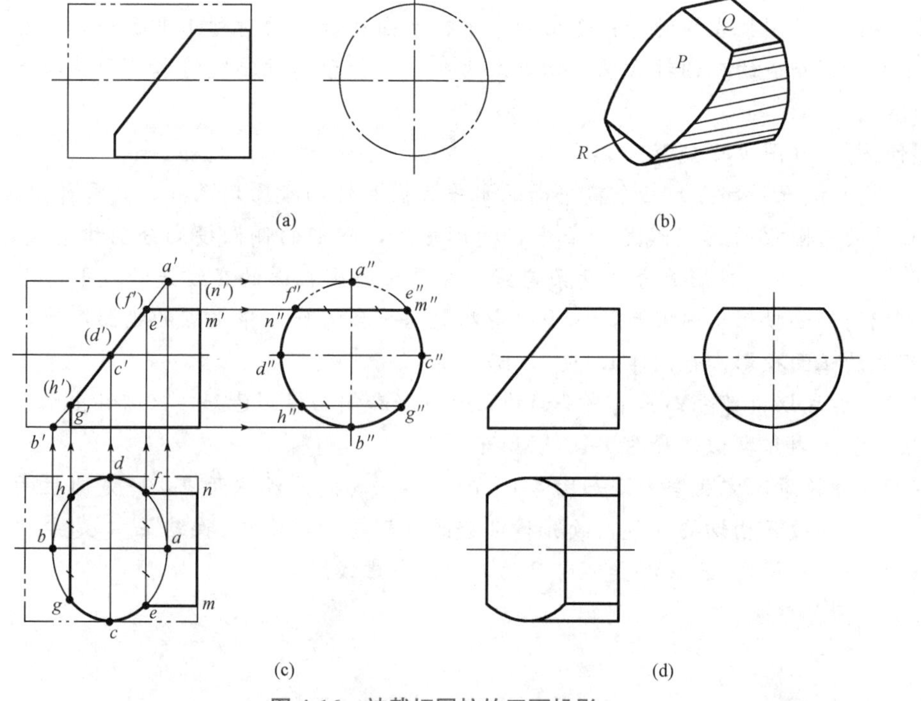

图 4-16　被截切圆柱的正面投影

【分析】 如图 4-16(b)所示，该圆柱被三个平面截切，它们分别与圆柱轴线斜交、平行和垂直，所得三条截交线形状分别是椭圆、直线和圆弧。由于三个截平面均垂直于 V 面，故三条截交线的正面投影都为直线。又因圆柱面的侧面投影有积聚性，故截交线的侧面投影重合在积聚性的圆上。空间被截切的圆柱前后对称，则水平投影也前后对称。

【作图】 作图步骤如下：

(1)如图 4-16(c)所示，分别求作 P、Q、R 面与圆柱面的交线(椭圆、直线和圆弧)的水平投影。首先，在椭圆的已知投影上取特殊点 A、B、C、D 及中间点 E、F、G、H，求出它们的水平投影。然后，求作直线 EM、FN 及圆弧 GBH 的水平投影。

(2)如图 4-16(d)所示，补全被截切圆柱体的轮廓线及两截平面的交线。

【案例 8】 已知圆锥被一个正平面截切[图 4-17(a)]，求截交线的正面投影。

【分析】 如图 4-17(b)所示，圆锥体被一个正平面截切，截交线为双曲线，其水平投影为直线(重合在截平面的积聚性投影上)，正面投影反映实形，且左右对称。

【作图】 作图步骤如下：

(1)如图 4-17(c)所示，在 H 面上取交线的最低点 $A(a)$、$B(b)$，它们又是最左、最右点(都在底圆上)，故可直接作出正面投影 a'、b'。

(2)取最高点 $C(c)$，并用纬圆法求作正面投影 c'。

(3)取一般点 $D(d)$、$E(e)$，求作正面投影 d'、e'。

(4)依次光滑地连接各点，即得双曲线的正面投影，并补全圆锥的轮廓线[图 4-17(d)]。

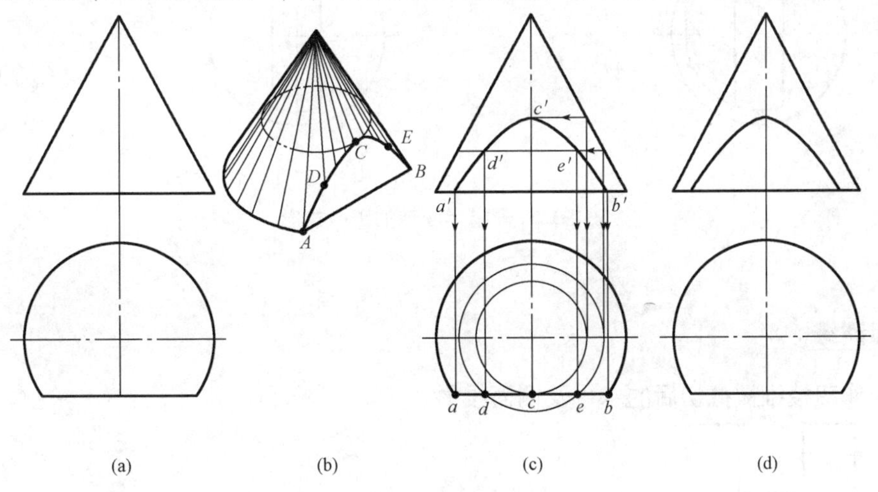

图 4-17 正平面截切圆锥

【案例 9】 已知开槽半圆球的正面投影[图 4-18(a)]，求其另外两面投影。

【分析】 在半圆球的槽口处，左右两端被两个侧平面截切，截交线都为圆弧，侧面投影反映实形，正面投影和水平投影都是直线。槽底为水平面，截交线为圆弧，其水平投影反映实形，正面投影和侧面投影均为直线。

【作图】 作图步骤如下：

(1)如图 4-18(b)所示，作两个侧平面与半圆球的截交线。水平投影是直线，侧面投影为圆弧，投影可见。

(2)如图 4-18(c)所示，作水平面与半圆球的截交线。水平投影是圆弧，侧面投影为直线，投影可见。

(3)求两个截平面的交线，侧面投影不可见，画成虚线[图 4-18(d)]。

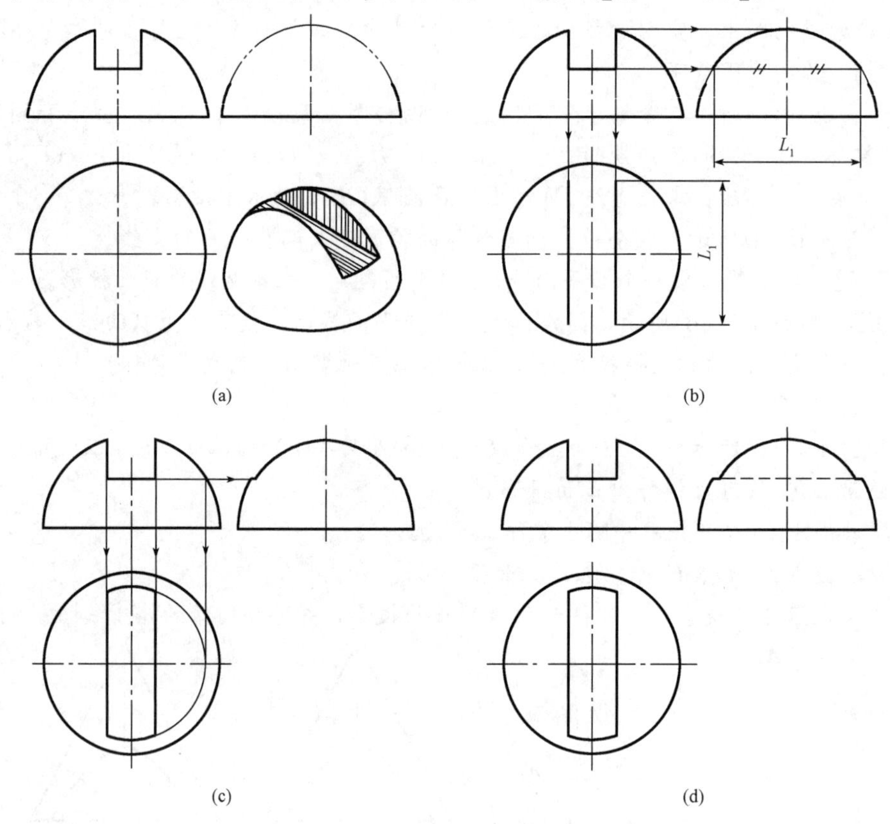

图 4-18　开槽半圆球的正面投影

实际演练

1. 求作四棱锥被截切后的水平及侧面投影。

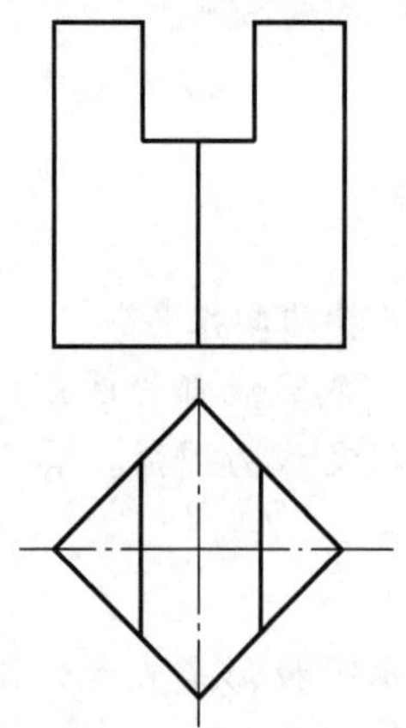

2. 求作四棱锥被截切后的水平及侧面投影。

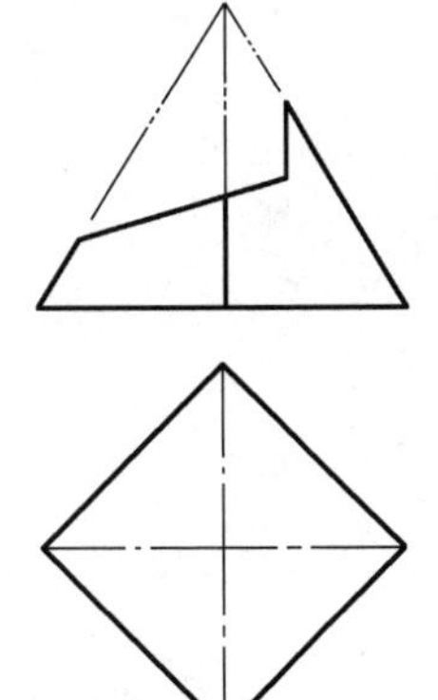

3. 补全有缺口的三棱锥的 H 面投影和 W 面投影。

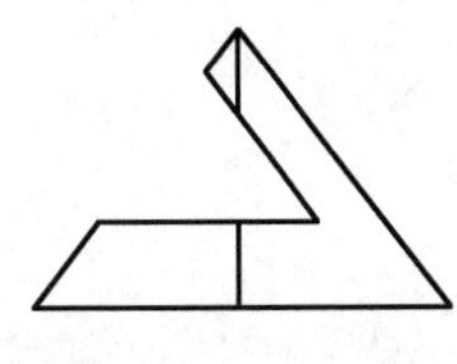

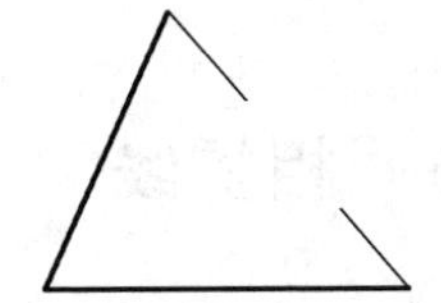

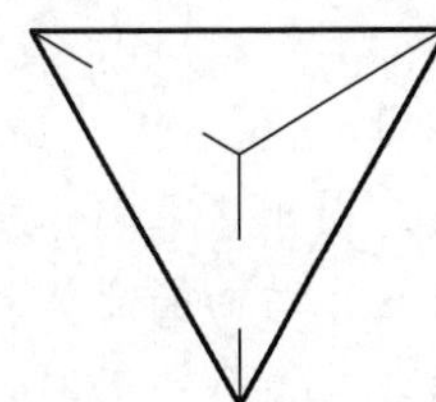

4. 作出圆柱被截切后的截断体的 H 面投影和 V 面投影。

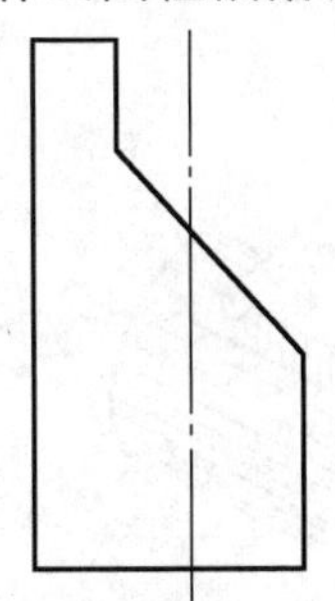

5. 完成圆锥被切割后的三面投影。

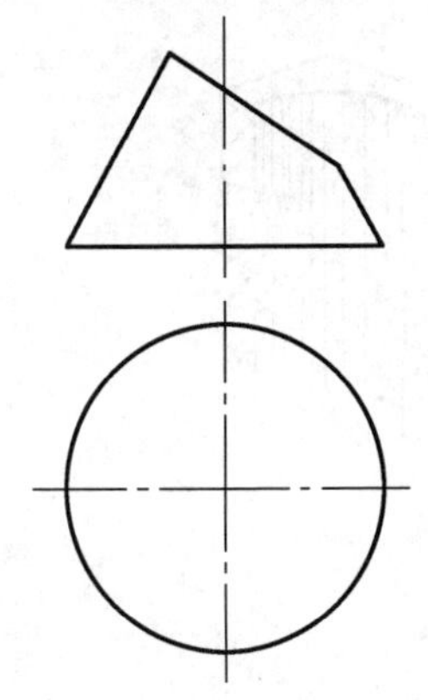

6. 作出带切口的半圆的三面投影。

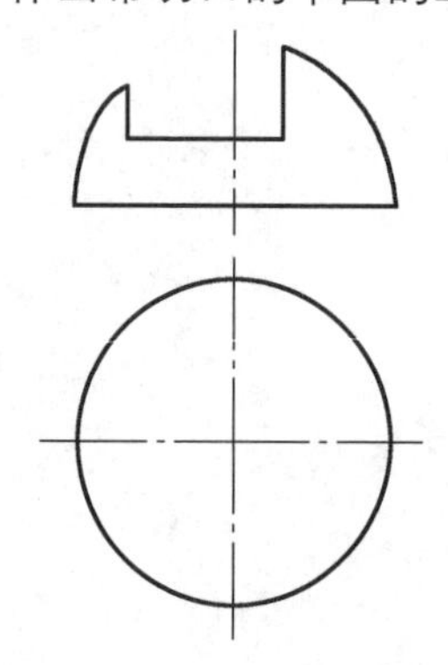

第二节 相贯线

学习提示

两个基本形体相交(或称相贯)，表面产生的交线称为相贯线。由于基本形体有平面立体和曲面立体之分，故相交时有平面立体与平面立体相交、平面立体与曲面立体相交和曲面立体与曲面立体相交三种情况(图 4-19)。前两种情况的相贯线，可看作平面与平面相交或平面与曲面相交所产生的交线，可用上节求平面与立体截交线的方法来作出。本节只讨论最为常见的两个曲面立体相交的问题。

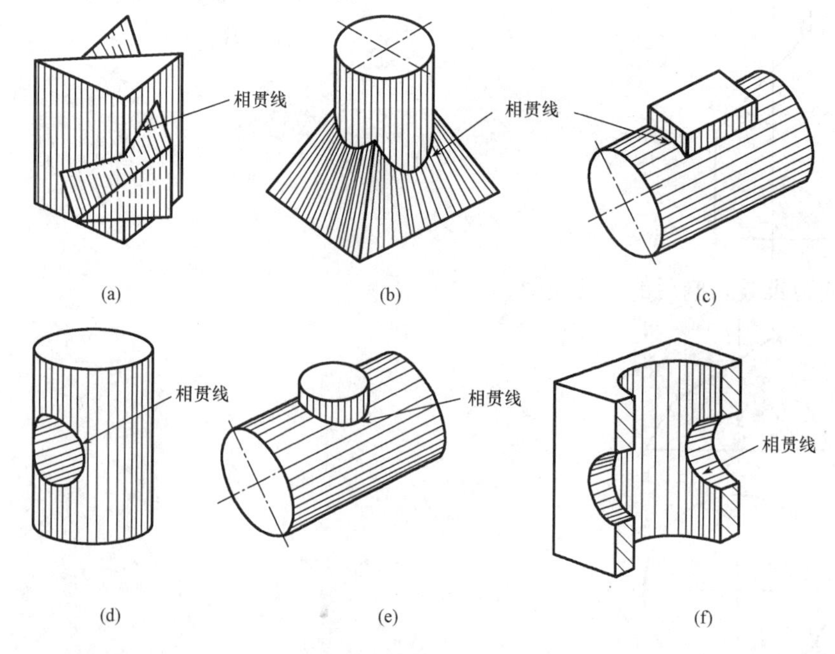

图 4-19 立体表面的交线

相关知识

一、相贯线的性质

相交的两个曲面立体的几何形状不同或它们的相对位置不同，相贯线的形式也不相同，但都具有以下两个共同的性质：

(1)相贯线是两个曲面立体表面的共有线，也是两个曲面立体表面的分界线。相贯线上的点是两个曲面立体表面的共有点。

(2)两个曲面立体的相贯线一般为封闭的空间曲线，特殊情况下可能是平面曲线或直线。

求两个曲面立体相贯线的实质就是求它们表面的共有点。作图时，依次求出特殊点和一般点，判别其可见性，再将各点光滑连接起来，即得相贯线。

二、相贯线的画法

在两个相交的曲面立体中，如果其中一个是柱面立体(常见的是圆柱面)，且其轴线垂直于某投影面时，相贯线在该投影面上的投影一定积聚在柱面投影上，相贯线的其余投影可用表面取点法求出。

由于相交的两个曲面立体的相贯线的作图步骤较多，如对相贯线的准确性无特殊要求，当两圆柱垂直正交且直径有相差时，可采用圆弧代替相贯线的近似画法。如图 4-20 所示，垂直正交两圆柱的相贯线可用大圆柱的 $D/2$ 为半径作圆弧来代替。

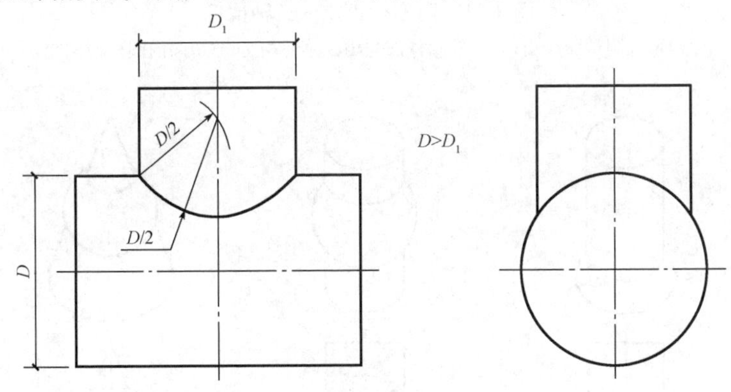

图 4-20 相贯线的近似画法

两圆柱正交可分为两外圆柱面相交、外圆柱面与内圆柱面相交、两内圆柱面相交三种情况，如图 4-21 所示。

三、相贯线的特殊情况

(1)两个曲面立体具有公共轴线时，相贯线为与轴线垂直的圆，如图 4-22 所示。

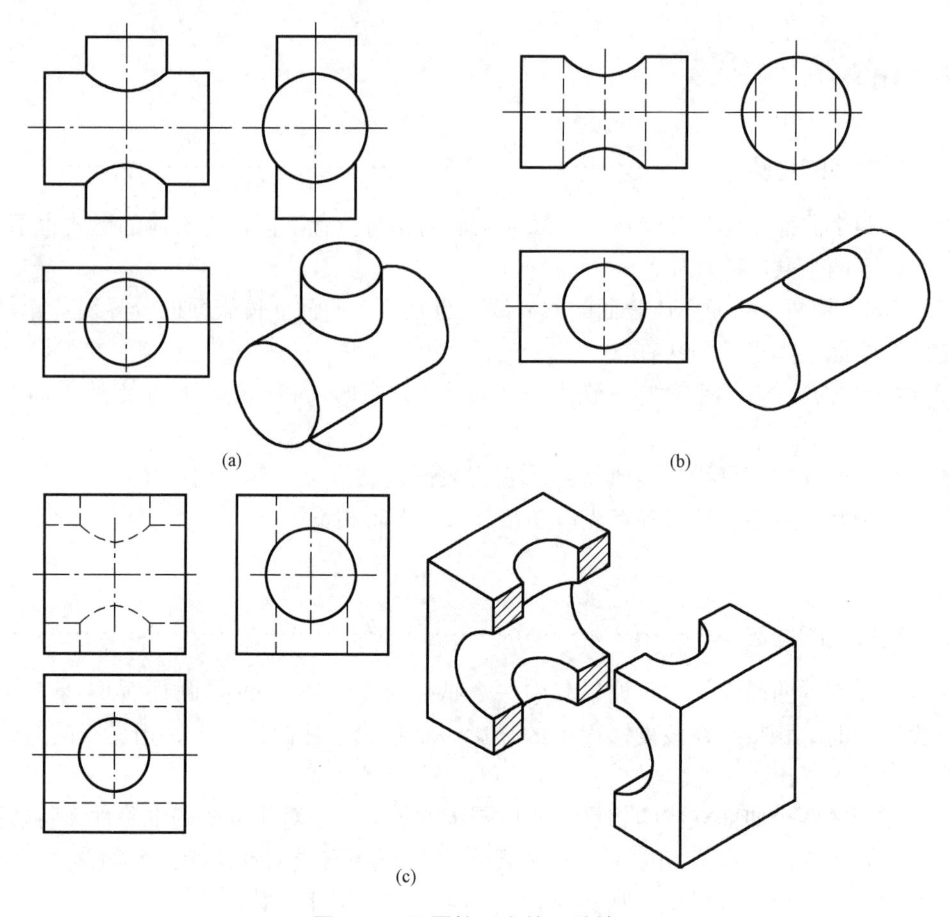

图 4-21　两圆柱正交的三种情况

(a)两外圆柱面相交；(b)外圆柱面与内圆柱面相交；(c)两内圆柱面相交

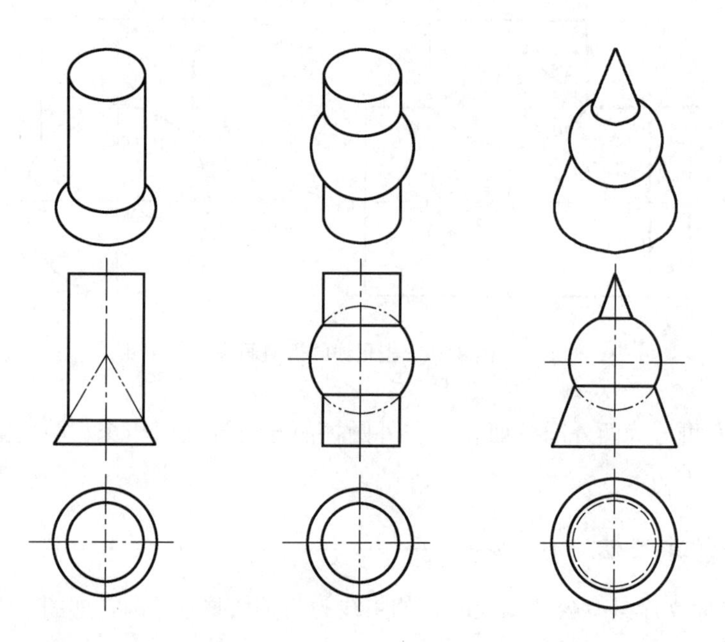

图 4-22　同轴回转体的相贯线

(2)当正交的两圆柱直径相等时，相贯线为大小相等的两个椭圆(投影为通过两轴线交点的直线)，如图 4-23 所示。

(3)当相交的两圆柱轴线平行时，相贯线为两条平行于轴线的直线，如图 4-24 所示。

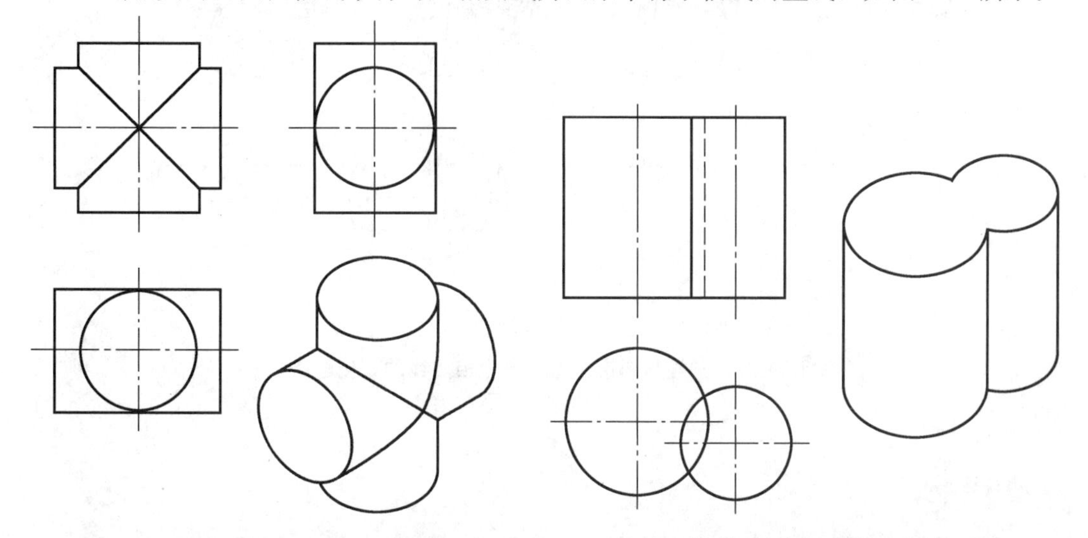

图 4-23　两同径圆柱正交时的相贯线　　图 4-24　轴线平行的两圆柱相交的相贯线

如图 4-25、图 4-26 给出了两圆柱、圆柱和圆锥相交时，形状和位置的改变对相贯线的影响。当它们同时公切于一个圆球时，相贯线变为椭圆，其正面投影为相交的两条直线[图 4-25(c)和图 4-26(b)、(c)]，作图时可以直接画出直线。

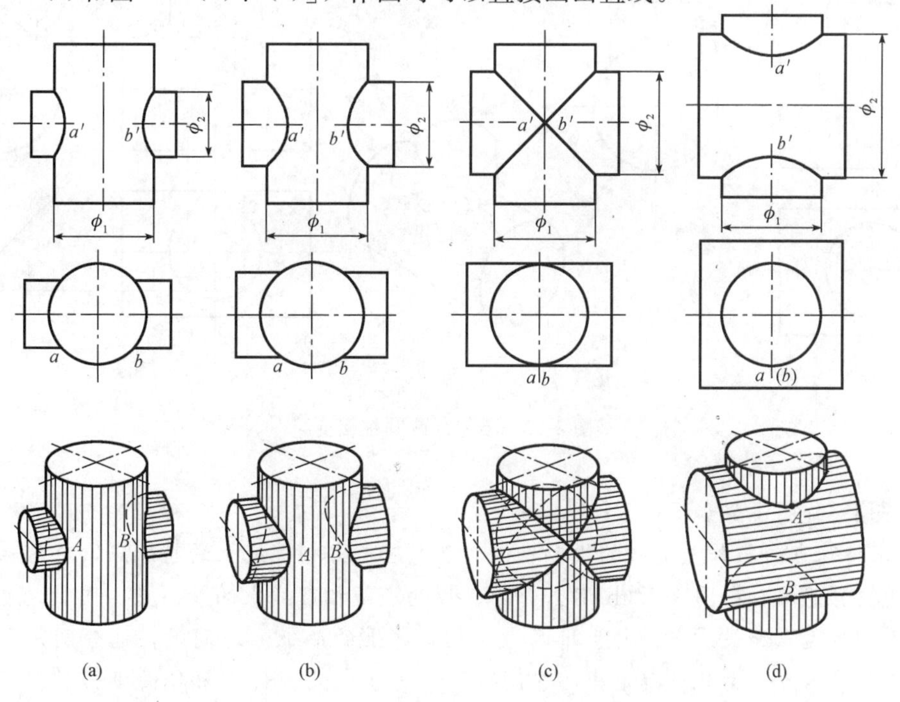

图 4-25　两圆柱相交所产生相贯线的变化趋势

(a)$\phi_1>\phi_2$；(b)$\phi_1>\phi_2$；(c)$\phi_1=\phi_2$；(d)$\phi_1<\phi_2$

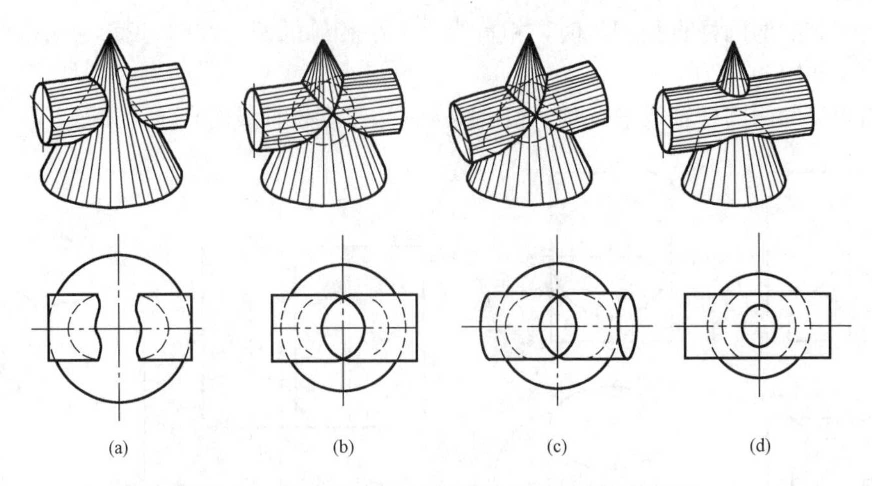

图 4-26　圆柱与圆锥相交所产生相贯线的变化趋势

典型案例

如图 4-27(a)所示，求正交两圆柱体的相贯线。

【分析】　两圆柱体的轴线正交，且分别垂直于水平面和侧平面。相贯线在水平面上的投影积聚在小圆柱水平投影的圆周上，在侧平面上的投影积聚在大圆柱侧面投影的圆周上，故只需求作相贯线的正面投影。

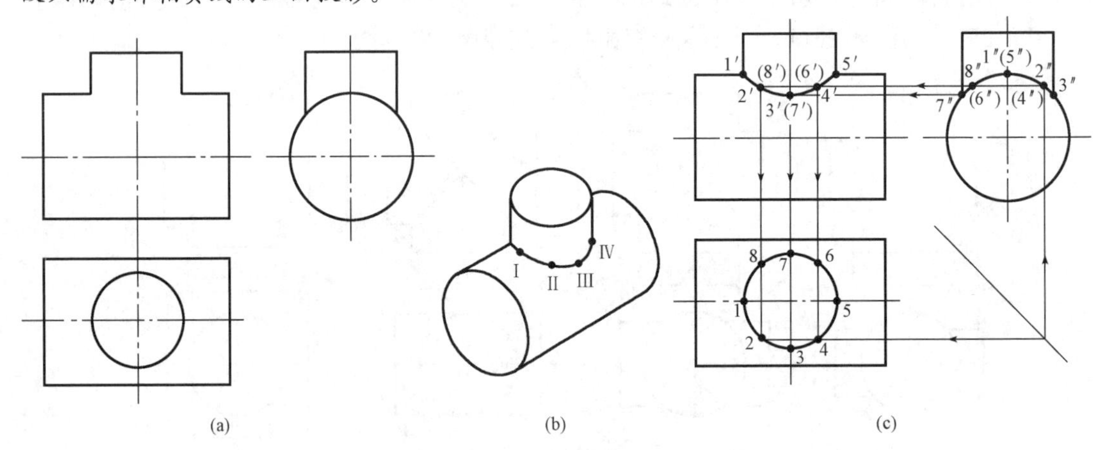

图 4-27　不等径两圆柱相交

【作图】　作图步骤如下：

(1)求特殊点。与作截交线的投影一样，首先应求出相贯线上的特殊点，特殊点决定了相贯线的投影范围。由图 4-27(b)可知，Ⅰ、Ⅳ两点是相贯线上的最高点，同时，也分别是相贯线上的最左点和最右点；Ⅱ、Ⅲ两点是相贯线上的最低点，同时，也分别是相贯线上的最前点和最后点。由此可确定出，它们的水平投影 1、5、3、7 和侧面投影 1″、(5″)、3″、(7″)，然后根据点的投影规律可作出正面投影 1′、5′、3′、(7′)。

(2)求一般点。首先在相贯线的水平投影圆上的特殊点之间适当地定出若干一般点的水平投影，如图 4-27(c)中 2、4、6、8 等点，再按投影关系作出它们的侧面投影 2″、(4″)、(6″)、8″。然后根据水平投影和侧面投影可求出正面投影 2′、4′、(6′)、(8′)。

(3)判断可见性。只有当两曲面立体表面在某投影面上的投影均为可见时，相贯线的投影才可见，可见与不可见的分界点一定在轮廓转向线上。在图 4-27 中，两圆柱的前半部分均为可见，可判定相贯线由 1、5 两点分界，前半部分 1′、2′、3′、4′、5′可见，后半部分 5′、(6′)、(7′)、(8′)、1′ 不可见，且与前半部分重合。

(4)依次将 1′、2′、3′、4′、5′ 光滑地连接起来，即得正面投影。

实际演练

已知两圆柱正交，求相贯线的投影。

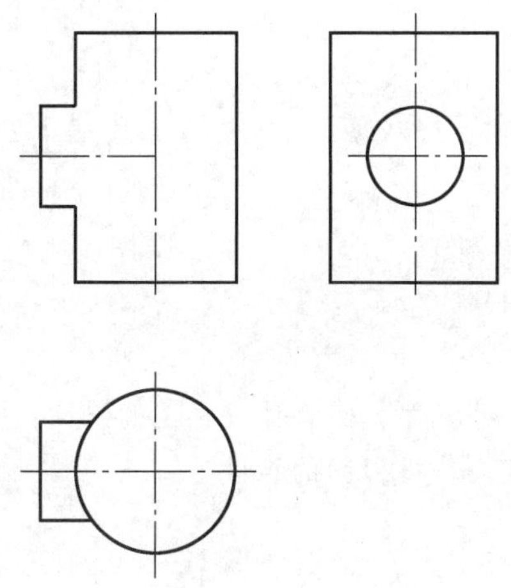

第五章　组合体的投影

建筑物及其构配件的形状是多种多样的，但经过分析都可以看作由一些基本几何体按一定的形式组合而成。由两个或两个以上的基本形体按一定的形式组合而成的形体叫作组合体。

学习引导

◈ **目的与要求**

1. 掌握组合体投影图组成方法及画法。
2. 能正确绘制组合体投影图。
3. 能正确标注组合体尺寸。

◈ **重点和难点**

重点　组合体的投影及尺寸标注、组合体投影图的识读。

难点　组合体的作图及组合体投影图的识读。

第一节　组合体的类型与表面连接关系

学习提示

在建筑工程中，经常会遇到各种形状的物体，它们的形状虽然复杂多样，但都可以看作是各种简单几何体的组合。常见的组合体分为叠加型、切割型和混合型三种类型。

相关知识

一、组合体的类型

1. 叠加型

叠加型是由若干个基本形体堆砌或拼合而成的。其是组合体最基本的形式，如图 5-1(a)所示。

2. 切割型

切割型是由一个基本形体切割掉某些部分而成的，如图 5-1(b)所示。

3. 混合型

混合型是由叠加型和切割型混合而成的，如图 5-1(c)所示。

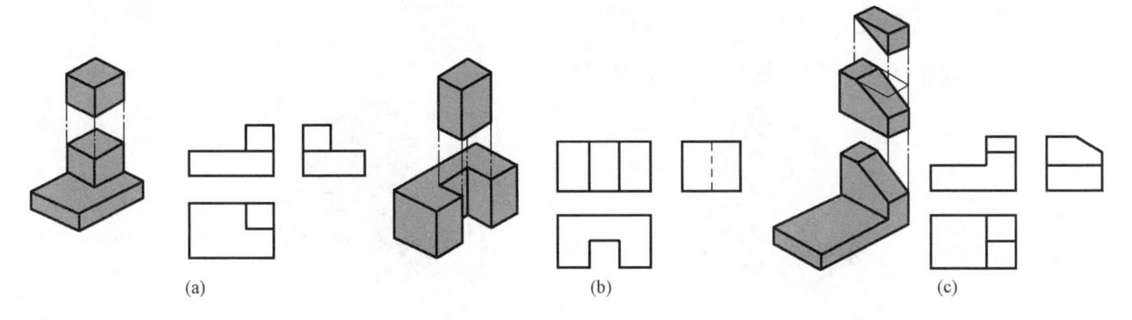

图 5-1　常见组合体的类型

(a)叠加型；(b)切割型；(c)混合型

二、组合体各形体之间的表面连接关系

构成组合体的各基本形体之间的表面连接关系一般可分为共面、不共面、相切和相交四种。

1. 共面

共面即两相邻形体的表面共面时表面平齐，投影图上平齐的表面之间不存在分界线，如图 5-2(a)所示。

2. 不共面

不共面即两相邻形体的表面不共面时表面不平齐，也就是不平齐的表面之间相交，投影面上存在分界线，如图 5-2(b)所示。

3. 相切

相切即两相邻形体的表面相切时相切处光滑过渡，投影图上无轮廓界线，如图 5-2(c)所示。

4. 相交

相交即两相邻形体的表面相交时，投影图上相交处应画出交线，如图 5-2(d)所示。

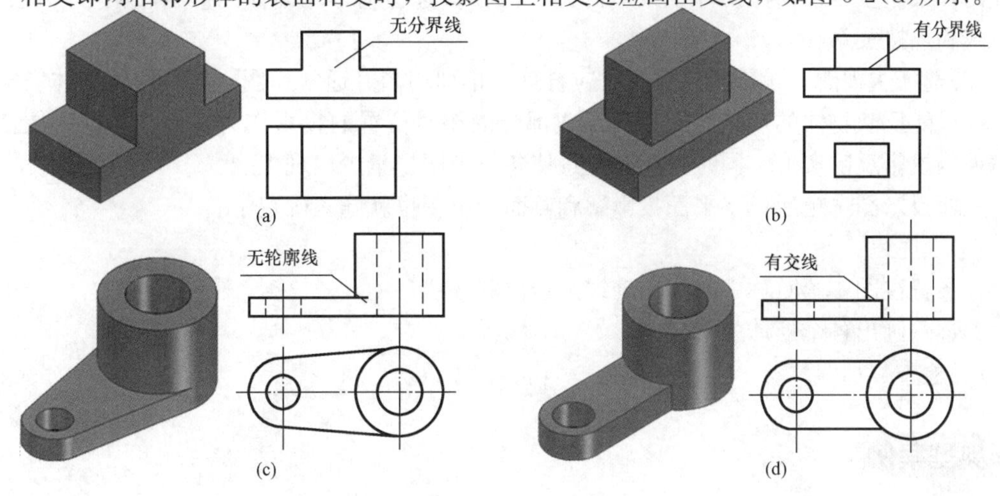

图 5-2　基本形体之间的表面连接关系

(a)共面；(b)不共面；(c)相切；(d)相交

实际演练

1. 组合体的组合类型有__________、__________和__________。
2. 绘制并比较下列两个组合体投影图的区别。

(1)

(2)

第二节 组合体投影图的绘制

学习提示

绘制组合体投影图时，首先应对组合体进行形体分析，思考这个组合体是由哪些基本形体组合而成的，与投影面之间的关系如何，它们之间的相对位置如何。

相关知识

绘制组合体投影图时，由于形体较为复杂，所以应采用形体分析法。具体步骤如下：

(1)形体分析。分析一个组合体，可以根据其特点，将其看成是由若干个基本几何体所组成的，或是基本几何体切掉了某些部分；再分析这些基本几何体的形状、相对位置、组合方式和连接关系。

(2)选择主视图。投影图在布置时应合理、排列均匀。通常作图之前，应将物体安放好且选取最能反映物体的形状特征和各组成部分的相对位置的投影作为正面投影，以便使较多表面的投影反映实形，同时，还应注意使各投影图尽量少出现虚线。

正面投影图选定后，水平面投影图和侧面投影图也就随之确定了。

(3)画底稿。

1)布置视图：画对称中心线、轴线及定位基准线；

2)逐一画出各个形体的三视图。

(4)检查、加深。

典型案例

【案例 1】 作图 5-3 所示组合体的投影图。

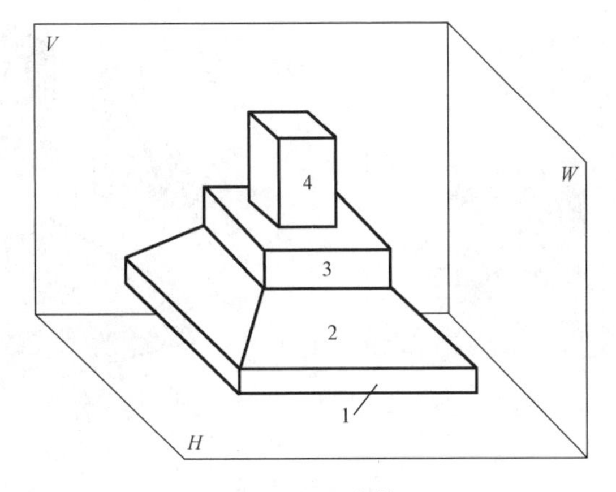

图 5-3　组合体

【分析】 该组合体由四个基本形体叠加而成，最下面的部分为四棱柱 1，在它的上面依次为四棱台 2，四棱柱 3，四棱柱 4。

【作图】 作图过程如图 5-4 所示。

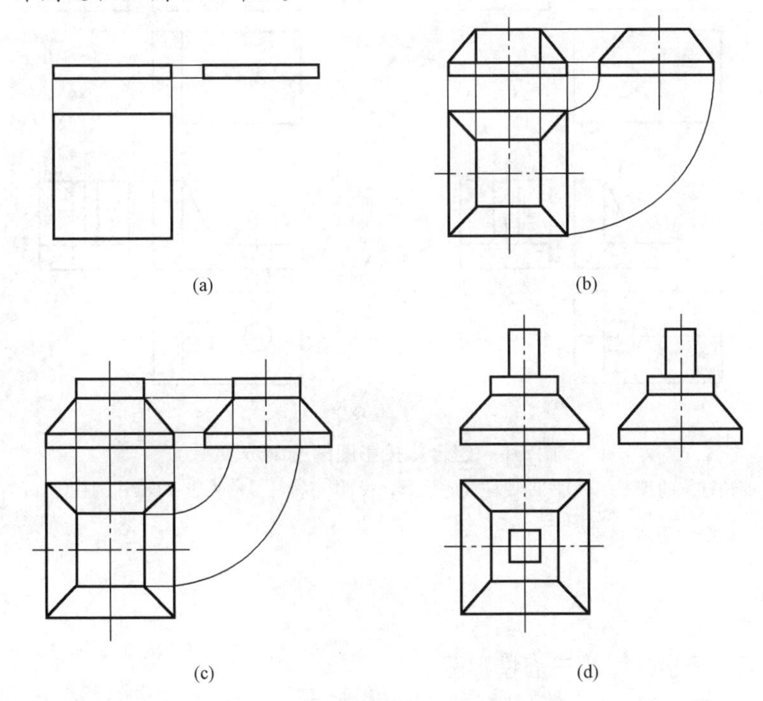

图 5-4　组合体投影图的绘制步骤

(a)作四棱柱 1 的投影；(b)作四棱台 2 的投影；(c)作四棱柱 3 的投影；(d)作四棱柱 4 的投影

【案例 2】 作图 5-5 所示组合体的投影图。

【分析】 该组合体为混合型组合体，最下面的部分为四棱柱 1，在它的上面叠加四棱柱 2 和三棱柱 3，而在四棱柱 1 中又挖去了圆柱体 4。

【作图】 作图过程如图 5-6 所示。

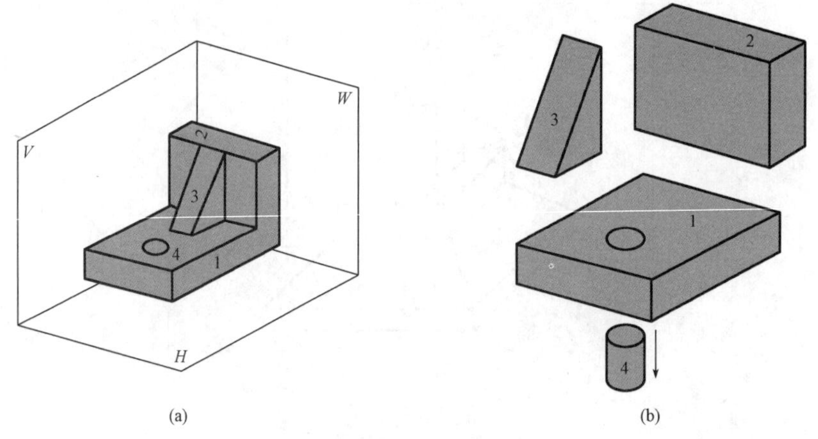

图 5-5　组合体及形体分析

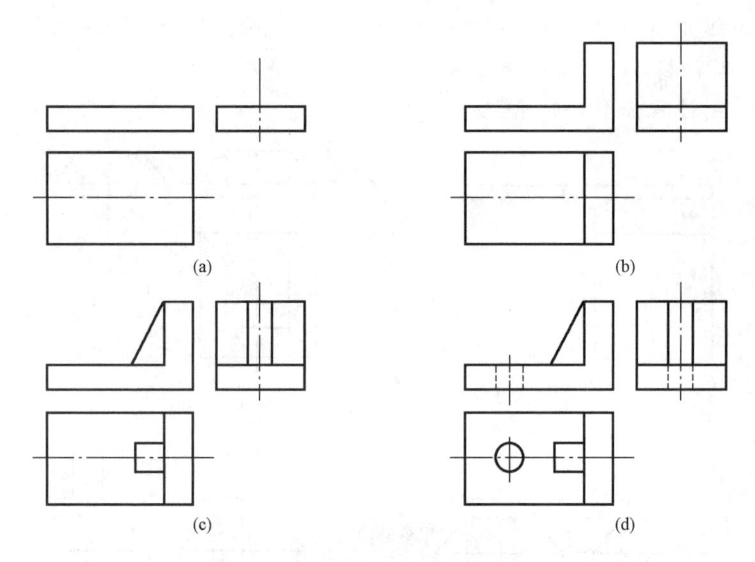

图 5-6　组合体投影图的绘制步骤

(a)作四棱柱 1 的投影；(b)作四棱柱 2 的投影；(c)作三棱柱 3 的投影；(d)作圆柱体 4 的投影

实际演练

根据直观图，画出形体的三面投影图。

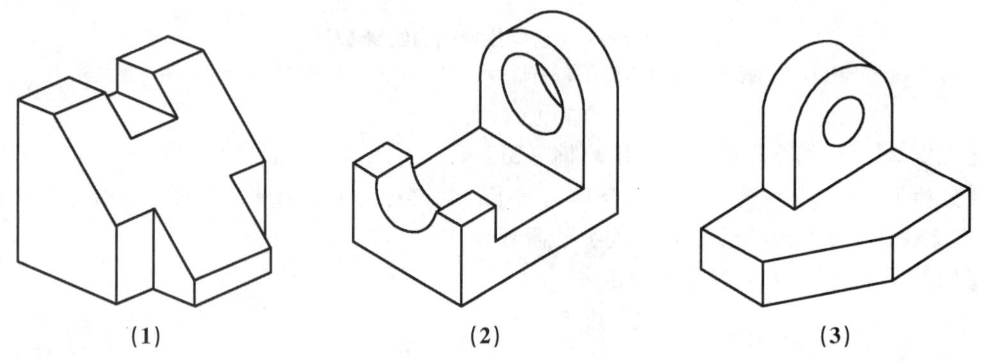

第三节 组合体投影图的识读

学习提示

识读组合体的投影图就是根据正投影图去想象形体的空间形状。正投影图在工程界运用得最为广泛，但缺乏立体感。因此，学会正投影图的识读就显得十分重要，是今后识读专业图的基础。识读组合体的正投影图有一定的难度，识读时不但要以点、线、面的投影理论作为基础，还要掌握识图的基本要领和正确的读图方法。首先，读图时要注意将各个投影联系起来，不能只看其中的一个或两个投影；其次，读图时还要从形体的前后、上下、左右各个方位进行分析，并注意形体的长、宽、高三个向度的投影关系，即“长对正，高平齐，宽相等”，这样才能正确判断出形体各个部分的形状和相互位置。

相关知识

识读组合体投影图的基本方法可分为形体分析法和线面分析法两种。以形体分析法为主，当图形比较复杂时，也常用线面分析法。

1. 形体分析法

形体分析法是绘图、识图的基本方法。这种方法是以基本形体的投影特点为基础，将一个复杂的形体分解成若干个基本形体，并分清楚它们的相对位置和组合方式，将几个投影图联系起来，综合想象出形体的完整形状。

2. 线面分析法

线面分析法是以线和面的投影特点为基础，对投影图中的每条线和由线围成的各个线框进行分析，根据它们的投影特点，明确它们的空间形状和位置，综合想象出整个形体的形状。

典型案例

【案例 1】 识读图 5-7 所示组合体的投影图。

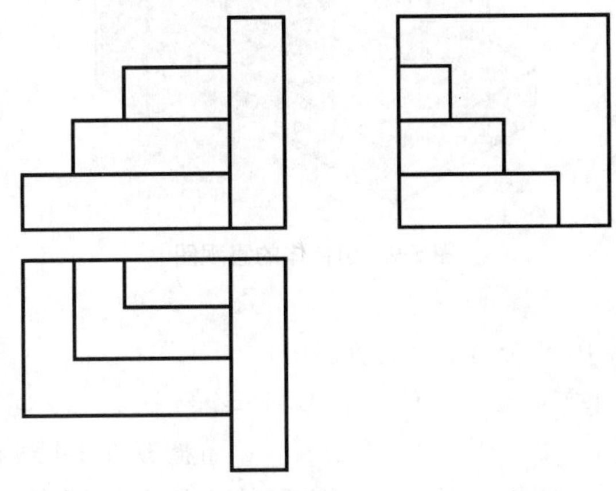

图 5-7 组合体的投影图

识读过程如图 5-8 所示，最后想象出该组合体的空间形状(形体分析法)。

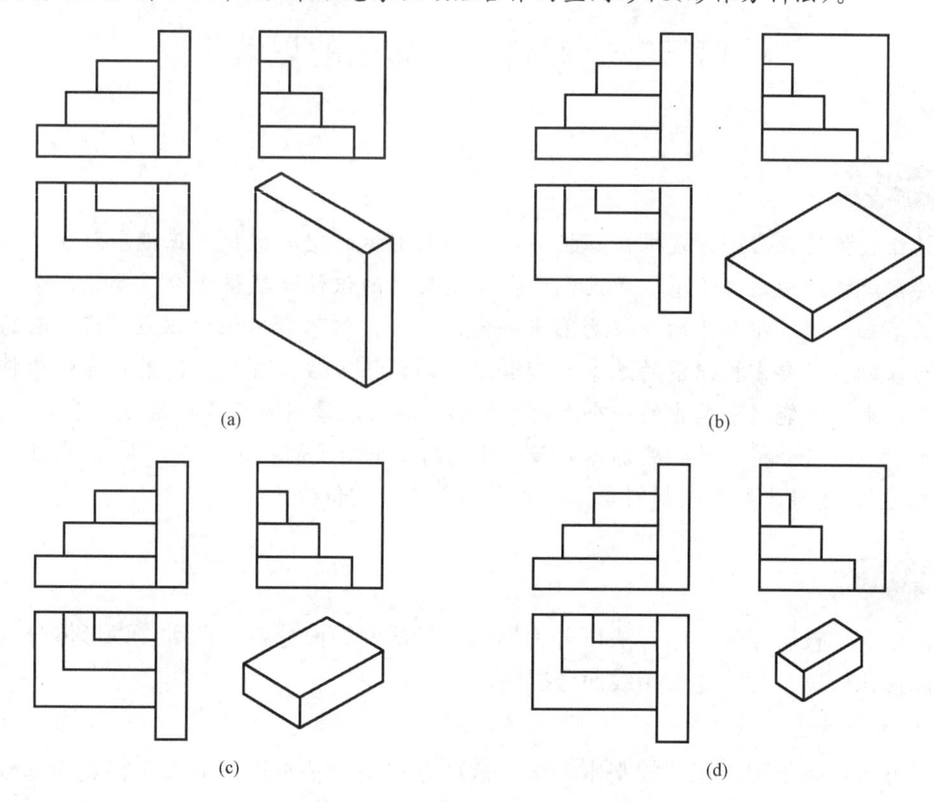

图 5-8　形体分析法识读投影图过程

组合体的直观图如图 5-9 所示。

图 5-9　组合体的直观图

【案例 2】 识读图 5-10 所示组合体的投影图。

【分析】 从图 5-10 中可以看出，H 面投影有三个线框 1、2、3，根据投影关系在 V 面投影和 W 面投影中确定 $1'$、$2'$、$3'$和 $1''$、$2''$、$3''$。V 面投影的三个线框中除已标定的线框 $3'$外，还有两个线框 $4'$、$5'$。根据投影关系，可在 H 面投影和 W 面投影中确定 4、5 和 $4''$、

5″。W 面投影的两个线框除已标定的线框 2″外，还有线框 6″，同理可在 H 面投影和 V 面投影中确定 6、6′。

平面Ⅰ是水平面，在形体的最上部；平面Ⅱ是正垂面，在形体的左上部；平面Ⅲ是侧垂面，在形体的前上部；平面Ⅳ是正平面，在形体的左前部；平面Ⅴ也是正平面，在形体的右前部；平面Ⅵ是侧平面，在形体的最左侧。由以上对六个面空间位置的分析，想象出该形体的空间形状如图 5-11 所示。

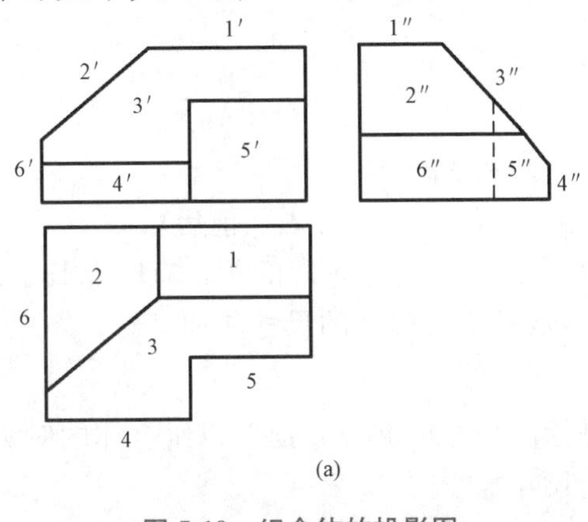

图 5-10　组合体的投影图

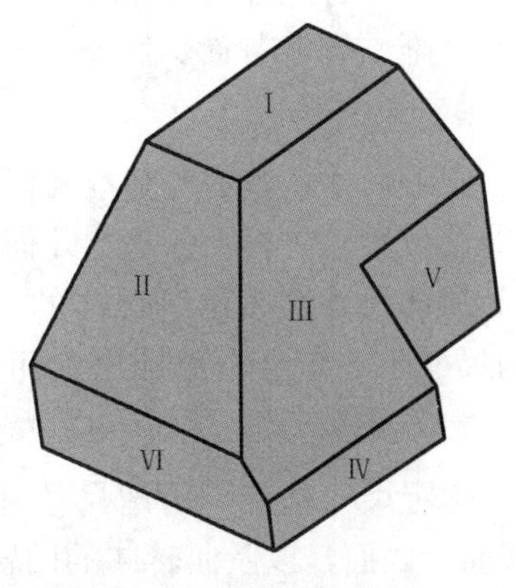

图 5-11　组合体的直观图

实际演练

分析视图，想象出该形体的空间形状，并补齐视图中所缺的图线。

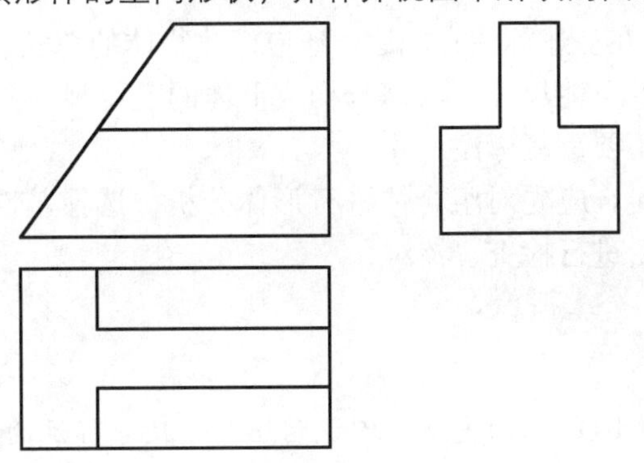

第四节　组合体的尺寸标注

学习提示

投影图只能用来表达组合体的形状，为描述组合体的大小和其中各构成部分的相对位置，还应在组合体的各投影图绘制好后标注尺寸。

相关知识

1. 基本要求

在组合体的视图上标注尺寸，应做到正确、完整和清晰。

(1)正确。尺寸标注必须符合国家标准的规定。

(2)完整。所注各类尺寸应齐全，做到不遗漏、不多余。

(3)清晰。尺寸布置要整齐清晰，便于看图。

2. 尺寸种类

(1)定形尺寸：表示各基本几何体的大小(长、宽、高)。

(2)定位尺寸：表示各基本几何体之间的相对位置(上下、左右、前后)。

(3)总体尺寸：表示组合体的总长、总宽、总高。值得注意的是，有时总长、总宽、总高的尺寸不一定会全部标出，而是通过各组成基本几何体的尺寸相加求出。

3. 尺寸注法

(1)确定尺寸基准。所谓尺寸基准，就是标注尺寸的起点。通常以组合体的对称中心线、端面、底面，以及回转体的回转轴线作为尺寸基准。

(2)标注定形尺寸。

(3)标注定位尺寸。标注定位尺寸时，应选择一个或几个标注尺寸的起点。长度方向一般可选择左侧或右侧作为起点；宽度方向一般可选择前侧或后侧作为起点；高度方向一般可选择底面或顶面作为起点。如果物体自身是对称的，也可以选择对称中心线作为尺寸的起点。

(4)标注总体尺寸。在上述标注完成后，还应标注物体的总长、总宽和总高尺寸。需要注意的是，有时组合体的总体尺寸会与部分构成形体的定位尺寸重合，这时只需将没有标注的尺寸标注出即可，不要重复标注尺寸。

标注组合体的尺寸时，应先对组合体进行形体分析，选择基准，标注出定形尺寸、定位尺寸和总体尺寸，最后进行检查、核对。

典型案例

下面以图 5-12(a)、(b)所示的支座为例说明组合体尺寸标注的方法和步骤。

(1)进行形体分析。该支座由底板、圆筒、支撑板和肋板四个部分组成。它们之间的组合形式为叠加，如图 5-12(c)所示。

(2)选择尺寸基准。该支座左右对称，故选择对称平面作为长度方向尺寸基准；底板和支撑板的后端面平齐，可选作宽度方向尺寸基准；底板的下底面是支座的安装面，可选作高度方向尺寸基准，如图 5-12(a)所示。

(3)根据形体分析，逐个标注出底板、圆筒、支撑板和肋板的定形尺寸，如图 5-12(d)、(e)所示。

(4)根据选定的尺寸基准，标注出确定各部分相对位置的定位尺寸。如图 5-12(f)中确定圆筒与底板相对位置的尺寸“32”，以及确定底板上两个 $\phi8$ 孔位置的尺寸“34”和“26”。

(5)标注总体尺寸。图 5-12(f)所示支座的总长与底板的长度相等，总宽由底板宽度和圆筒伸出部分长度确定，总高由圆筒轴线高度加圆筒直径的一半确定，因此，这几个总体尺寸都应标注出。

(6)检查尺寸标注有无重复、遗漏，并进行修改和调整，最后标注结果如图 5-12(f)所示。

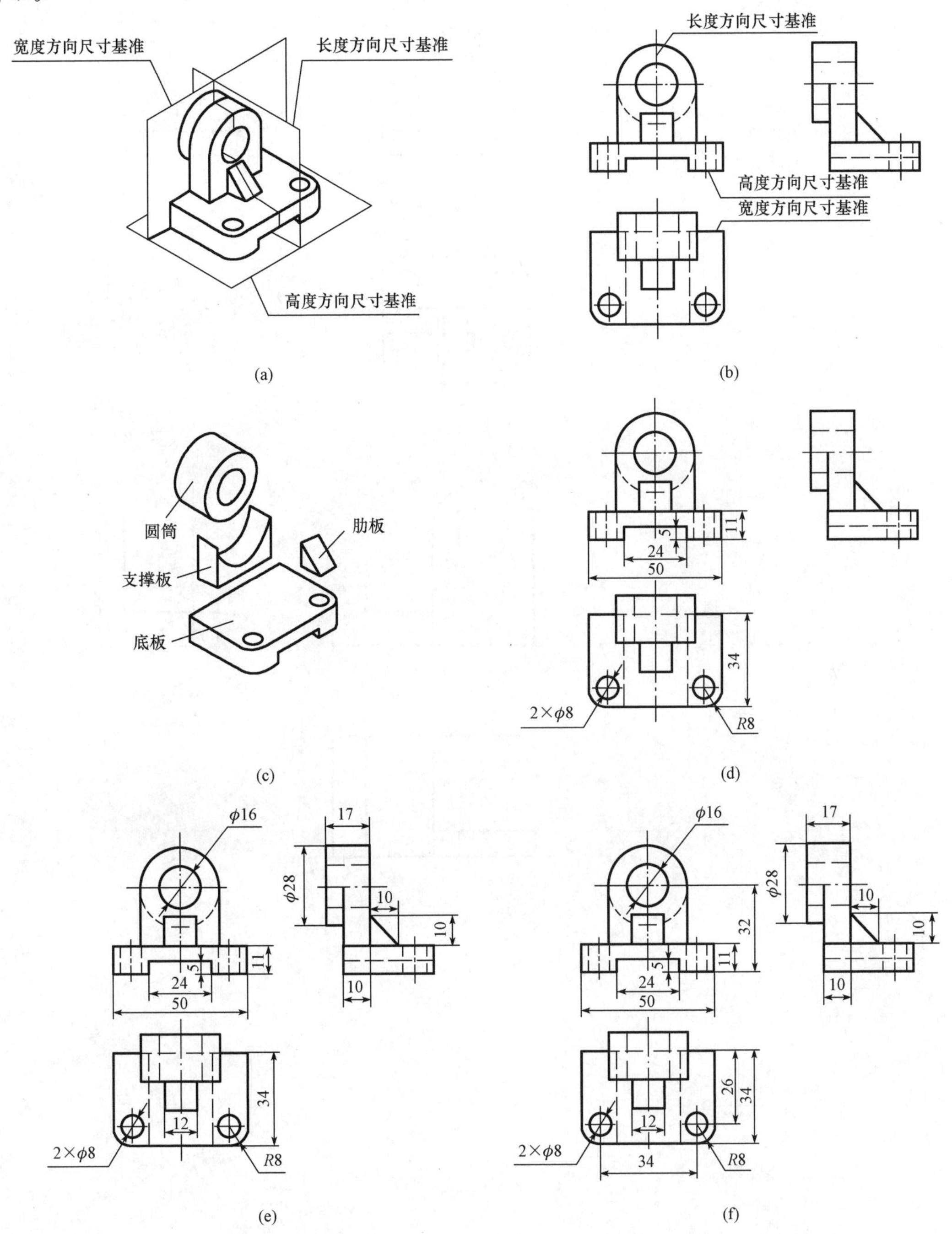

图 5-12 组合体尺寸标注的方法和步骤

(a)支座；(b)支座三视图；(c)支座形体分析；(d)标注底板定形尺寸；(e)标注圆筒、支撑板、肋板定形尺寸；(f)标注定位尺寸、总体尺寸

实际演练

给下列组合体标注尺寸。

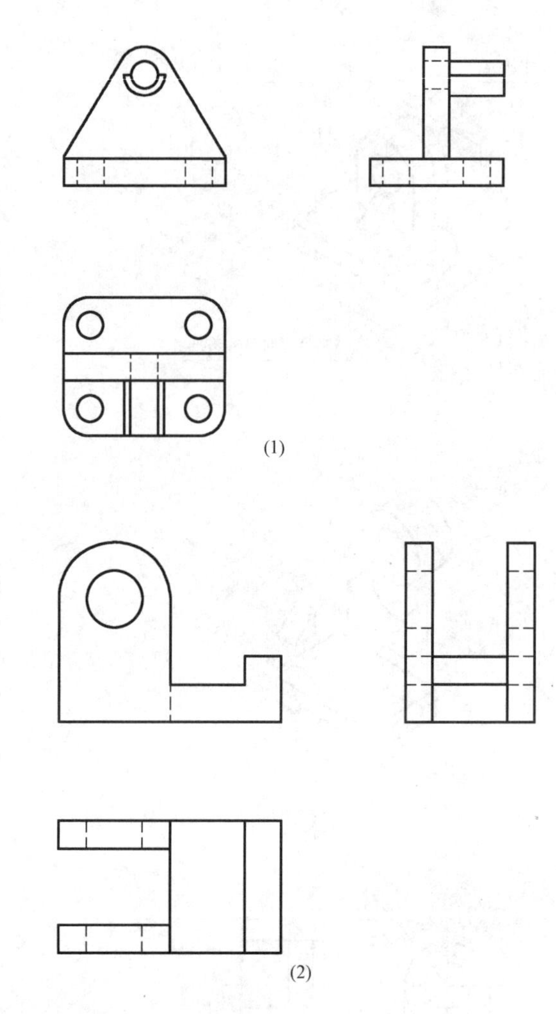

第六章　建筑形体的表达方法

当表达一个建筑形体时，如果其内部结构较复杂，若仍采用正投影图的方法，按照实线表示可见轮廓线，虚线表示不可见轮廓线的制图规定，那么将会在投影图上产生大量的虚线，这将会给绘图和识图带来困难。为了解决这一问题，基于产生虚线的原因，采用了剖面图和断面图这样的形体表达方法(图 6-1)。剖面图和断面图在建筑工程图中应用极为广泛，无论是建筑施工图还是结构施工图，都需要采用剖面图和断面图的形式来表达，同时，其也是学习建筑识图的基础。

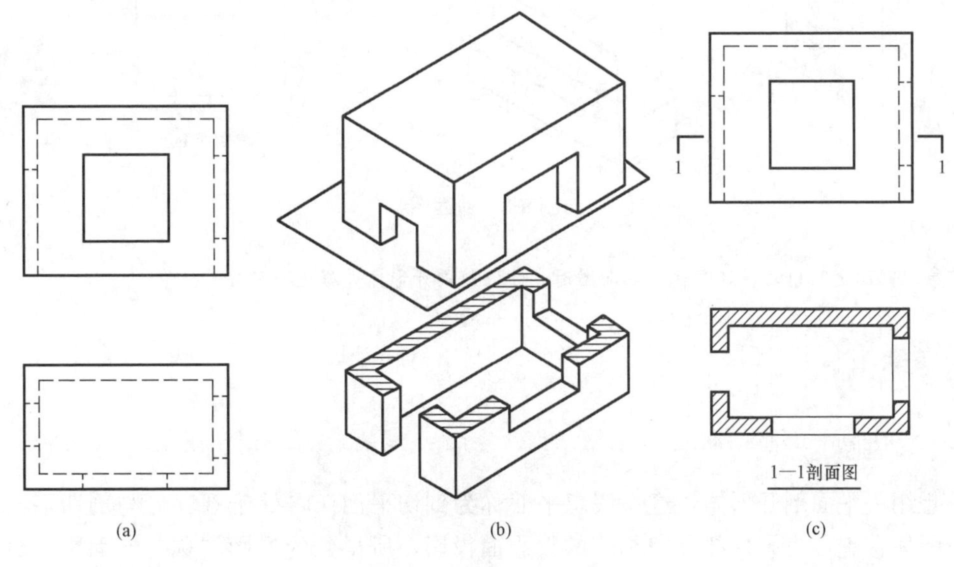

图 6-1　剖面图和断面图

(a)正投影图；(b)直观图；(c)剖面图

学习引导

◈ 目的与要求

1. 掌握剖面图、断面图的形成、分类及符号。

2. 掌握剖面图、断面图的识读及绘制。

◈ 重点和难点

重点　剖面图、断面图的形成及绘制。

难点　剖面图、断面图的识读。

第一节　剖面图

学习提示

在表达建筑形体内部结构时，之所以会产生虚线，是因为在投射方向上被建筑形体前面的部分遮挡。如果将产生遮挡的这部分形体移除，再对剩余部分形体进行投影，将不会有虚线产生，如图 6-2 所示。

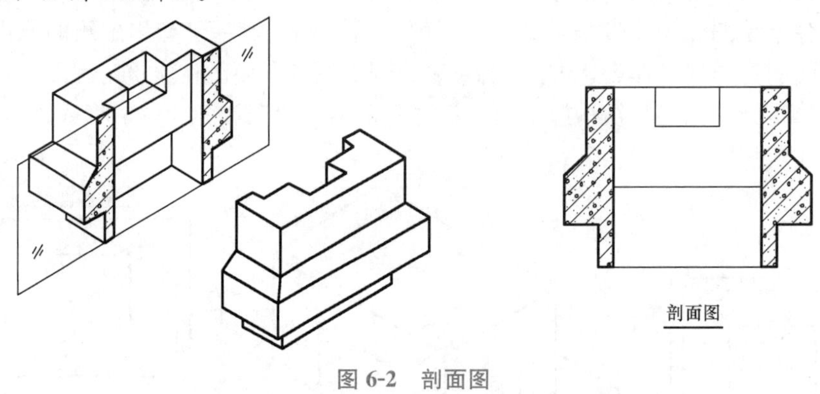

图 6-2　剖面图

注意：剖切是假想的，只有在画剖面图时，才假想剖开形体并移走一部分。

相关知识

一、剖面图的形成

假想用一平面剖开形体，这一假想平面称为剖切平面。将处于观察者与剖切平面之间的部分形体移走，将剩余部分向相应的投影面投影，所得到的投影图称为剖面图，简称剖面，如图 6-3 所示。

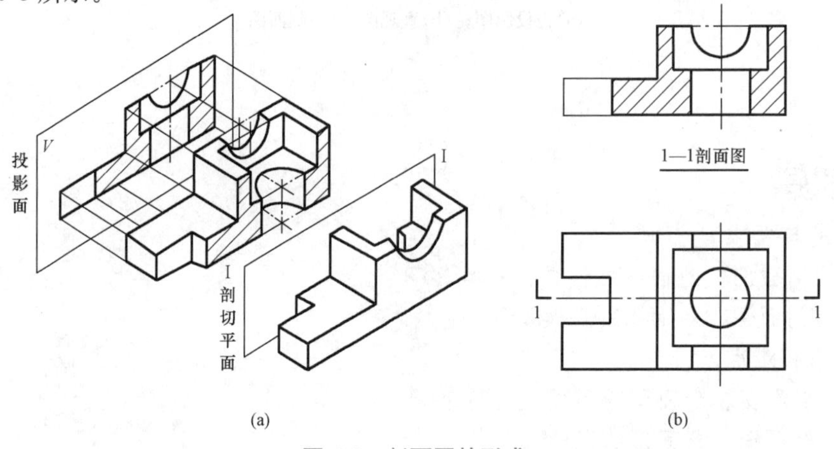

图 6-3　剖面图的形成

■ 二、剖面图的标注

1. 剖切位置的表示

作剖面图时，一般将剖切平面平行于基本投影面，使剖切断面的投影能够反映实形。因为剖切平面平行于基本投影面，所以，其在所垂直的投影面上的投影将会积聚成一条直线，该直线表示剖切位置，称为剖切位置线，简称剖切线。其在投影图中用断开的两段短粗实线来表示，长度为 6～10 mm，如图 6-4 所示。

2. 投射方向

为了表明剖切后剩下部分形体的投射方向，在剖切线的外侧各画一段与之垂直的短粗实线表示投射方向，长度为 4～6 mm，如图 6-4 所示。

3. 编号

对于复杂形体，可能要同时在几个位置进行剖切，为了清楚地加以区分，应对每一次剖切加以编号，规定用阿拉伯数字、大写的拉丁字母或罗马数字按顺序从左至右、从上至下连续编号，并将其书写在投射方向线的端部。在所作剖面图的正下方，写上如“1－1 剖面图”的字样，如图 6-4 所示。

1—1剖面图

图 6-4　剖面图的画法

4. 材料图例

剖面图中包含了形体的断面，在断面上需画上表示材料类型的图例，若没有指明材料，则用 45°方向的等距平行线表示，间距为 2～6 mm，线型为细实线。当一个形体有多个断面时，所有图例线的方向及间距均应相同。

■ 三、剖面图的分类

剖面图可分为全剖面图、半剖面图、阶梯剖面图、局部剖面图及分层剖切剖面图等，见表 6-1。

表 6-1　剖面图的分类

名称	图例	说明
全剖面图	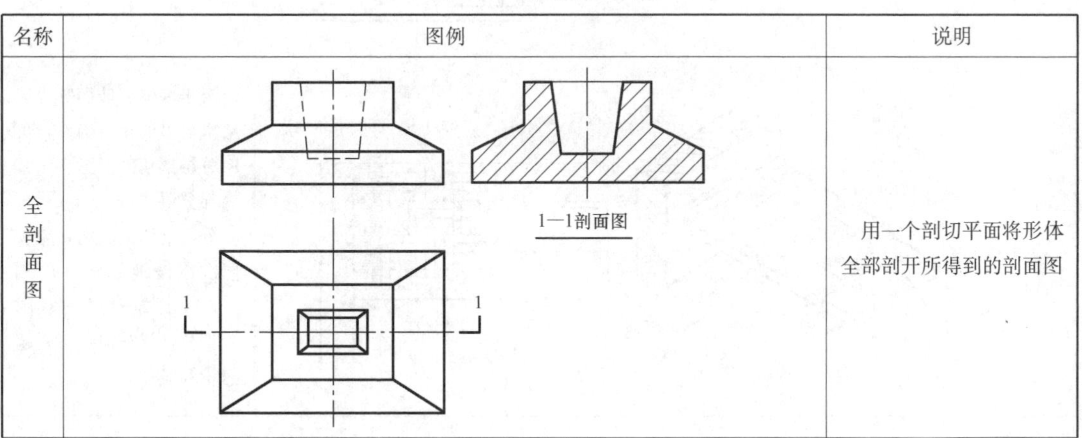	用一个剖切平面将形体全部剖开所得到的剖面图

续表

名称	图例	说明
半剖面图	 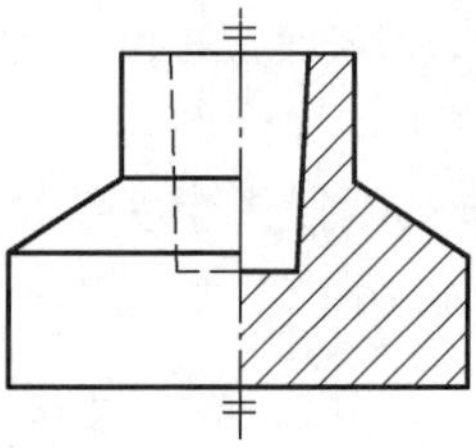	如果被剖切的形体是对称的，常把投影图的一半画成剖面图，另一半画成形体的外形图，这样可以同时看到形体的外形和内部构造。 半剖面图与半外形投影图应以对称符号为界线，剖面图一般应画在水平界线的下方或垂直界线的右侧。 半剖面图一般不画剖切符号
阶梯剖面图	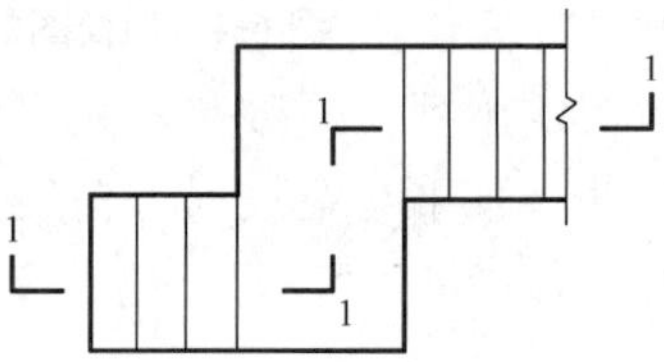 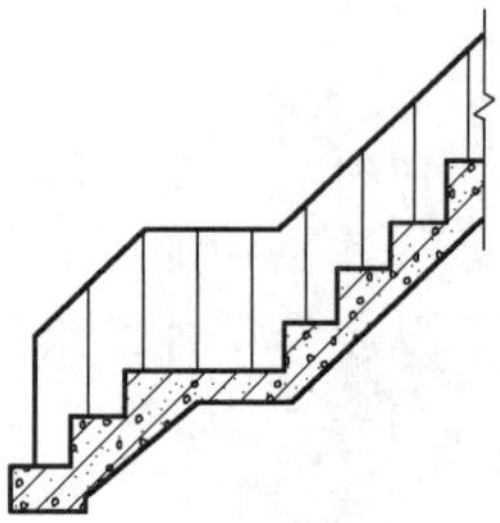	对于有些内部构造较复杂的形体，用一个剖切平面不能将形体内部全部表达清楚时，采用两个互相平行的剖切平面按需要进行剖切所得到的剖面图
局部剖面图	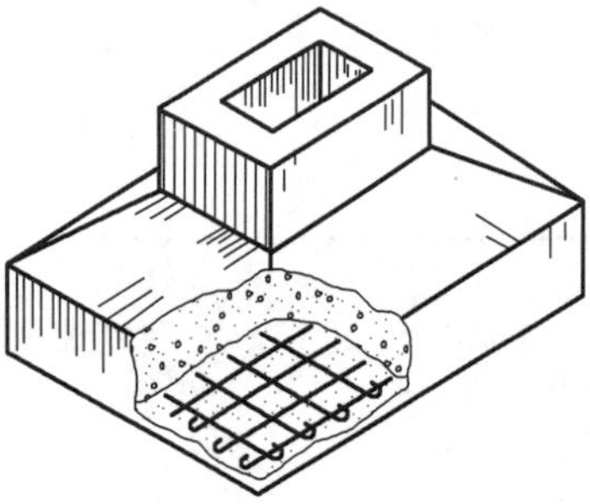 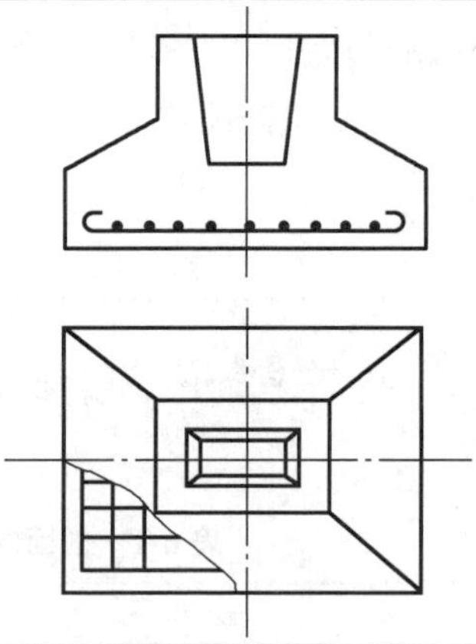	当形体的局部内部构造需要表达清楚时，采用局部剖切所得到的剖面图。 局部剖面图与投影图之间用波浪线断开，波浪线是外形和剖面的分界线，波浪线不要超出轮廓线，且波浪线不得与其他图线重合
分层剖切剖面图	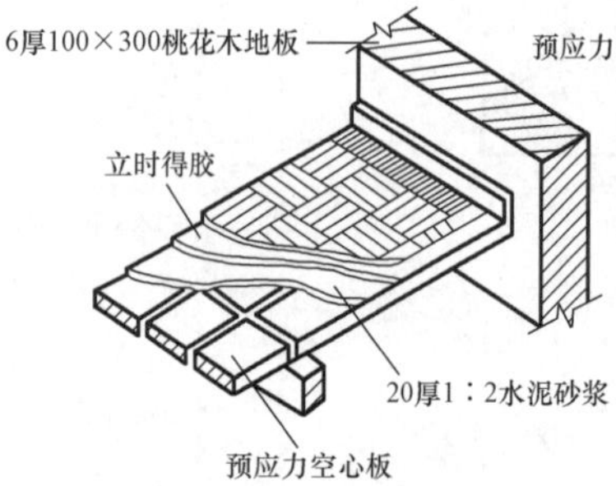 6厚100×300桃花木地板 立时得胶 20厚1：2水泥砂浆 预应力空心板 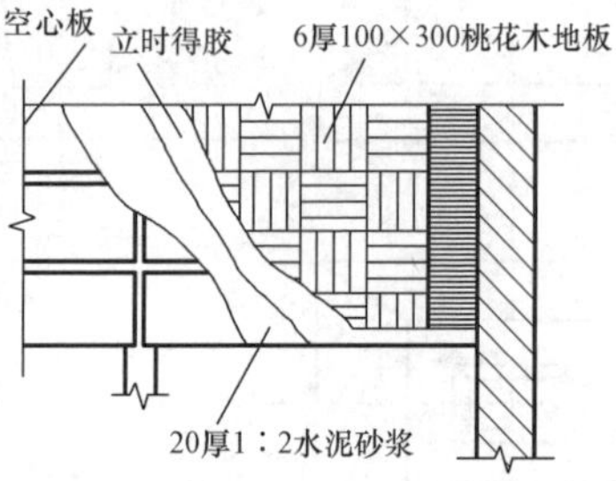 预应力空心板 立时得胶 6厚100×300桃花木地板 20厚1：2水泥砂浆	对于墙体、地面等构造层次较多的建筑构件，可用分层剖切剖面图表示其内部分层构造。 分层剖切剖面图，应按层次以波浪线将各层隔开，波浪线不应与任何图线重合，且波浪线不要超出轮廓线

典型案例

作图 6-5 所示的房屋外墙大门出入口处的 2—2 剖面图。

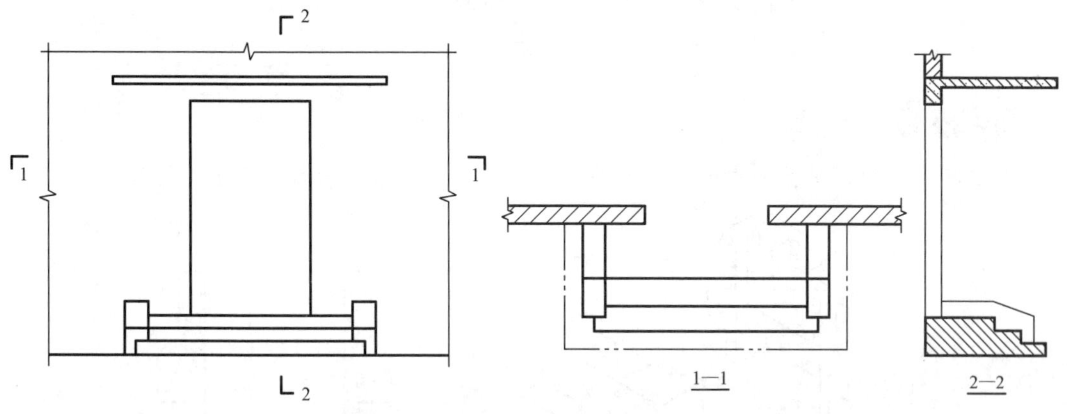

图 6-5　房屋外墙大门出入口处的剖面图

【分析】 由 2—2 剖切位置线可知，剖切平面剖切到墙体、雨篷、门洞及台阶，同时根据投射方向线可知，剖切后向右投影，结合房屋外墙大门出入口正立面图及 1—1 剖面图，可作出 2—2 剖面图。

【作图】 作图步骤如下：

(1)了解房屋外墙大门出入口剖切平面的剖切位置和投射方向；

(2)作房屋外墙大门出入口经剖切后剩下部分的投影图——剖面图；

(3)在断面上画出砖块及钢筋混凝土建筑材料图例；

(4)标注剖面图图名“2—2 剖面图”，如图 6-5 所示。

实际演练

作出房屋的 2—2 剖面图。

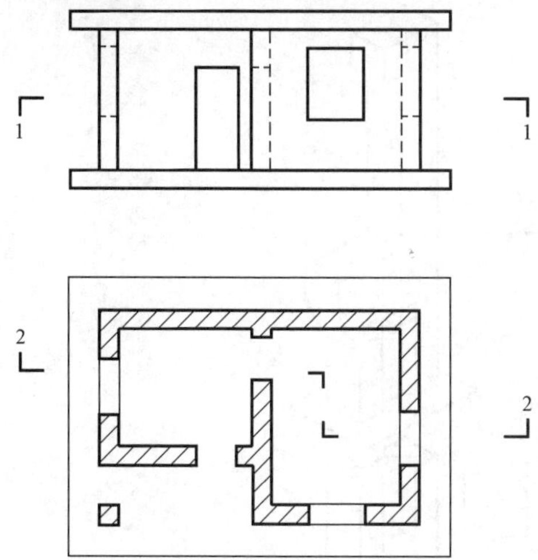

第二节　断面图

学习提示

在实际工程中，当需要表示形体的截断面形状时，通常画出其断面图(图 6-6)。

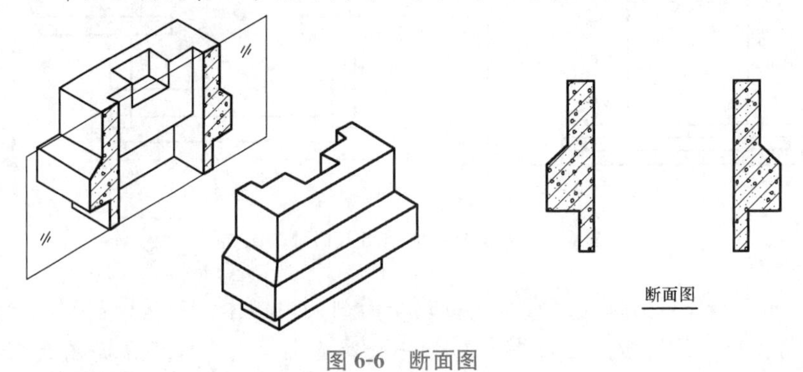

图 6-6　断面图

注意：剖面图与断面图的区别：剖面图表示的是立体的投影；断面图表示的是平面的投影，可以理解为断面图是剖面图的一部分。

相关知识

一、断面图的形成

假想用剖切平面将形体上所要表达的位置切断后，仅将截断面投影到与之平行的投影面上，所得到的图形称为断面图，如图 6-7 所示。

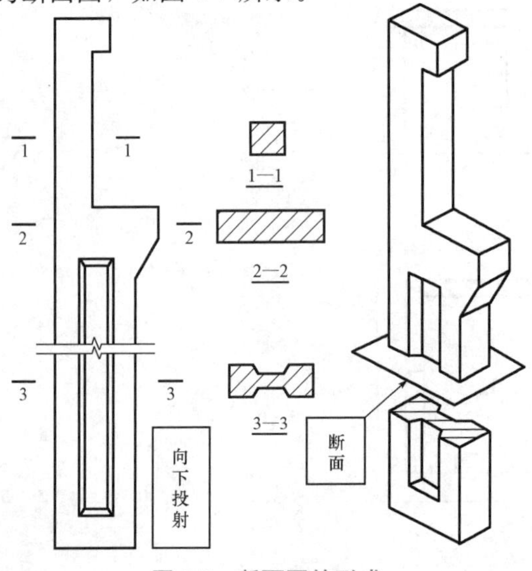

图 6-7　断面图的形成

二、断面图的标注

断面图的标注与剖面图的标注有所不同，其也用两段短粗线表示剖切位置，但不用绘制表示投射方向的粗实线，而是用表示编号的数字等所处位置来表明投射方向，编号写在剖切线的哪一侧就表明向哪一侧进行投影，如图 6-7 所示。

三、断面图的分类

根据断面图的配置，可分为移出断面图、中断断面图和重合断面图，见表 6-2。

表 6-2　断面图的分类

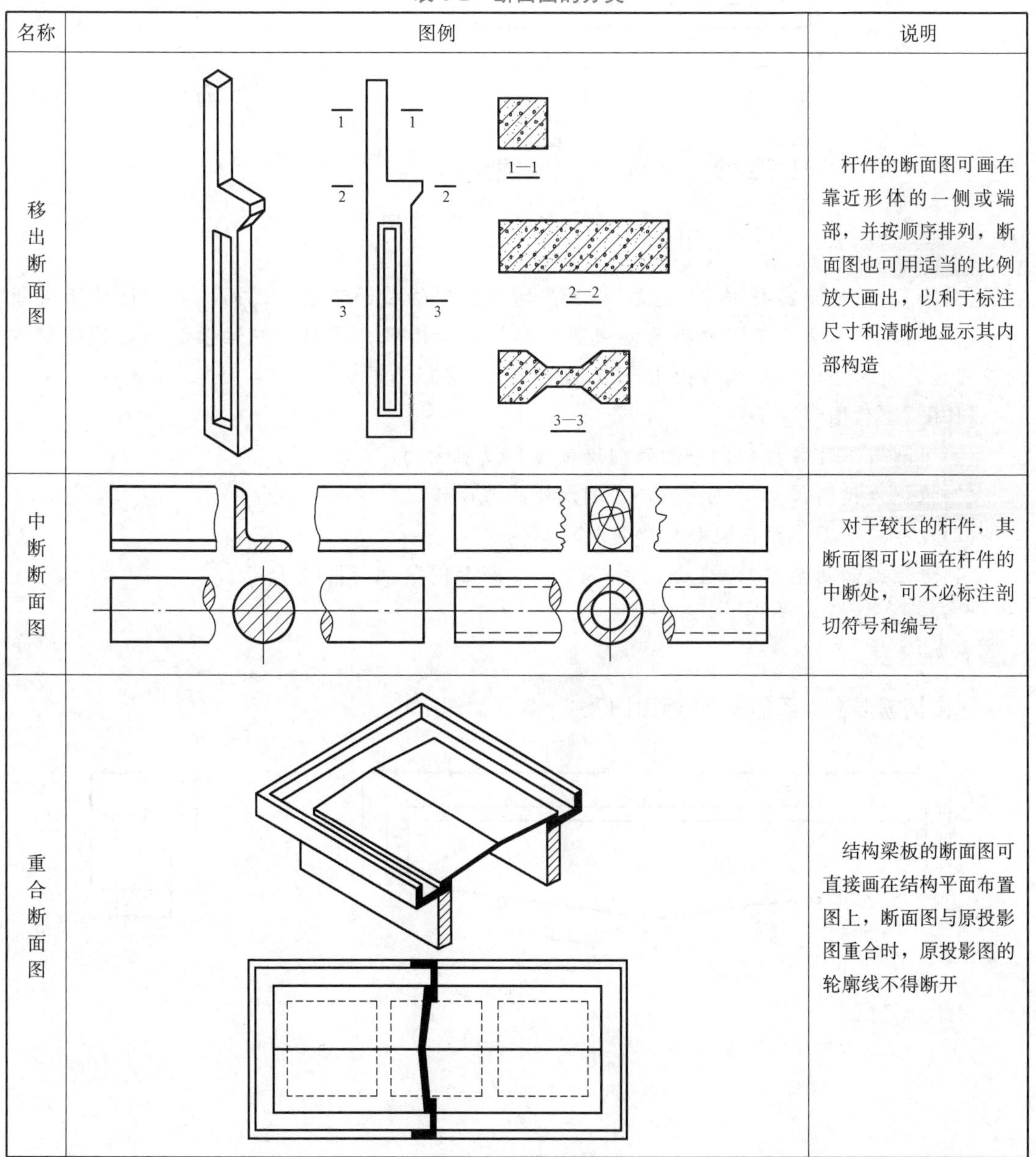

名称	图例	说明
移出断面图		杆件的断面图可画在靠近形体的一侧或端部，并按顺序排列，断面图也可用适当的比例放大画出，以利于标注尺寸和清晰地显示其内部构造
中断断面图		对于较长的杆件，其断面图可以画在杆件的中断处，可不必标注剖切符号和编号
重合断面图		结构梁板的断面图可直接画在结构平面布置图上，断面图与原投影图重合时，原投影图的轮廓线不得断开

典型案例

作出如图 6-8 所示地下窨井框的 1—1 断面图及 2—2 断面图。

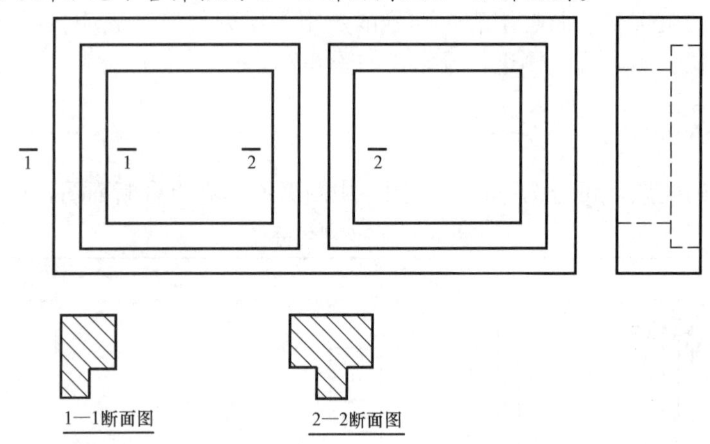

图 6-8　地下窨井框平面及断面图

【分析】 该地下窨井框 1—1 及 2—2 剖切位置处的截面不同，因而，其剖切后所得断面图也不同，可参考地下窨井框的左视图了解其截面情况，同时，应注意剖切后的投射方向及相应的材料图例，正确作出 1—1 断面图及 2—2 断面图。

【作图】 作图步骤如下：

(1)了解地下窨井框剖切平面的剖切位置和投射方向；

(2)根据左视图得知 1—1 及 2—2 剖切处的截面情况；

(3)在相应断面上画出混凝土建筑材料图例；

(4)标注断面图图名“1—1 断面图”及“2—2 断面图”，如图 6-8 所示。

实际演练

作出钢筋混凝土梁的 1—1 断面图及 2—2 剖面图。

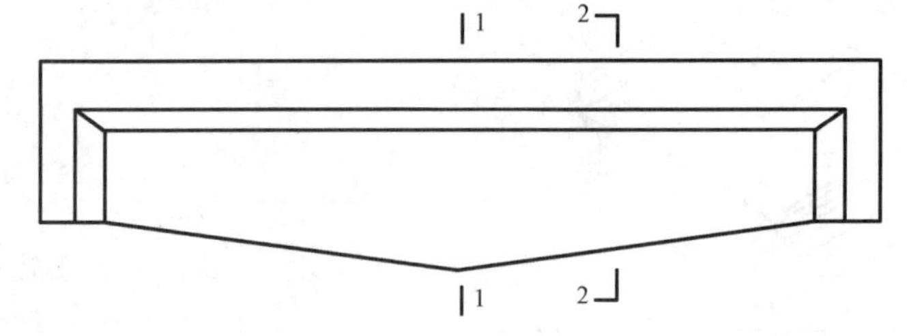

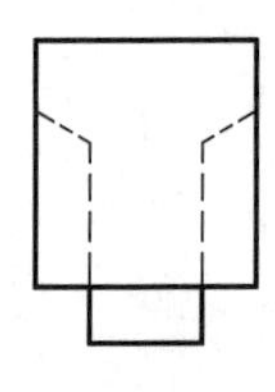

第七章　轴测投影

在工程上，一般采用正投影法绘制物体的投影图，即正投影图。其能完整、准确地反映物体的形状和大小，且度量性好，作图简单。但正投影图的立体感不强，必须具备一定的读图能力才能看懂。轴测图是一种单面投影图，在一个投影面上能同时反映出形体的长度、宽度和高度三个方向的尺度和形状，并接近于人们的视觉习惯，富有立体感，其缺点是度量性差，且绘制复杂。因此，在工程上，常将轴测图作为辅助图样，帮助构思、想象空间形体的形状，以弥补正投影图的不足。

形体的三面正投影图和轴测图如图 7-1 所示。

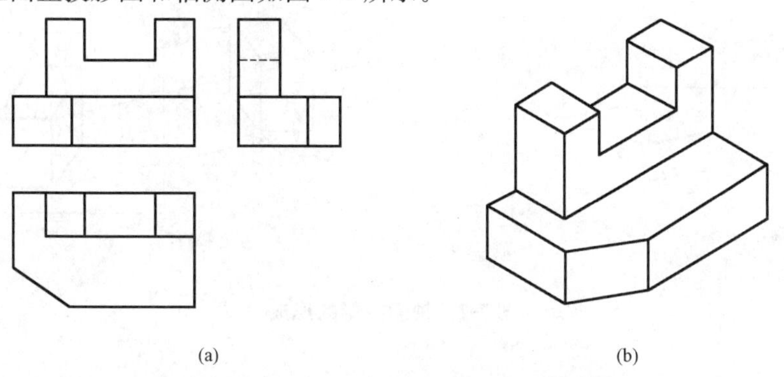

(a)　　(b)

图 7-1　形体的正投影图与轴测图

(a)三面正投影图；(b)轴测图

学习引导

◈ 目的与要求

1. 掌握轴测投影的基本知识，掌握轴向伸缩系数和轴间角的几何意义。
2. 掌握轴测投影的分类、画法。
3. 能正确绘制正轴测图和斜轴测图。

◈ 重点和难点

重点　轴测投影的分类及基本特性，轴测投影的基本画法——坐标法、叠加法和切割法。

难点　根据组合体的正投影图，绘制平面立体正等轴测图及斜二等轴测图。

第一节　轴测投影的基本知识

相关知识

一、轴测投影的形成

用平行投影法将物体连同确定其空间位置的直角坐标系一起沿不平行于任一坐标平面的方向投射到一个投影面上所得到的图形，称作轴测图(图7-2)。轴测投影属于单面平行投影，它能同时反映物体的正面、侧面和水平面的形状，因而立体感较强。

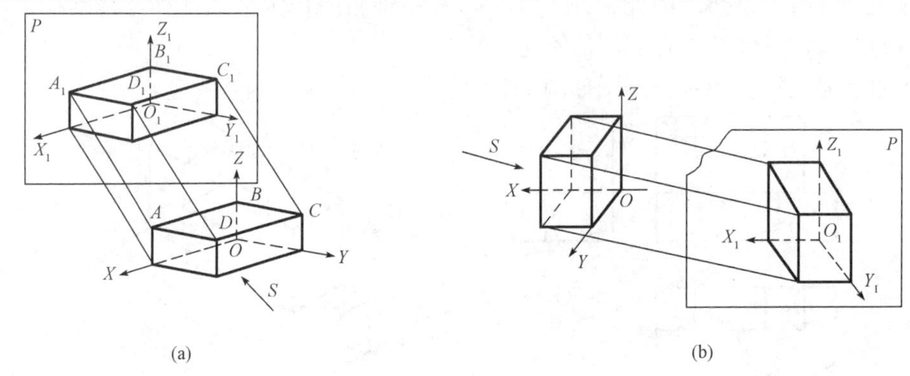

图7-2　轴测投影的形成

(1)轴测投影面：作轴测投影的平面 P，称为轴测投影面。

(2)轴测投影轴：空间形体直角坐标轴 OX、OY、OZ 在轴测投影面上的投影 O_1X_1、O_1Y_1、O_1Z_1 称为轴测投影轴，简称轴测轴。

(3)轴间角：轴测投影轴之间的夹角$\angle X_1O_1Z_1$、$\angle X_1O_1Y_1$、$\angle Y_1O_1Z_1$，称为轴间角。

(4)轴向变形系数：轴测轴与空间直角坐标轴单位长度之比，称为轴向变形系数，简称变形系数，分别用 p、q、r 表示，即

$$p=\frac{O_1X_1}{OX},\ q=\frac{O_1Y_1}{OY},\ r=\frac{O_1Z_1}{OZ}$$

二、轴测投影的特性

轴测投影图是由平行投影生成的，因此，凡是平行投影所具有的性质，轴测投影都能够满足。

1. 同素性

一般情况下，直线的轴测投影仍然是直线；平面多边形的轴测投影是边数相同的类似形。

2. 平行性

空间两条平行线的轴测投影，仍然平行，且两线段的轴测投影长度之比等于两线段实

际长度之比。

3. 从属性和定比性

直线上点的轴测投影，仍然在直线的轴测投影上，且点分割线段之比等于其轴测投影两线段之比。

4. 实形性

所有与轴测投影面平行的直线和平面(平面多边形、圆等)，其轴测投影反映直线的实长或平面的实形。

5. 积聚性

当直线或平面与轴测投影线平行时，则直线的轴测投影积聚为一点，平面的轴测投影积聚为直线。

上述五种性质适用于所有种类的轴测投影图。这些特性是绘制轴测投影图的依据，同时也是绘制轴测投影图时必须遵循的规则。

三、轴测投影图的分类

根据轴测投影方向 S 和轴测投影面 P 的夹角，可将轴测投影图分为正轴测投影图和斜轴测投影图两大类。

(1)正轴测投影图：投影方向 S 垂直于轴测投影面 P，称为正轴测投影图；

(2)斜轴测投影图：投影方向 S 倾斜于轴测投影面 P，称为斜轴测投影图。

考虑到轴向伸缩系数，可将轴测投影图再进一步细分：

正轴测投影图
- 正等轴测投影图：$p=q=r$
- 正二测轴测投影图：$p=q\neq r$ 或 $p\neq q=r$ 或 $p=r\neq q$
- 正三测轴测投影图：$p\neq q\neq r$

斜轴测投影图
- 斜等轴测投影图：$p=q=r$
- 斜二测轴测投影图：$p=q\neq r$ 或 $p\neq q=r$ 或 $p=r\neq q$
- 斜三测轴测投影图：$p\neq q\neq r$

在工程中，常用的两种轴测图的轴间角及轴向变形系数见表 7-1。

表 7-1　常用的两种轴测图

种类	轴间角	轴向变形系数	轴测投影图
正等轴测投影图	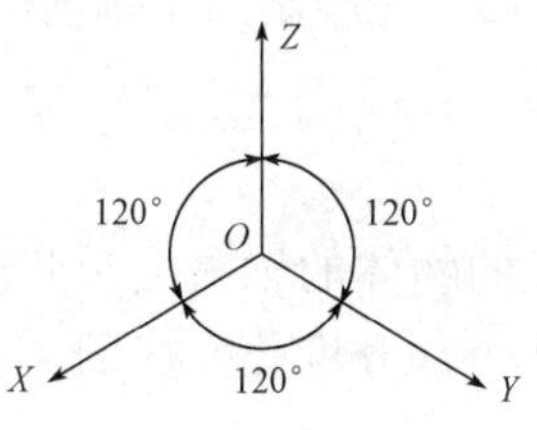 Z, O, X, Y; 120°, 120°, 120°	$p=q=r=0.82$，实际作图取简化轴向变形系数 $p=q=r=1$	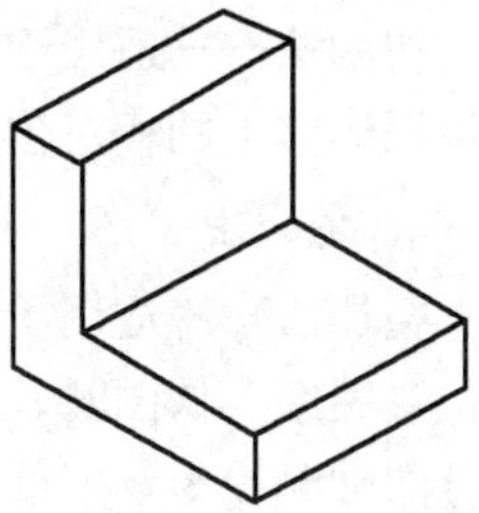

续表

种类	轴间角	轴向变形系数	轴测投影图
斜二测轴测投影图		$p=r=1$，$q=0.5$	

第二节　轴测投影图的作图方法

相关知识

一、正等轴测图

画平面立体正等轴测图最基本的方法是坐标法，即沿轴测轴度量确定出物体上一些点的坐标，再逐步由点连线画出图形。在实际作图时，还可以根据物体的形体特点，灵活运用各种不同的作图方法，如切割法、叠加法等。

1. 坐标法

坐标法——画轴测图时，先在物体三视图中确定坐标原点和坐标轴，然后按物体上各点的坐标关系采用简化轴向变形系数，依次画出各点的轴测图，由点连线而得到物体的正等轴测图。

坐标法是绘制轴测图的基本方法，不但适用于平面立体，也适用于曲面立体；不但适用于正等轴测图，也适用于其他轴测图的绘制。

2. 切割法

切割法——适用于以切割方式构成的平面立体，先绘制出切割前的完整形体的轴测图，再依据形体上的相对位置逐一进行切割。

3. 叠加法

叠加法——适用于绘制主要形体是堆叠形成的物体的轴测图，此时应注意物体堆叠时的位置关系。作图时，应首先将物体看成是由几个部分堆叠而成的，然后依次画出这几个部分的轴测投影，即得到该物体的轴测图。

以上三种方法都需要先确定坐标原点，然后按各线、面端点的坐标在轴测坐标系中确定其位置。当绘制复杂物体的轴测图时，往往综合使用上述三种方法。

二、圆的轴测图画法

画回转体时经常遇到圆或圆弧，由于各坐标面对正等轴测投影面都是倾斜的，因此平行于坐标平面的圆的正等轴测投影是椭圆。而圆的外切正方形在正等轴测投影中变形为菱形，因而，圆的轴测投影就是内切于对应菱形的椭圆，如图 7-3 所示。

为了简化作图，在轴测投影中的椭圆常采用近似画法，用四段圆弧连接近似画出。这四段圆弧的圆心是用椭圆的外切菱形求得的，因此，也称这种方法为“菱形四心法”。下面以水平面内的圆的正等轴测图为例说明这种画法(图 7-4)。

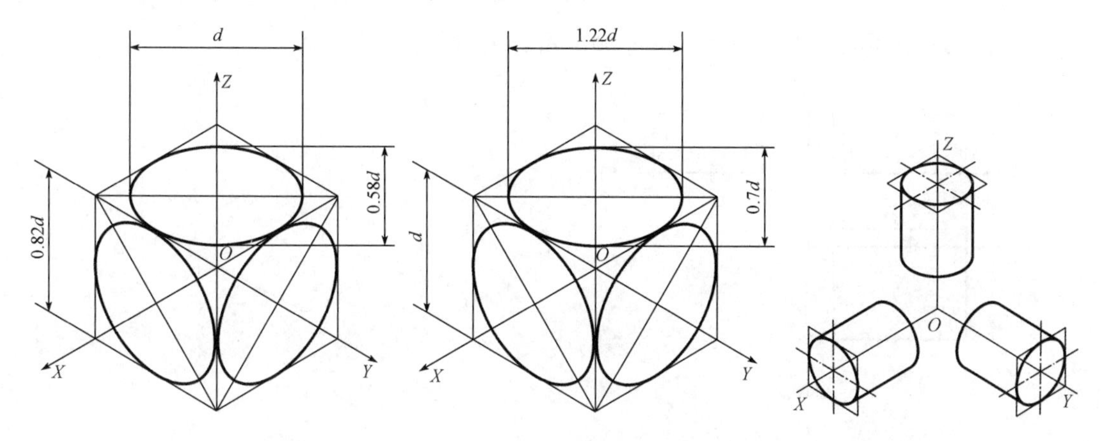

图 7-3　平行于坐标平面的圆的正等轴测图

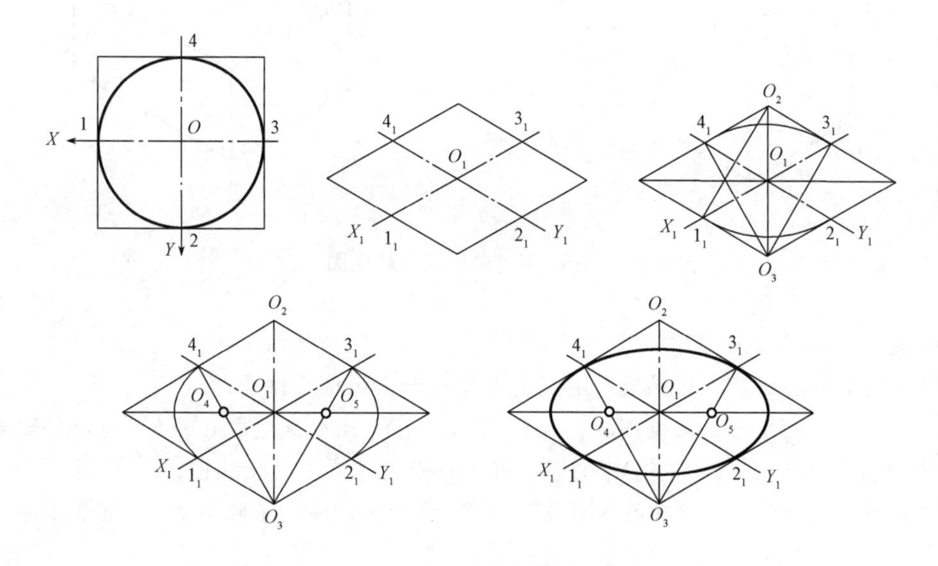

图 7-4　菱形四心法

(1)在正投影图中作圆的外切正方形，点 1、2、3、4 为四个切点，并选定坐标轴和原点。

(2)确定轴测轴，并作圆外切正方形的正等轴测图菱形。

(3)以钝角顶点 O_2、O_3 为圆心，以 $O_2 1_1$ 或 $O_3 3_1$ 为半径画圆弧 $1_1 2_1$、$3_1 4_1$。

(4)$O_3 4_1$、$O_3 3_1$ 与菱形长对角线的交点为 O_4、O_5，并以点 O_4、O_5 为圆心，画圆弧 $1_1 4_1$、$2_1 3_1$。

(5)检查，加深，得到近似椭圆。

■ 三、斜轴测图画法

典型案例

【案例 1】 用坐标法作长方体的正等轴测图，如图 7-5 所示。

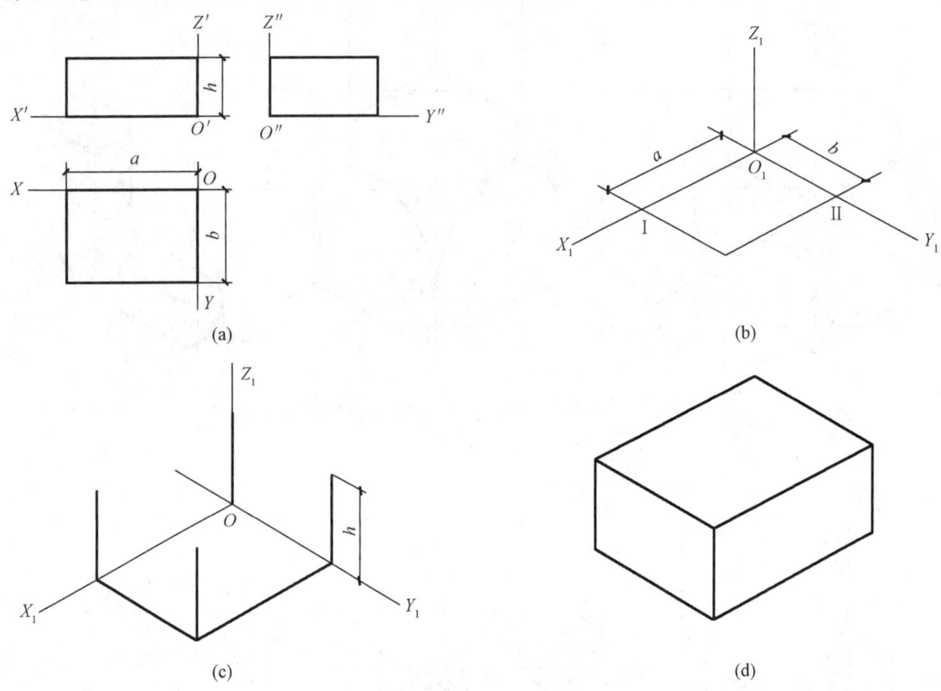

图 7-5 长方体的正等轴测图

【作图】 作图步骤如下：

(1)如图 7-5(a)所示，在正投影图上定出原点和坐标轴的位置；

(2)如图 7-5(b)所示，画轴测轴，在 O_1X_1 和 O_1Y_1 上分别量取 a 和 b，对应得出点Ⅰ和点Ⅱ，过点Ⅰ、Ⅱ作 O_1X_1 和 O_1Y_1 的平行线，得长方体底面的轴测图；

(3)如图 7-5(c)所示，过底面各角点作 O_1Z_1 轴的平行线，量取高度 h，得长方体顶面各角点；

(4)连接顶面各角点，如图 7-5(d)所示。

【案例 2】 如图 7-6(a)所示为正六棱柱的主视图和俯视图，试作出正六棱柱的正等轴测图。

【作图】 为了作图方便，选取上底面的中心为原点 O。它的两条对称中心线为 X 轴和

Y 轴，以正六棱柱的轴线为 Z 轴，建立直角坐标系，如图 7-6(a)所示。

(1)在两面投影图上建立直角坐标系 O-XYZ。

(2)画出正等轴测图中的轴测轴 O_1-$X_1Y_1Z_1$。

(3)用坐标法作线取点，按坐标关系，用 1∶1 的比例在轴测轴上作出正六棱柱顶面 6 个顶点的对应点，按顺序连接，即得正六棱柱顶面的轴测图，如图 7-6(b)、(c)所示。

(4)沿 O_1Z_1 轴方向(沿正六棱柱各个顶点)量取 h，得到正六棱柱底面 6 个顶点的对应点，顺序连接，即得正六棱柱底面的轴测图，如图 7-6(d)所示。

(5)擦去多余的作图线，加深，完成作图，如图 7-6(e)所示。

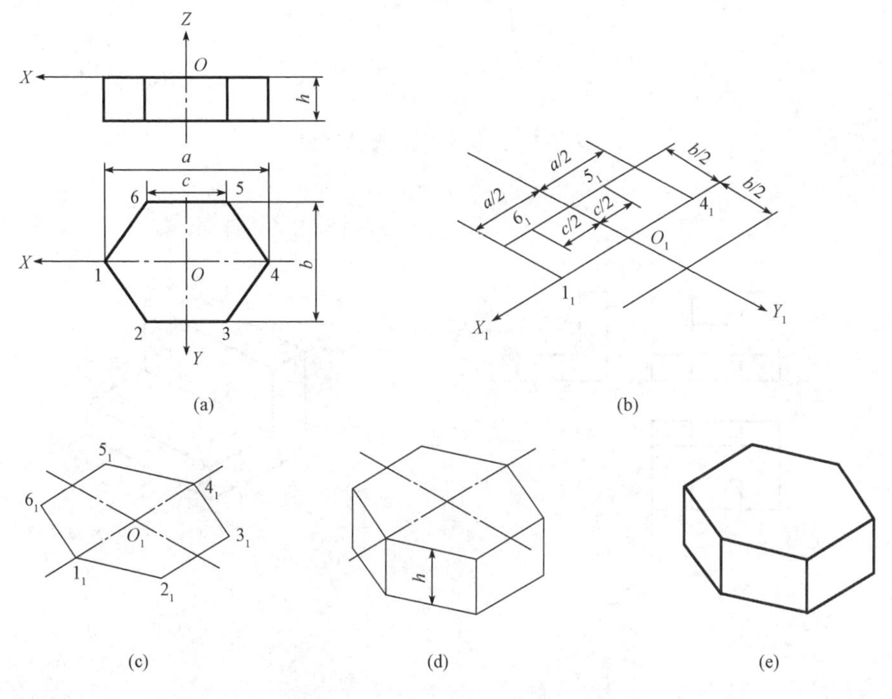

图 7-6　正六棱柱的正等轴测图

【案例 3】 已知三棱锥 S-ABC 的 V 面和 H 面投影，如图 7-7(a)所示，试作其正等轴测图。

【作图】 对于三棱锥来说，只要求出四个顶点的正等轴测投影，再依次连接各点即可完成作图，因此，选用坐标法作图。作图步骤如下：

(1)建立坐标系。为了简化作图，所选坐标系的 O-XY 坐标面与三棱锥的底平面重合，并使 X 轴、Y 轴分别通过 C、B 两点，如图 7-7(a)所示。

(2)画出正等轴测投影轴 O_1X_1、O_1Y_1、O_1Z_1，并根据 S、A、B、C 四个顶点的坐标求出各个顶点的轴测投影，S 点坐标的求法如图 7-7(b)所示。

(3)依次连接 SA、SB、SC、AB 和 AC，擦去多余的作图线并加深，完成全图，如图 7-7(c)所示。

【案例 4】 试作图 7-8(a)所示组合体的正等轴测图。

【作图】 作图步骤如下：

(1)画正等轴测投影轴。

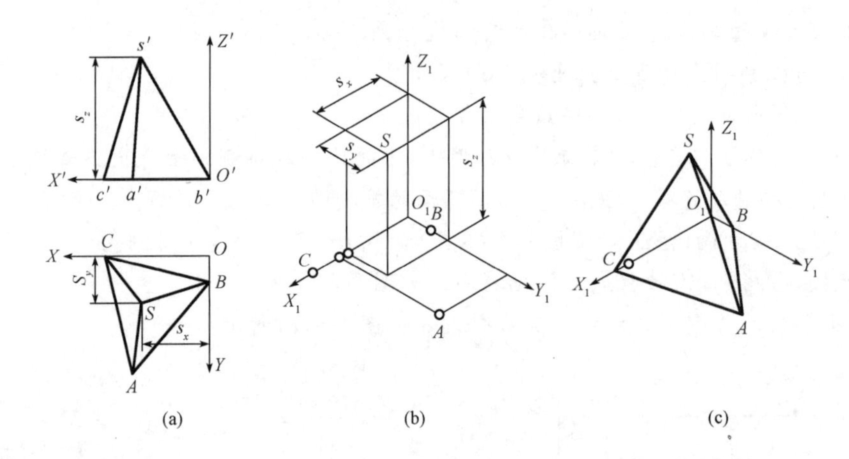

图 7-7　三棱锥的正等轴测图

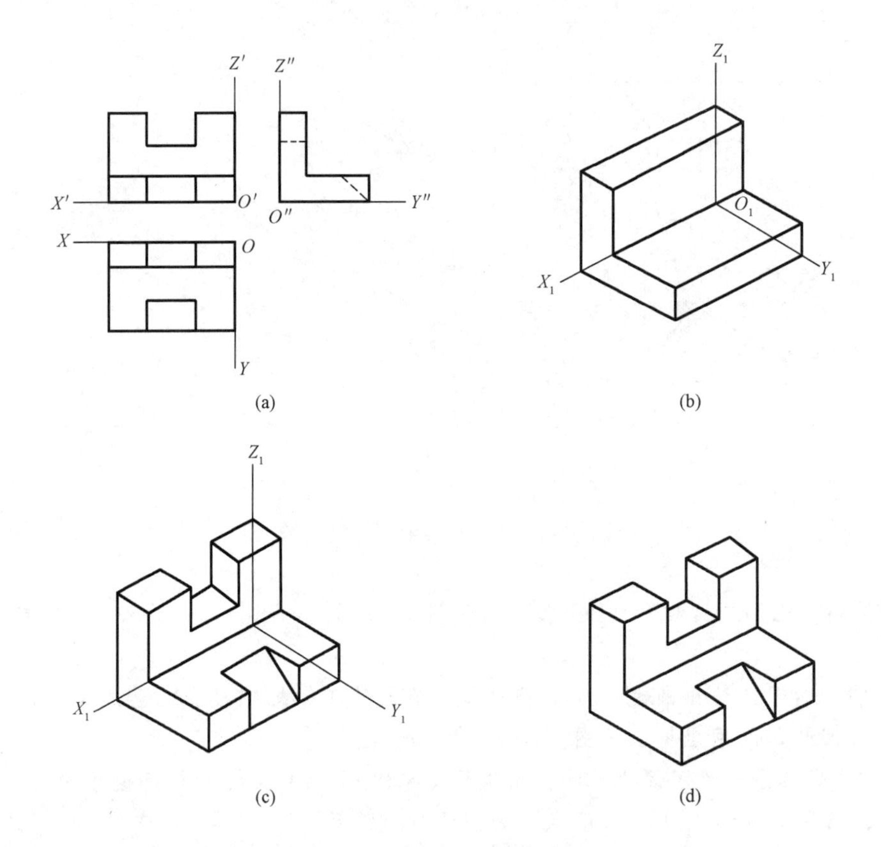

图 7-8　组合体的正等轴测图

(2)在正投影图上定坐标原点 O，本题选择在形体右后下方，如图 7-8(a)所示。

(3)根据正投影图，按 1∶1 的比例量取图中尺寸(采用简化轴向变形系数为 1)，作出底部和上部叠加的长方体的轴测图，如图 7-8(b)所示。

(4)根据形体分析，对上下形体进行切割作图，如图 7-8(c)所示。

(5)擦去不可见图线、轴测轴等，对图样检查后进行加深处理，完成作图，如图 7-8(d)

所示。

【案例 5】 画出图 7-9 所示圆柱的正等轴测图。

【作图】 该圆柱轴线为铅垂线，上底平面和下底平面平行于 H 面。其作图步骤如下：

(1)建立坐标系。为了简化作图，所选坐标系的 O-XY 坐标面与圆柱体的上底平面重合，并使 OZ 轴和圆柱体轴线重合，如图 7-9(a)所示，此时，圆柱体的上底平面和下底平面为水平面，都平行于 O-XY 坐标面。

(2)画出正等轴测投影轴 O_1X_1、O_1Y_1、O_1Z_1，并以 O_1 为起点在 O_1Z_1 轴上向下量取圆柱的高 H，得到 E 点，并过 E 点作辅助轴测轴，如图 7-9(b)所示。

(3)根据圆的正等轴测投影图椭圆的近似画法，画出圆柱体上底圆的正等轴测投影椭圆和下底圆的前半个椭圆(下底圆的后半个投影椭圆不可见，通常不画)，如图 7-9(c)所示。

(4)作两椭圆的左右公切线，该公切线即圆柱面轴测投影轮廓线。擦去多余的作图线，加深，完成作图，如图 7-9(d)所示。

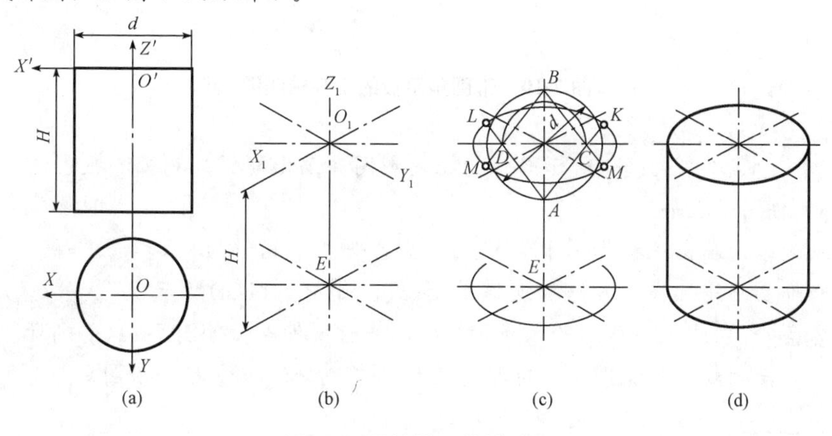

图 7-9 圆柱的正等轴测图

【案例 6】 画出图 7-10(a)所示带圆角平板的正等轴测图。

【作图】 作图步骤如下：

(1)画出平板不带圆角时的正等轴测图，如图 7-10(b)所示。

(2)根据圆角半径 R，在平板上表面的边上找出切点 1、2、3、4；过切点分别作相应边的垂线，得交点 O_1、O_2，以 O_1 为圆心，$O_11=O_12$ 为半径作圆弧 12；以 O_2 为圆心，$O_23=O_24$ 为半径作圆弧 34，即得平板上表面圆角的正等轴测图，如图 7-10(c)所示。

(3)将圆心 O_1、O_2 下移平板高度 H，得平板下表面圆角的圆心。再以上表面圆角相同的半径画圆弧，即得平板下表面圆角的正等轴测图，如图 7-10(d)所示。

(4)在平板右端作上表面、下表面两个小圆弧的公切线，即得到带圆角平板的正等轴测图，如图 7-10(e)所示。

(5)检查，加深图线，如图 7-10(f)所示。

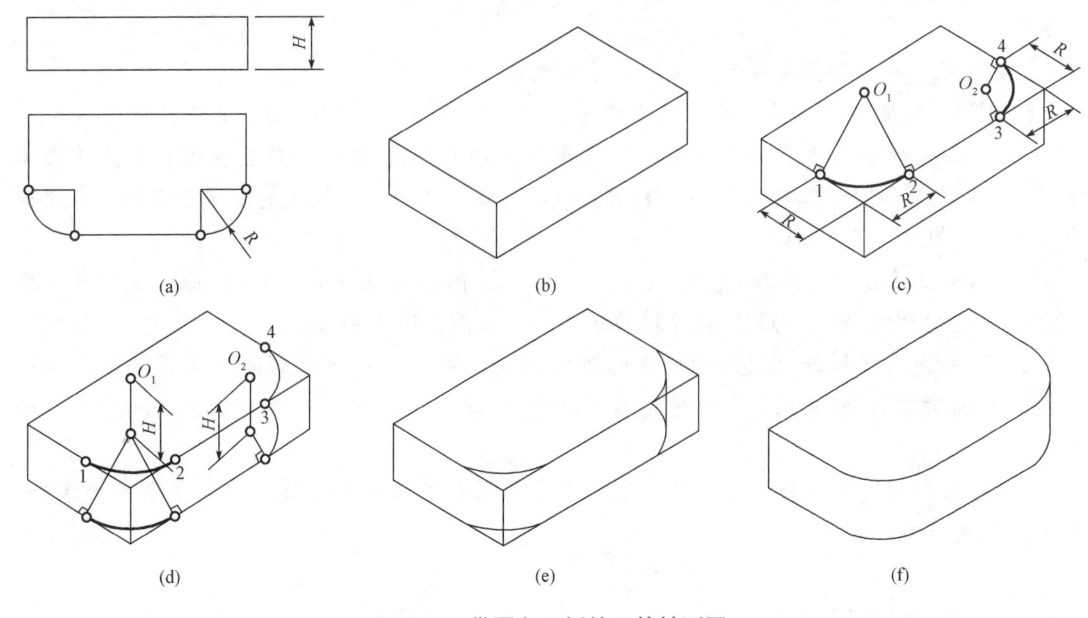

图 7-10　带圆角平板的正等轴测图

【案例 7】 根据图 7-11(a)所示台阶的正投影图，画出其斜二测轴测投影图。

【作图】 作图步骤如下：

(1)画轴测轴，画出正投影图中的 V 面投影，如图 7-11(b)所示。

(2)过台阶立面轮廓线的各转折点作 45°斜线，如图 7-11(c)所示。

(3)在各条 45°斜线上量取台阶长度的 1/2，并连接各点，如图 7-11(d)所示。

(4)擦去多余的线，加深图线，即得台阶的斜二测轴测投影图，如图 7-11(e)所示。

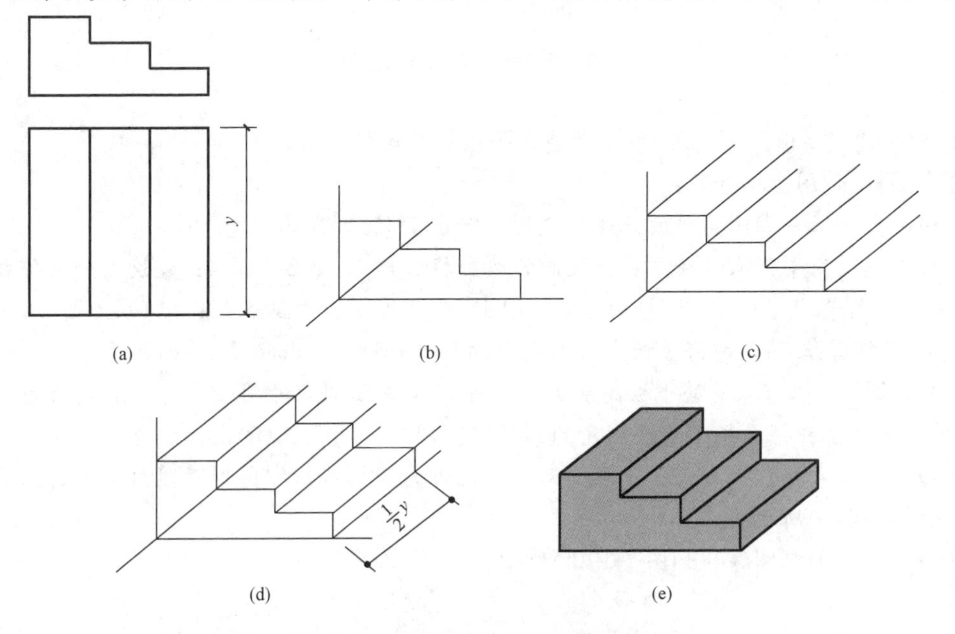

图 7-11　台阶的斜二测轴测投影图

实际演练

1. 根据正投影图，画出正等轴测图。

（1）

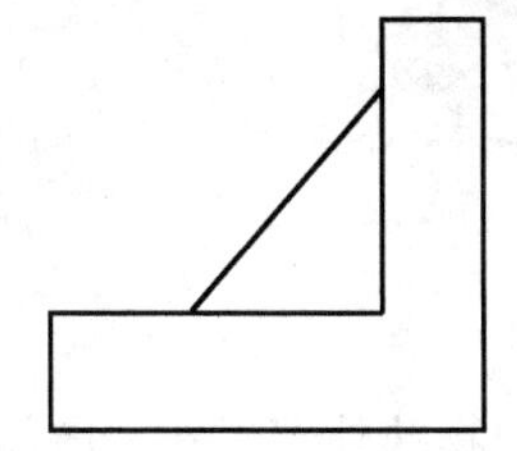

（2）

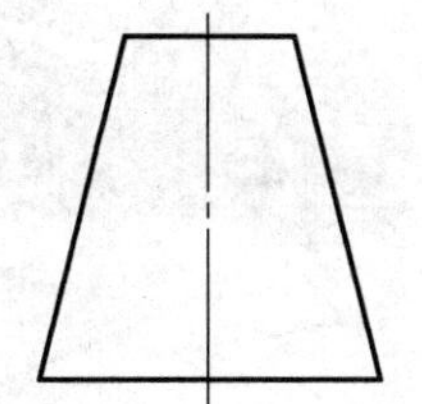

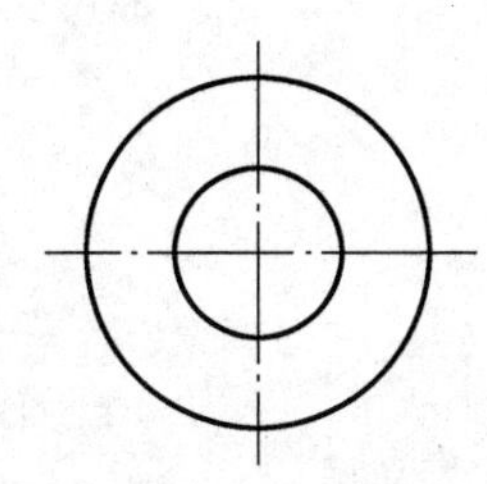

2. 已知钢筋混凝土花格砖的正投影图，画出其斜二测轴测投影图。

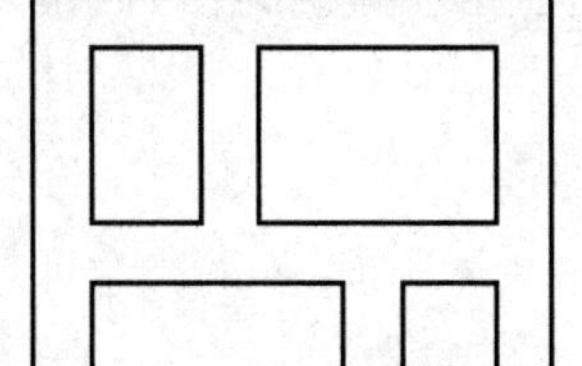

第八章　建筑施工图

建筑施工图(图 8-1)是表示工程项目总体布局，建筑(构)物的外部形状、内部布置、结构构造、内外装修、材料作法及设备、施工等要求的图样。建筑施工图具有图纸齐全、表达准确、要求具体的特点，是进行工程施工、编制施工图预算和施工组织设计的依据，也是进行技术管理的重要技术文件。

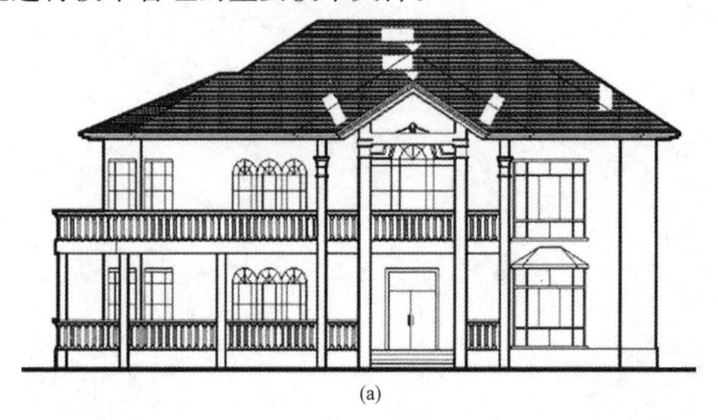

(a)

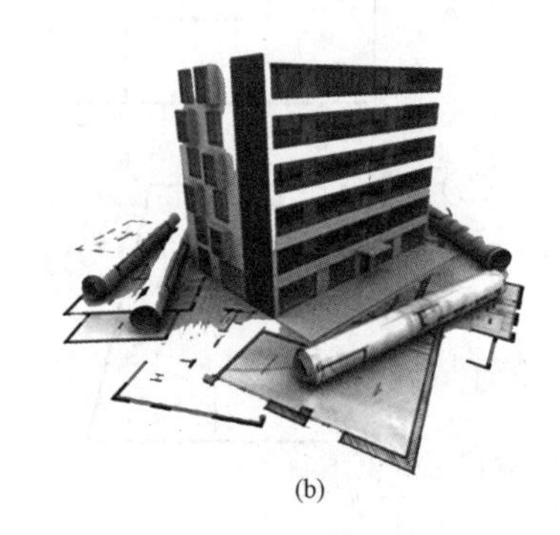

(b)

图 8-1　建筑施工图

学习引导

◆ **目的与要求**

1. 了解建筑施工图的意义。

2. 掌握建筑施工图的分类、编排顺序和房屋的组成。

3. 掌握建筑施工图(总平面图、平面图、立面图、剖面图、建筑详图)的图示方法和内容，能正确识读和抄绘建筑施工图。

◆ **重点和难点**

重点　建筑施工图的图示内容。

难点　建筑施工图的识读。

第一节　房屋建筑施工图概述

学习提示

为了建造房屋，必须根据将要建造房屋的用途、地质环境，选择合适的结构形式和建筑材料，设计一套完整的图纸来指导施工。

相关知识

一、施工图的产生

(一)施工图的形成

施工图由设计单位根据建设单位的设计要求及设计委托书、有关的设计资料、住房城乡建设主管部门的规划设计要求和红线图及建筑艺术等多种因素绘制而成。

(二)施工图设计的阶段

(1)初步设计阶段：此阶段设计单位根据建设单位提供的设计要求提出设计方案，其图纸和资料供审批用。

(2)技术设计阶段：复杂工程设计才需要此阶段。在初步设计的基础上插入技术设计阶段，确定各专业之间的技术配合问题，此阶段各专业绘制出各自的技术图纸。

(3)施工图设计阶段：此阶段各专业应提供整套工程图纸。整套图纸是工程施工的技术文件，包括基本图、详图及相应的设计说明。

二、施工图的分类和编排顺序

(一)施工图的分类

施工图可分为建筑施工图、结构施工图、设备施工图等。

(1)建筑施工图包括建筑总平面图、建筑平面图、建筑立面图、建筑剖面图、建筑详图等。

(2)结构施工图包括基础平面图，基础剖面图，屋盖结构布置图，楼层结构布置图，柱、梁、板配筋图，楼梯图，结构构件图或表，以及必要的详图。

(3)设备施工图包括给水排水施工图、采暖通风施工图、电气施工图等。

(二)施工图的编排顺序

施工图的编排顺序一般为图纸目录、设计说明、总平面图、建筑施工图、结构施工图、水暖强弱电施工图等。

各工种施工图纸的编排顺序一般是全局性的图纸在前，表达局部的图纸在后；先施工的图纸在前，后施工的图纸在后。

(三)房屋的分类和组成

1. 房屋的分类

(1)按用途分。

1)工业建筑：是指从事工业生产的建筑，如工业厂房。

2)农业建筑：是指进行农牧业生产和加工的建筑，如粮库、畜禽饲养场、温室、农机修理站等。

3)民用建筑：是指居住建筑和公共建筑。

(2)按建筑材料分。

1)木结构：是指用木材制成的结构。木结构质量较小，便于运输、装拆，能多次使用，不仅广泛用于房屋建筑中，还可用于桥梁、塔架等工程。近代胶合木结构的出现，更扩大了木结构的应用范围。

2)砖木结构：建筑物中竖向承重结构的墙、柱等采用砖或砌块砌筑，楼板、屋架等采用木结构。

3)砌体结构：竖向承重构件(墙和柱)采用砖石材料，横向承重构件(梁和板)采用钢筋混凝土材料。

4)钢筋混凝土结构：主要承重构件(墙、柱、梁、板)采用钢筋混凝土材料。

5)钢结构：是指承重构件由钢制材料组成的结构，如国家体育场(鸟巢)、上海经贸大厦等。

(3)按结构形式分。

1)砖混结构：是指竖向承重结构的墙采用砖或者砌块砌筑，构造柱及横向承重的梁、楼板、屋面板采用钢筋混凝土的结构。

2)框架结构：主要承重构件是梁、板和柱，墙体起围护和分割作用。

3)剪力墙结构：竖向承重构件为钢筋混凝土墙体，承受竖向荷载和水平剪力。

4)框架-剪力墙结构：框架-剪力墙结构简称框-剪结构，这种结构是在框架结构中布置一定数量的剪力墙，构成灵活自由的使用空间，满足不同建筑功能的要求，同时，又有足够的剪力墙，有相当大的侧向刚度。

5)筒体结构：针对超高层建筑，房屋的内部和外部布置两个筒体，内筒布置楼梯和电梯，内筒和外筒之间作为使用空间。

6)大跨度空间结构：横向跨越 60 m 以上空间的各类结构可称为大跨度空间结构。常用的大跨度空间结构形式包括折板结构、壳体结构、网架结构、悬索结构、充气结构、膨胀张力结构等。

(4)按建筑高度与层数分。

1)低层建筑：主要是指 1～3 层的住宅建筑。

2)多层建筑：主要是指 4～6 层的住宅建筑。

3)中高层建筑：主要是指 7～9 层的住宅建筑。

4)高层建筑：是指 10 层以上的住宅建筑和总高度大于 24 m 的公共建筑及综合性建筑。

5)超高层建筑：是指高度超过 100 m 的住宅或公共建筑。

注意：《建筑设计防火规范(2018 年版)》(GB 50016—2014)规定，建筑高度不大于 27 m 的住宅建筑、建筑高度大于 24 m 的单层公共建筑和建筑高度不大于 24 m 的其他公共建筑为单层、多层民用建筑；建筑高度大于 27 m，但不大于 54 m 的住宅建筑和建筑高度大于 50 m 的公共建筑为高层民用建筑。

2. 房屋的主要组成部分及作用

(1)基础：位于墙柱下部，是建筑物的地下部分，其承受建筑物上部的全部荷载并将它传递给地基。

(2)墙和柱：承重墙和柱是建筑物垂直承重构件，其承受屋顶、楼板层传来的荷载，连同自重一起传递给基础。另外，外墙还能抵御风、霜、雨、雪对建筑物的侵袭，使室内具有良好的生活与工作条件，即起到围护作用；内墙还将建筑物内部分割成若干空间，起到分割作用。

(3)楼板和地面：楼板是水平承重构件，主要承受作用在它上面的竖向荷载，并将它们连同自重一起传递给墙或柱，同时可将建筑物分为若干层。楼板对墙身还起着水平支撑的作用。底层房间的地面贴近地基土，承受作用在其上面的竖向荷载，并将竖向荷载连同自重直接传递给地基。

(4)楼梯：是楼层间的垂直交通通道。

(5)屋顶：是建筑物最上层的覆盖构造层。其既是承重构件，又是围护构件，主要承受作用在其上的各种荷载，并连同自重一起传递给墙或柱；同时，其又起到保温、防水等作用。

(6)门和窗：

1)门：是提供人们进出房屋或房间及搬运家具、设备等的建筑配件。有的门兼有采光、通风的作用。

2)窗：主要作用是通风、采光。

典型案例

识记图 8-2 所示房屋各构件的名称。

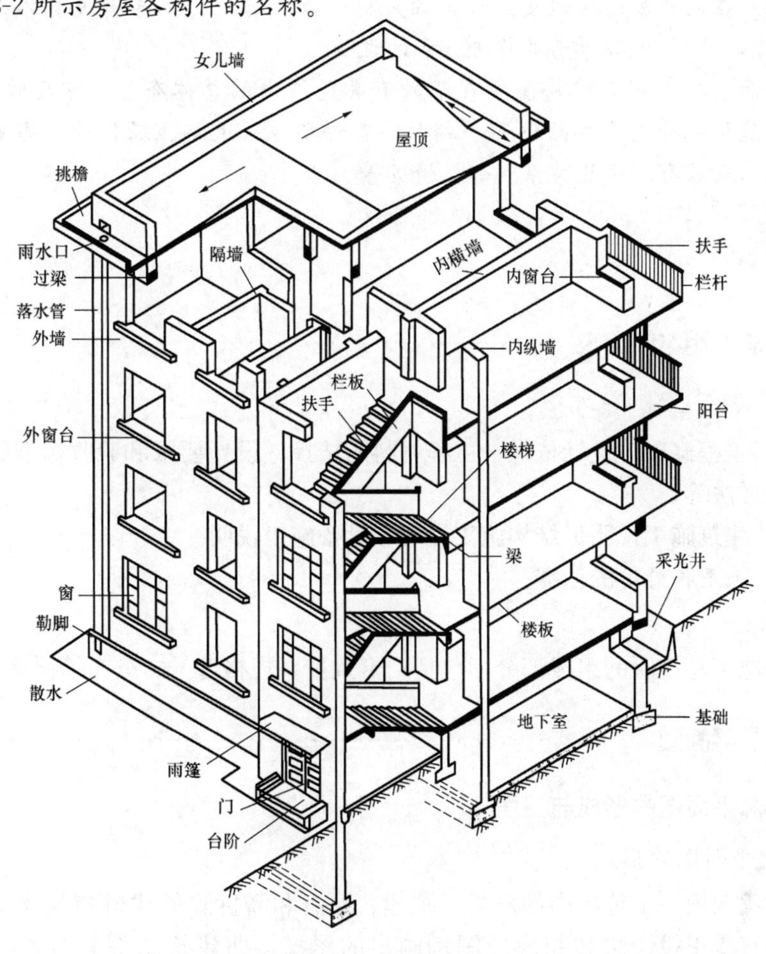

图 8-2　房屋的组成

实际演练

1. 查找一份施工图纸，观察施工图可分为哪几类。
2. 民用建筑由哪些部分组成？它们的作用分别是什么？

第二节　建筑施工图设计总说明及总平面图

学习提示

建筑施工图设计总说明是施工图文件的重要组成部分，位于文件的最前面，是不便于用图形表达而用文字表达的部分。建筑施工图设计总说明除应写明工程名称及用途、建设单位、坐落地点、工程规模及面积、房屋层数及高度、设计结构形式、有效使用年限、安全等级、工程所在地地震设防烈度、设计的目标效果、场地标高等有关整体描述外，并对建筑、结构、水、电、设备等专业作进一步的说明。

建筑总平面图是表明新建房屋所在基础有关范围内的总体布置，它反映新建、拟建、原有和拆除的房屋、构筑物等的位置和朝向，室外场地、道路、绿化等的布置，地形、地貌、标高等，以及原有环境的关系和邻界情况等。

相关知识

一、施工总说明与门窗表

1. 施工总说明

(1)内容：工程概况、设计依据、工程材料的选择、设计要求和验收标准、施工技术要求、各部位的做法等。

(2)分类：建筑施工说明、结构施工说明和设备施工说明。

(3)作用：施工和计价的依据。

2. 门窗表

门窗表是施工总说明的组成部分，包括门窗数量、规格型号、分布情况等。

二、建筑总平面图

(一)建筑总平面图的形成与用途

1. 建筑总平面图的形成

将新建工程四周一定范围内的新建、拟建、原有和需拆除的建(构)筑物及其周围的地形、地物，用直接正投影法和相应的图例画出的图样，即建筑总平面布置图，简称总平面图。

2. 建筑总平面图的用途

建筑总平面图表明了新建建筑物的平面形状、位置、朝向、高程，以及与周围环境，如原有建筑物、道路、绿化等之间的关系。建筑总平面图是新建建筑物施工定位和规划布置场地的依据，也是其他专业(如水、暖、电等)的管线总平面图规划布置的依据。

(二)建筑总平面图的特点

(1)建筑总平面图因包括的地方范围较大，所以，绘制时都采用较小的比例，如1∶2 000、1∶1 000、1∶500等。

(2)建筑总平面图上标注的尺寸，一律以米为单位。

(3)由于比例较小，建筑总平面图上的内容一般按图例绘制，所以建筑总平面图中使用的图例符号较多。在较复杂的建筑总平面图中，若用到一些“国标”没有规定的图例，必须在图中另加说明。

图8-3所示为某住宅小区的建筑总平面图。

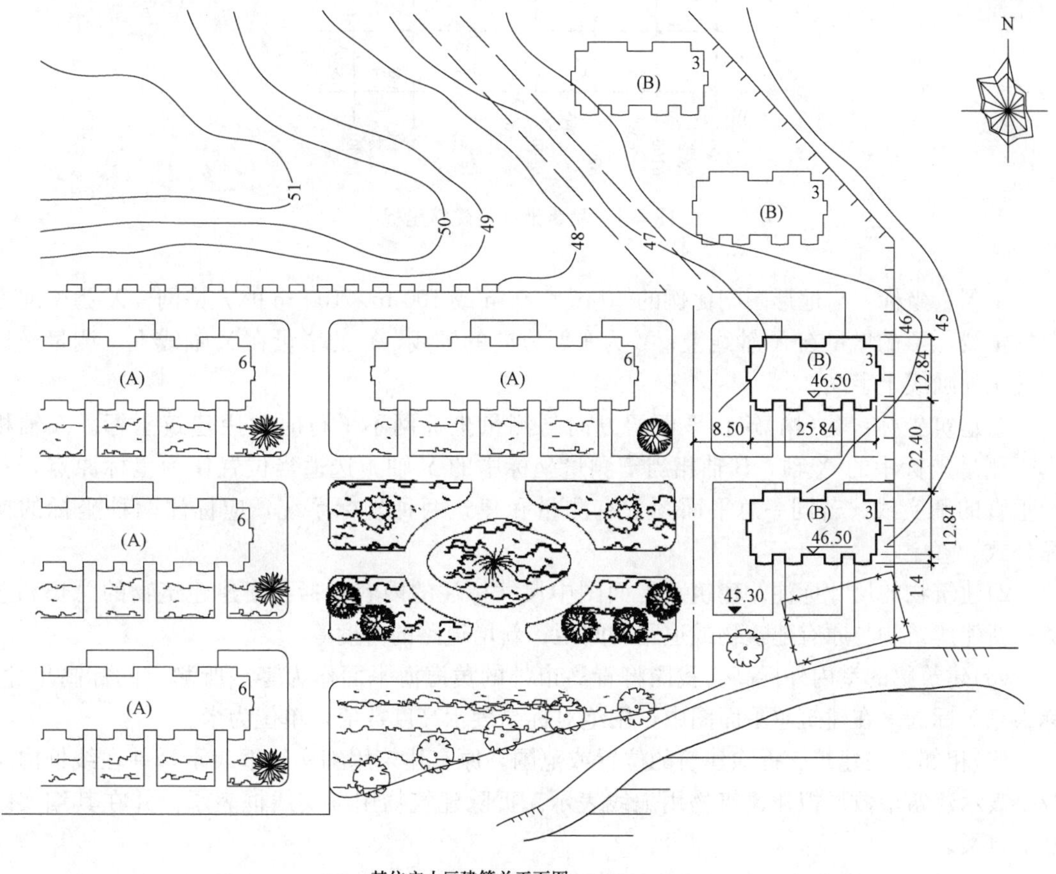

图8-3 某住宅小区建筑总平面图

(三)建筑总平面图的图示内容

(1)拟建房屋。用粗实线框表示，并在线框内右上角用小黑点数或数字表示建筑层数。

(2)新建建筑物的定位。总平面图的主要任务是确定新建建筑物的位置，通常是利用原有建筑物、道路等来进行定位。一般用尺寸和坐标定位主要建(构)筑物，较小的建筑物、构筑物可用相对尺寸定位。坐标定位时应注写其三个角的坐标，若建筑物、构筑物与坐标轴线平行，可注写其对角坐标。尺寸和坐标标注时均以 m 为单位，注写至小数点后两位。

1)建筑物的坐标(图 8-4)。

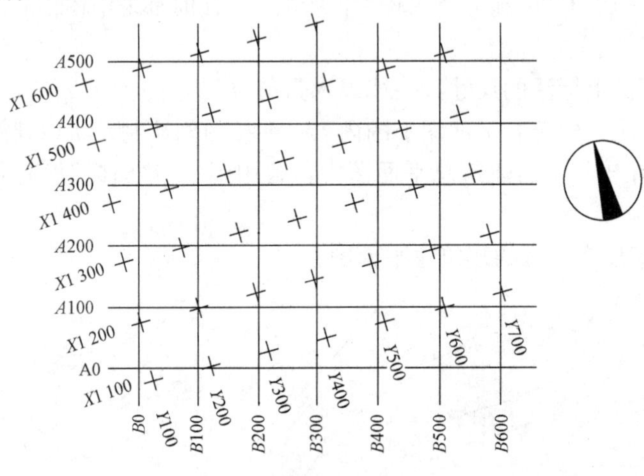

图 8-4　测量坐标与建筑坐标

①测量坐标：与地形图同比例的 50 m×50 m 或 100 m×100 m 的方格网。X 为南北方向的轴线，X 的增量在 X 轴线上；Y 为东西方向的轴线，Y 的增量在 Y 轴线上。测量坐标网交叉处画成十字线。

②建筑坐标：建(构)筑物平面两方向与测量坐标网不平行时常用建筑坐标。A 轴相当于测量坐标中的 X 轴，B 轴相当于测量坐标中的 Y 轴，选适当位置作为坐标原点，并画垂直的细实线。若同一总平面图上有测量和建筑两种坐标系统，应标注两种坐标的换算公式。

2)建筑物的尺寸标注。建筑总平面图中尺寸标注的内容包括：新建建筑物的总长和总宽；新建建筑物与原有建筑物或道路的间距；新增道路的宽度等。

(3)建筑物的室内外标高。我国将青岛市外的黄海海平面作为零点所测定的标高尺寸，称为绝对标高。在建筑总平面图中，用绝对标高表示高度数值，单位为米。

(4)相邻有关建筑、拆除建筑的位置或范围。原有建筑用细实线框表示，并在线框内用数字表示建筑层数。拟建建筑物用虚线表示。拆除建筑物用细实线框表示，并在其细实线框上打叉。

(5)附近的地形地物。如等高线、道路、水沟、河流、池塘、土坡等。

(6)指北针和风向频率玫瑰图(图 8-5)。在总平面图中应画出指北针或风向频率玫瑰图来表示建筑物的朝向。风向频率玫瑰图(简称风玫瑰图)也叫作风向玫瑰图，它是根据某一地区多年平均统计的各个风向和风速的百分数值，并按一定比例绘制，一般多用 8 个或 16 个罗盘方位表示，由于形状酷似玫瑰花朵而得名。

风玫瑰图上所表示风的吹向，是指从外部吹向地区中心的方向，各方向上按统计数值画出的线段，表示此方向风频率的大小。线段越长，表示该风向出现的次数越多。

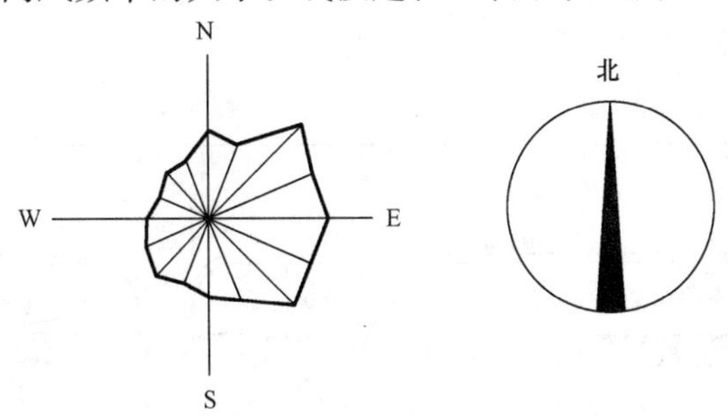

图 8-5　风向频率玫瑰图与指北针

(7)绿化规划、管道布置。

(8)道路(或铁路)和明沟等的起点、变坡点、转折点、终点的标高与坡向箭头等。

以上内容并不是在所有建筑总平面图上都必须具备，可根据具体情况加以选择。在阅读建筑总平面图时应首先阅读标题栏，以了解新建建筑工程的名称，再看指北针和风玫瑰图，了解新建建筑物的地理位置、朝向和常年风向，最后了解新建建筑物的形状、层数、室内外标高与其定位，以及道路、绿化和原有建筑物等周边环境。

(四)阅读建筑总平面图的步骤

(1)看图样的比例、图例及有关的文字说明。

(2)了解工程的性质、用地范围和地形地物等情况。

(3)了解地势高低。

(4)明确新建房屋的位置和朝向。

因为工程的规模和性质的不同，建筑总平面图的阅读繁简不一，以上只列出读图的相关要点。

典型案例

建筑总平面图的识读(图 8-6)。

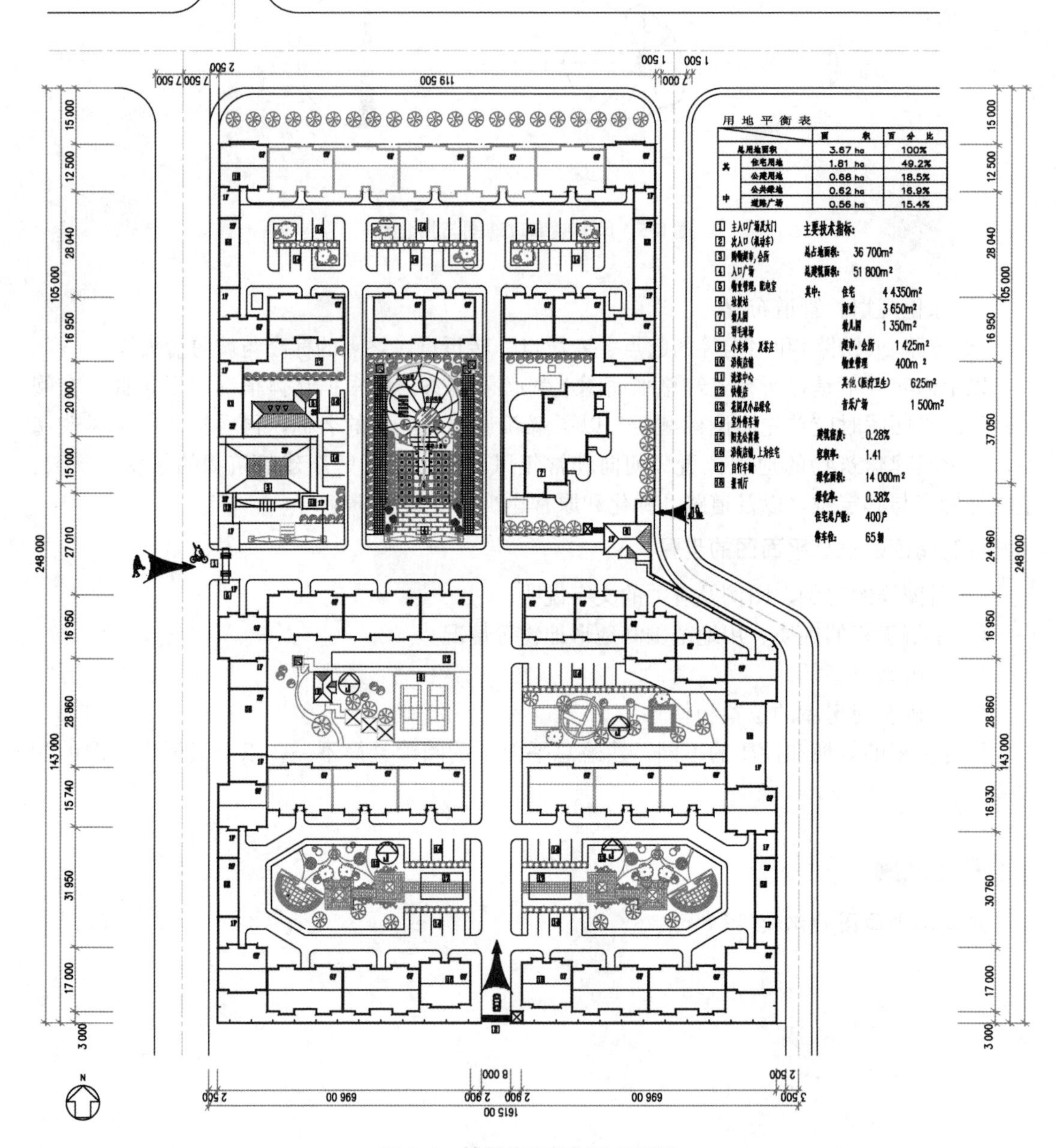

图 8-6　某居住区规划总平面图

实际演练

1. 建筑施工图设计总说明包括哪些内容？
2. 新建建筑物怎样进行定位？

第三节　建筑平面图

学习提示

建筑平面图作为建筑设计、施工图纸中的重要组成部分，反映了建筑物的功能需要、平面布局及其平面的构成关系，是决定建筑立面图及内部结构的关键环节。其主要反映建筑物的平面形状、大小、内部布局、地面、门窗的具体位置和占地面积等情况。

相关知识

一、建筑平面图的含义及用途

用一个假想的水平剖切平面沿略高于窗台的位置剖切房屋后，移去上面的部分，对剩下部分向 H 面投影，所得的水平剖面图，称为建筑平面图，简称平面图。

建筑平面图是施工过程中施工放线、砌墙、安装门窗、预留孔洞、室内装修及编制预算、施工备料等工作的重要依据。

二、建筑平面图的分类

建筑平面图可分为底层平面图、标准层平面图、屋顶平面图和局部平面图等。

三、建筑平面图的图示内容

(一)底层平面图的相关规定

(1)定位轴线。承重的墙、柱需标注定位轴线。

(2)图线。被剖切到的墙、柱等轮廓线用粗实线表示；平面图实质上是剖面图，未被剖切到的部分，如室外台阶、散水、楼梯及尺寸线等，用细实线表示；未被剖切到的可见部分，如墙身、窗台、梯段等，用中粗实线表示。

(3)图例。在平面图中，门窗按规定的图例画出，注明代号 M 和 C；对于不同类型的门窗，应在代号后写上编号。

(4)剖切符号和索引符号。建筑剖面图的剖切位置和投射方向应在底层平面图上标出并编号，凡有详图的均需画出详图索引符号。

(5)尺寸标注。平面图下方及左侧应注写三道尺寸，如有不同时，其他方向也应标注。

第一道尺寸：表示建筑物外墙、门窗洞口等各细部位置的大小及定位尺寸。

第二道尺寸：表示定位轴线之间的尺寸。相邻横向定位轴线之间的尺寸称为开间；相邻纵向定位轴线之间的尺寸称为进深。

第三道尺寸：表示建筑物外墙轮廓的总尺寸，从一端外墙边到另一端外墙边，表示建筑物外墙轮廓的总长和总宽。

(6)朝向。用指北针或风玫瑰图表示房屋朝向。

(7)比例。建筑平面图常用的比例是 1∶50、1∶100 或 1∶200。

(二)楼层平面图

与底层平面图相同，需画出阳台和下一层的雨篷、遮阳板等。

(三)屋顶平面图

表明屋顶的形状、排水方向及坡度，天沟和檐沟的位置，还有女儿墙、雨水管等位置。

(四)局部平面图

当某些楼层的平面布置基本相同，仅局部不同时，不同部分用局部平面图表示。

典型案例

1. 平面图的识读

(1)底层平面图(图 8-7)的识读。

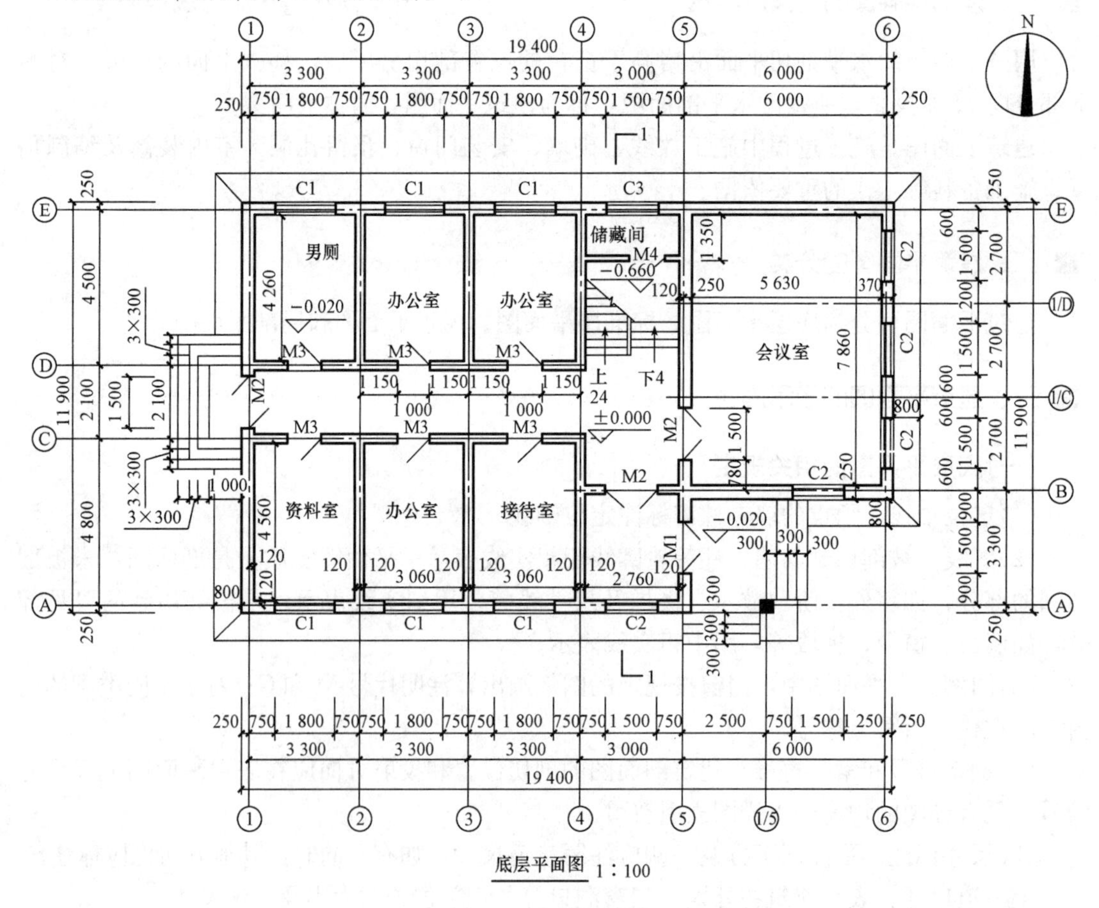

图 8-7 底层平面图

1)了解平面图的图名、比例。

2)了解建筑物的朝向。

3)了解建筑物的平面布置。

4)了解建筑物平面图上的尺寸。

5)了解建筑物中各组成部分的标高情况。

6)了解门窗的位置及编号。

7)了解建筑剖面图的剖切位置、索引标志。

(2)二层平面图(图 8-8)和标准层平面图(图 8-9)的识读。为了简化作图，已在底层平面图上表示过的内容，在二层平面图和标准层平面图上不再表示；标准层平面图上不再画二层平面图上表示过的雨篷等。识读二层平面图和标准层平面图应与底层平面图对照。

(3)屋顶平面图的识读。屋顶平面图主要反映屋面上天窗、水箱、铁爬梯、通风道、女儿墙、变形缝等的位置，以及采用标准图集的代号、屋面排水分区、排水方向、坡度、雨水口的位置、尺寸等内容。

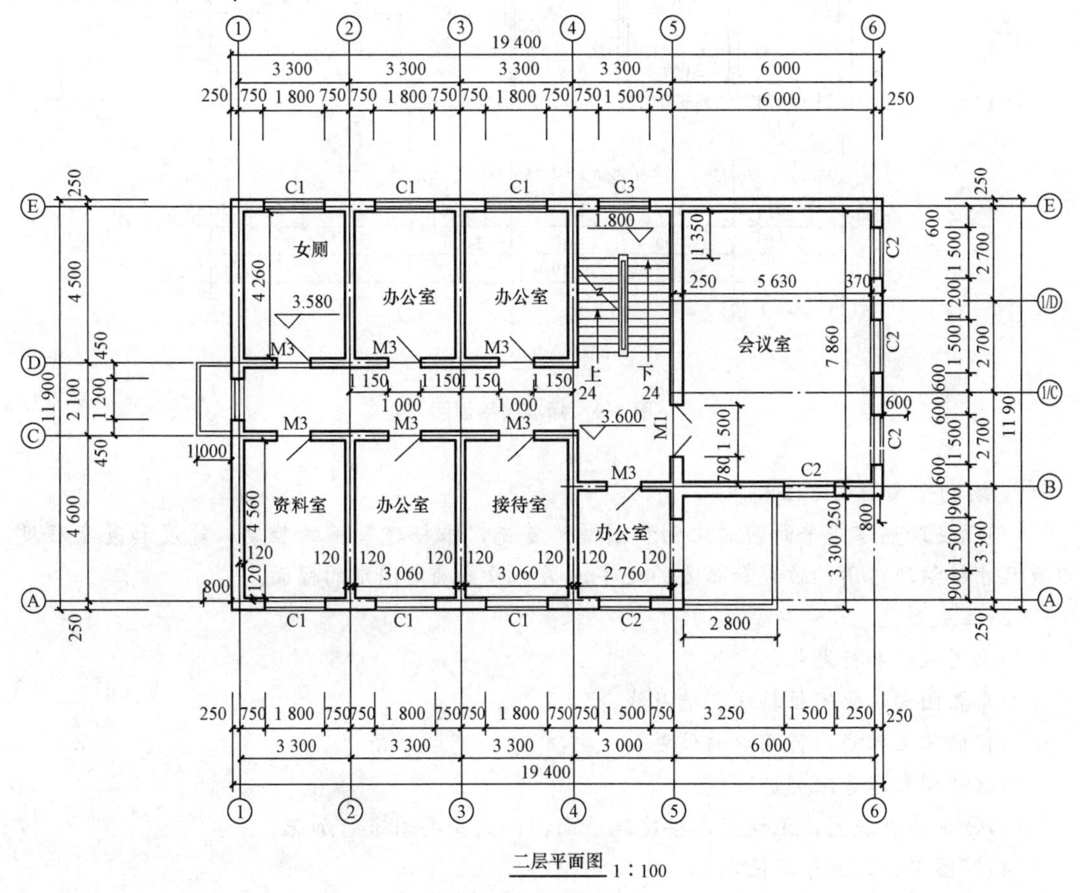

图 8-8　二层平面图

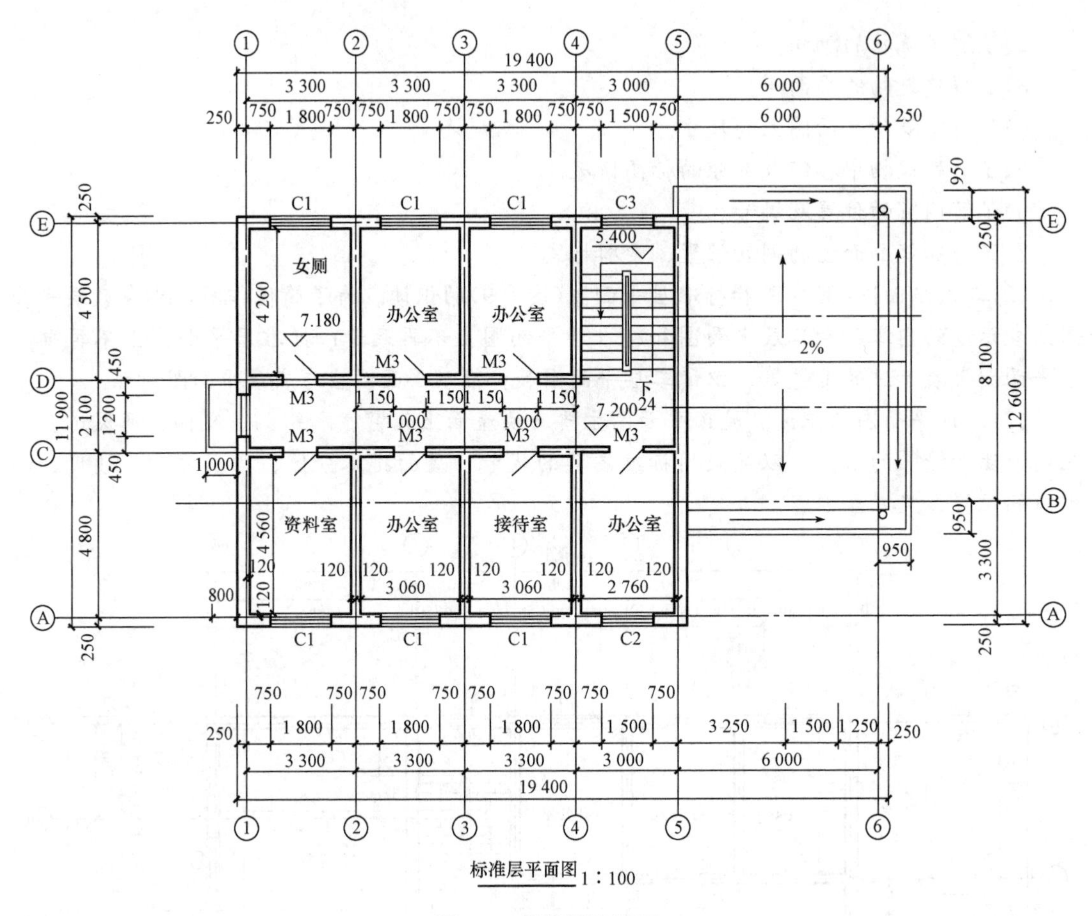

图 8-9　标准层平面图

2. 绘制平面图的方法和步骤

(1)确定绘制建筑平面图的比例和图幅。首先，根据建筑物的长度、宽度和复杂程度，以及尺寸标注所占用的位置和必要的文字说明的位置确定图纸的幅面。

(2)画底图。

1)画图框线和标题栏；

2)布置图面，画定位轴线、墙身线；

3)在墙体上确定门窗洞口的位置；

4)画楼梯散水等细部。

(3)仔细检查底图，无误后，按建筑平面图的线型要求进行加深。

(4)写图名、比例等其他内容。

实际演练

采用合适比例，绘制图 8-10 所示的平面图。

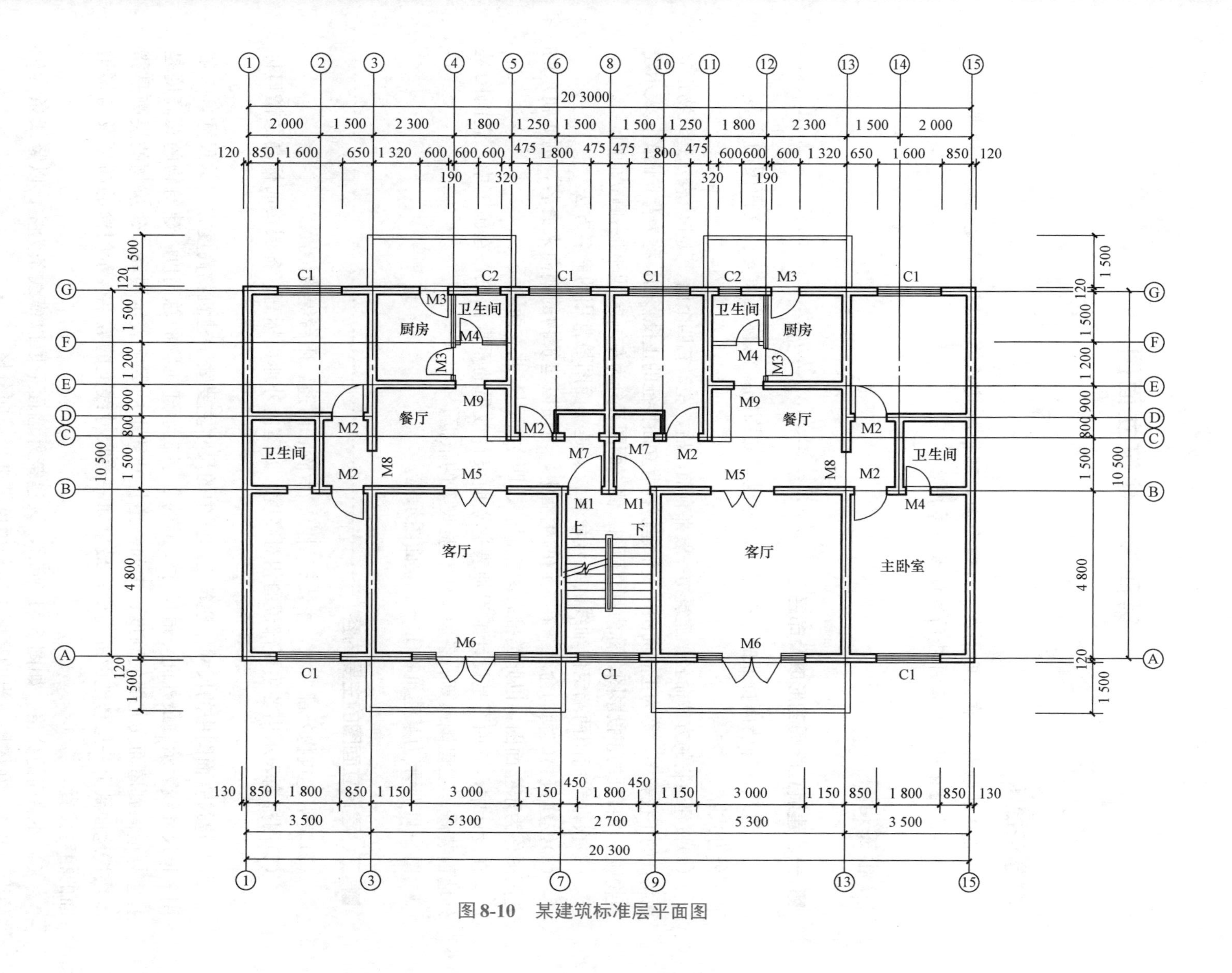

图 8-10　某建筑标准层平面图

第四节　建筑立面图

学习提示

一般建筑物都有前、后、左、右四个面，可根据建筑立面图了解建筑物的外部形状、各主要部位的相对高度及外墙面装修做法等内容。

相关知识

一、建筑立面图的形成及命名

表示建筑物外墙面特征的正投影图称为建筑立面图，简称立面图。立面图的命名有以下三种方式：

(1)按建筑物的方位命名。建筑物一般都有前、后、左、右四个面。其中，表示建筑物正立面特征的正投影图，称为正立面图；表示建筑物背立面特征的正投影图，称为背立面图；表示建筑物侧立面特征的正投影图，称为侧立面图。侧立面图又分为左侧立面图和右侧立面图。

(2)根据立面图两端定位轴线的编号命名。这是立面图最常用的命名方法。

(3)按建筑物的朝向命名。在人们的生活中，习惯以建筑物的朝向来命名，例如朝东的立面图称为东立面图，以此类推有南立面图、西立面图、北立面图。

在设计中，立面图是设计工程师表达立面设计效果的重要图纸。在施工中，立面图是外墙面装修、工程概预算、备料、工程验收等的依据。

图 8-11 所示为某建筑物①—⑥立面图示意。

二、建筑立面图的主要内容

(1)表明建筑物外部形状，主要有门窗、台阶、雨篷、阳台等的位置。

(2)用标高表示出各主要部位的相对高度，如室内外地面标高、各层楼面标高及檐口标高等。

(3)建筑立面图中的尺寸。建筑立面图中的尺寸主要表示建筑物高度方向的尺寸，一般用三道尺寸线表示。最外面一道尺寸线上的数字表示建筑物的总高度，建筑物的总高度是指室外地面到屋面女儿墙的高度；中间一道尺寸线上的数字表示层高，建筑物的层高是指本层楼地面到上一层楼地面的高度；最里面一道尺寸线上的数字表示门窗的高度及与楼地面的相对位置。

(4)外墙面的分格。如图 8-11 所示，该建筑外墙面采取以横线条为主、以竖线条为辅的设计思路，在楼层适当的高度位置利用色带进行横向分格。

(5)外墙面的装修。外墙面的装修一般用索引符号或引出线表示其做法，具体做法需查找相应的标准图集。

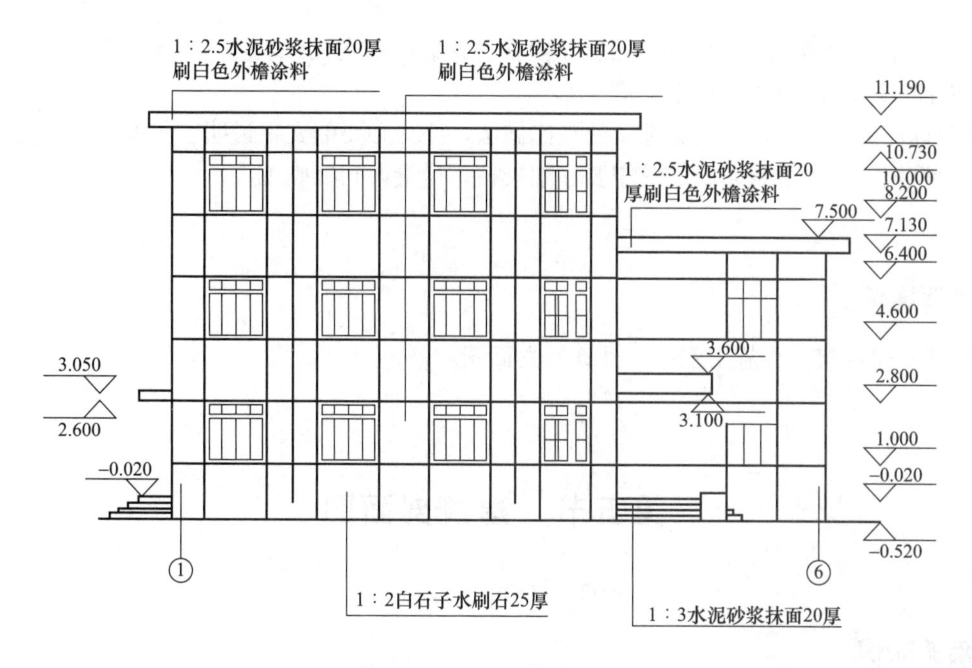

图 8-11　①一⑥立面图

三、建筑立面图的阅读与绘制

1. 建筑立面图的阅读

(1)查阅建筑立面图与平面图的关系，这样才能建立起立体感，加深对平面图、立面图的理解，树立建筑物的立体形象。

(2)了解建筑物的外部尺寸。

(3)查阅建筑物各部位的标高及相应的尺寸。

(4)结合装修一览表，查阅外墙面及各部位的装修做法，如墙面、窗台、窗檐、阳台、雨篷、勒脚等的具体做法。

(5)其他。结合相关的资料，查阅外墙面、门窗、玻璃等对施工的质量要求。

2. 建筑立面图的绘制

一般做法是在绘制好平面图的基础上，对应平面图来绘制立面图。绘制方法和步骤大体同平面图。具体步骤如下：

(1)选比例、定图幅，进行图面布置。比例、图幅一般与平面图一致。

(2)按比例画出室外地坪线、外墙轮廓线和屋顶或檐口线，并画出首尾轴线和墙面分格。

(3)确定门窗洞口、柱的位置。

(4)确定细部做法，如门窗分格、阳台的栏杆、栏板及窗台、窗檐、屋檐、雨篷等的投影。

(5)按要求加深图线。其中，地坪线用特殊线(线宽 1.4*b*)，外轮廓线用粗实线(线宽 *b*)，门窗洞口、凸出墙面的柱、雨篷、窗台、阳台外轮廓用中实线(线宽为 0.5b)，门窗分格及墙面装饰分隔线等用细实线(线宽为 0.25b)。

(6)标注标高尺寸，注明各部位的装修做法，注写必要的文字说明。

(7)校核。图样绘制完成之前需要仔细校核，尽量做到准确无误。

实际演练

查找一份建筑工程施工图纸，阅读其立面图。

第五节　建筑剖面图

相关知识

一、建筑剖面图的形成及用途

建筑剖面图是指房屋的垂直剖面图。假想用一个正立投影面或侧立投影面的平行面将房屋剖切开，移去剖切平面与观察者之间的部分，将剩下的部分按正投影的原理投射到与剖切平面平行的投影面上，得到的图称为建筑剖面图，简称剖面图。用侧立投影面的平行面进行剖切，得到的剖面图称为横剖面图；用正立投影面的平行面进行剖切，得到的剖面图称为纵剖面图。

剖面图与平面图、立面图一样，是建筑施工图中最重要的图纸之一，表示建筑物的整体情况。剖面图用来表达建筑物的结构形式、分层情况、层高及各部位的相互关系，是工程施工、概预算及备料的重要依据。

图 8-12 所示为某建筑物 1—1 剖面图示意。

二、建筑剖面图的主要内容

(1)表示房屋内部的分层、分隔情况。

(2)反映屋顶坡度及屋面保温隔热情况。

(3)表示房屋高度方向的尺寸及标高。

如图 8-12 所示 1—1 剖面图中，对每层楼地面的标高及外墙、门窗洞口的高度等进行了标注。剖面图中高度方向的尺寸和标注方向同立面图一样，也有三道尺寸线，必要时还应标注出内部门窗洞口的尺寸。

(4)其他。在建筑剖面图中还应绘制有阳台、台阶、散水、雨篷等，凡是剖切到的或用直接正投影法能看到的部位都应表示清楚。

(5)索引符号。建筑剖面图中不能详细表述清楚的部位，应引出索引符号，利用详图表示。

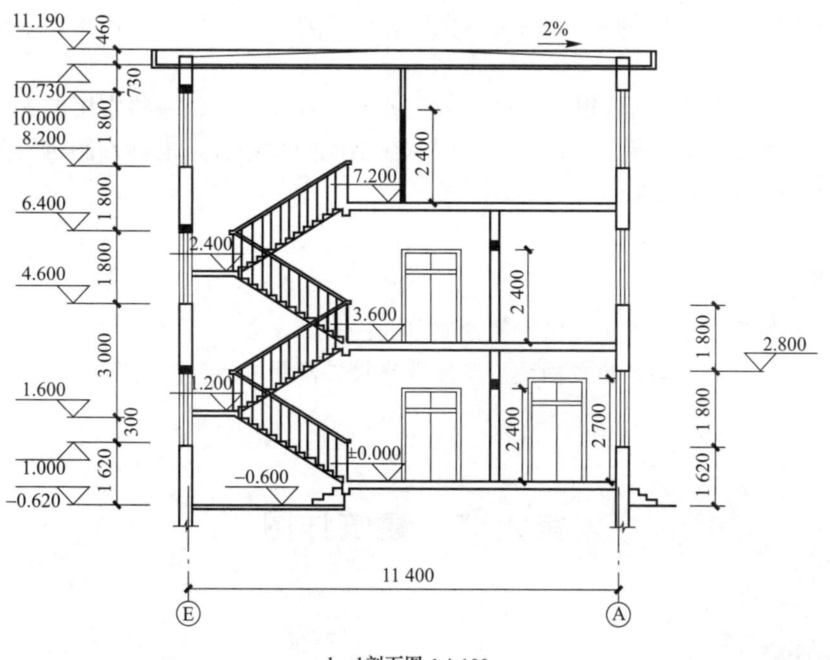

1—1剖面图 1：100

图 8-12　1—1 剖面图

■ 三、建筑剖面图的阅读与绘制

1. 建筑剖面图的阅读

(1)结合底层平面图，对应剖面图与平面图的相互关系，建立起房屋内部的空间概念。

(2)结合建筑设计总说明或材料及装修一览表阅读，查阅地面、楼面、墙面、顶棚的装修做法。

(3)查阅各部位的高度，应注意的是阳台、厨房、厕所与同层楼地面的关系。

(4)结合屋顶平面图和建筑设计总说明或材料及装修一览表阅读，了解屋面坡度、屋面防水、女儿墙泛水、屋面保温、屋面隔热等的做法。

2. 建筑剖面图的绘制

一般在绘制好平面图、立面图的基础上绘制剖面图，并采用相同的比例。其绘制步骤如下：

(1)按比例画出定位线和分层线，内容包括室内外地坪线、楼层分隔线、墙体轴线等。

(2)确定墙体厚度，楼层、地面厚度及门窗的位置。

(3)画出可见的构配件的轮廓线及相应的图例。

(4)按照要求加深图线。

(5)按规定标注尺寸、标高、屋面坡度、散水坡度、定位轴线编号、索引符号及必要的文字说明等。

(6)复核。

应注意的是，以上各节介绍的图纸内容都是建筑施工图中的基本图纸，表示全局性的内容，比例较小。为了将某些局部的构造做法、施工要求表示清楚，还需要采用较大的比例绘制详图。

建筑施工图中详图的内容很多，表示方法各异，各地方都将一些常用的大量性的内容和常规做法编制成标准图集，供各工程选用。在不能选用到合适的标准图进行施工时，则需要重新画出详图，将具体的做法表达清楚。

实际演练

1. 查找一份建筑工程施工图纸，阅读其剖面图。
2. 对比建筑剖面图与建筑立面图，了解并掌握外部尺寸标注的内容。

第六节　建筑详图

相关知识

一、概述

房屋建筑平面图、立面图、剖面图是全局性的图纸，因为建筑物体积较大，所以常采用缩小比例绘制。一般性建筑常用 1∶100 的比例绘制；对于体积特别大的建筑，也可以采用 1∶200 的比例。用这样的比例在建筑平面图、立面图、剖面图中无法将细部做法表示清楚，因此，对于在建筑平面图、立面图、剖面图中无法表示清楚的内容，都需要另绘制详图或选用合适的标准图。建筑详图的绘制比例常按需选用 1∶1、1∶2、1∶5、1∶10、1∶15、1∶20、1∶25、1∶30、1∶50 等。

建筑详图与建筑平面图、立面图、剖面图的关系是用索引符号联系的。索引符号的圆及直径均应用细实线绘制。圆的直径应为 10 mm。索引符号的引出线沿水平直径方向延长，并指向被索引的部位。

索引符号有详图索引符号、局部剖切索引符号和详图符号三种。

1. 详图索引符号

详图索引符号的形式如图 8-13(a)所示。

(1)详图与被索引图在同一张图纸上。

(2)详图与被索引图不在同一张图纸上。

(3)详图采用标准图集。

2. 局部剖切索引符号

局部剖切索引符号的形式如图 8-13(b)所示。它用于索引剖面详图。它与详图索引符号的区别是增加了剖切位置线，图中用粗短线表示。在剖切的部位绘制剖切位置线，并且以引出线引出索引符号，索引线所在一侧为剖视方向(投射方向)。

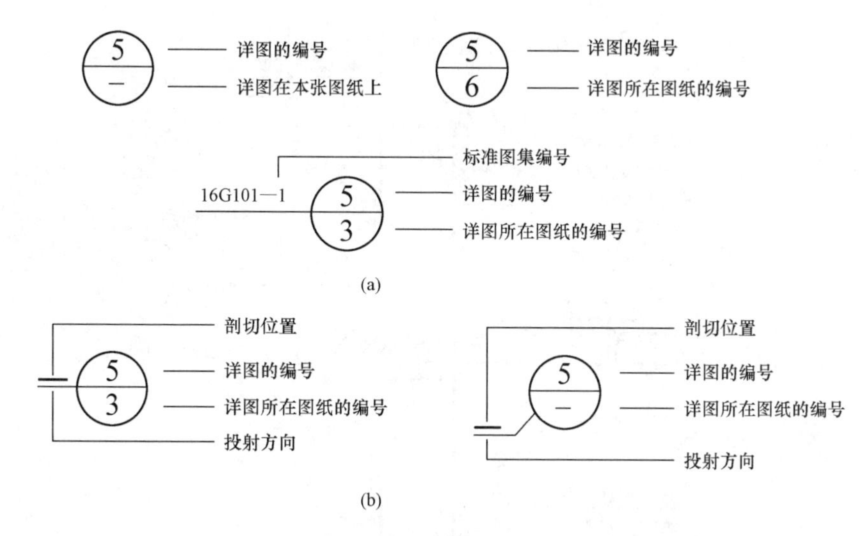

图 8-13　索引符号

(a)详图索引符号；(b)局部剖切索引符号

3. 详图符号

索引出的详图绘制完成之后，应在详图下方对其进行编号，称为详图符号。详图符号用粗实线绘制，直径为 14 mm。详图符号一般可分为以下两种情况：

(1)详图与被索引图在同一张图纸上，其形式如图 8-14(a)所示。

(2)详图与被索引图不在同一张图纸上，其形式如图 8-14(b)所示。

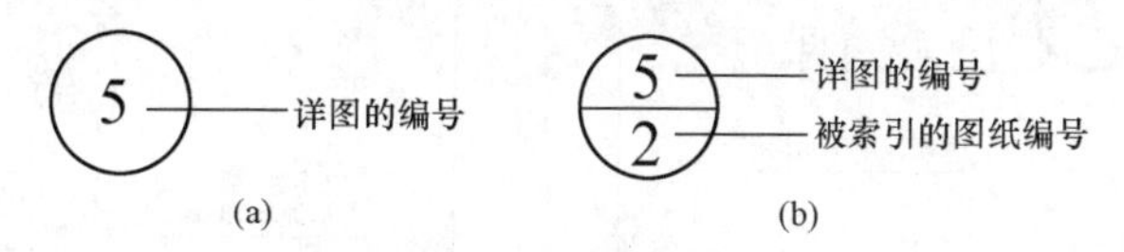

图 8-14　详图符号

(a)详图与被索引图在同一张图纸上；(b)详图与被索引图不在同一张图纸上

■ 二、外墙身详图

外墙身详图的剖切位置一般设置在门窗洞口部位，实际上是建筑剖切面的局部放大图样，一般按 1∶20 的比例绘制，主要表示地面、楼面、屋面与墙体的关系。同时，也表示排水沟、散水、勒脚、窗台、窗檐、女儿墙、天沟、排水口等位置及构造做法，如图 8-15 所示。

1. 外墙身详图的用途

外墙身详图与平面图、立面图、剖面图配合使用，是施工中砌筑墙体、室内外装修及概预算编制的依据。

2. 外墙身详图的基本内容

(1)表示建筑材料、墙体厚度及墙与轴线的关系。从图 8-15 中可以看出，墙的中心线与轴线重合。

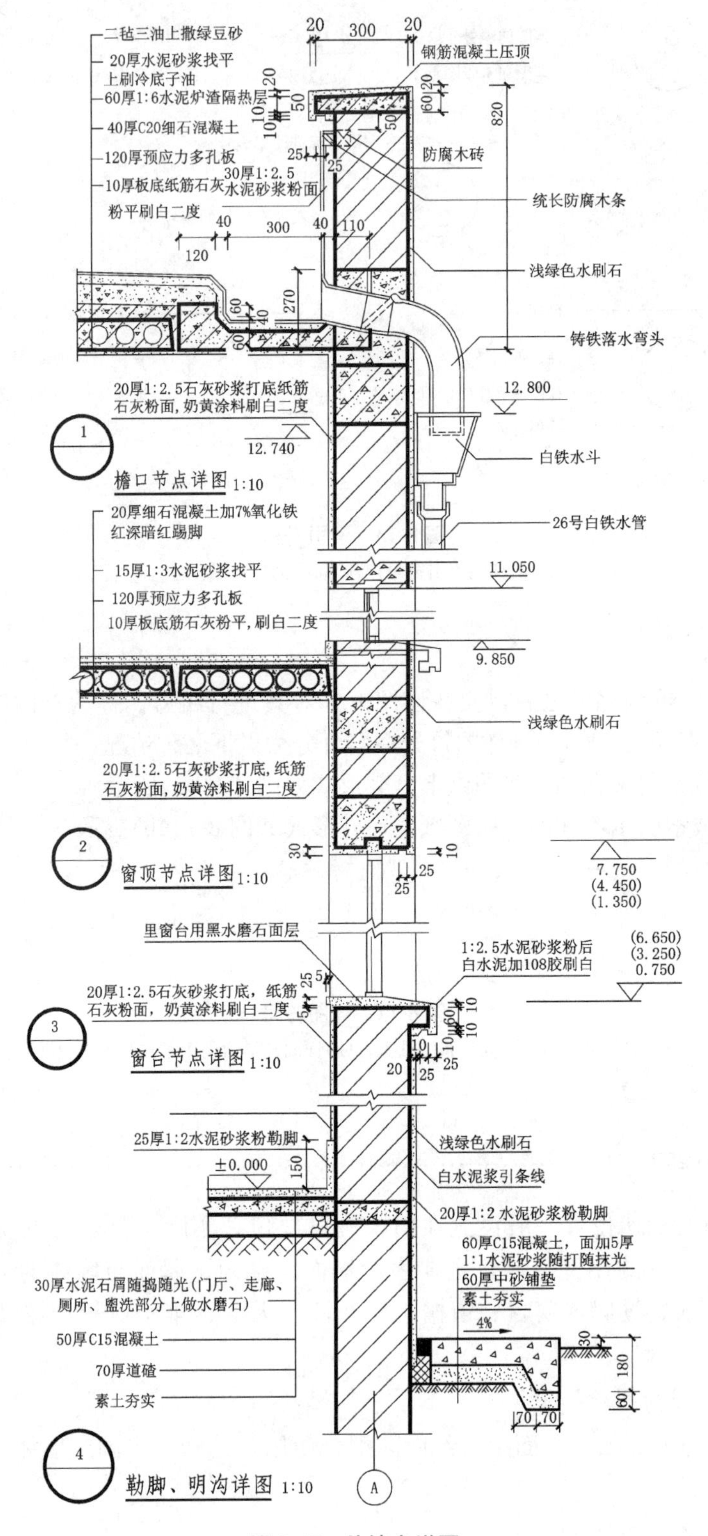
二毡三油上撒绿豆砂
20厚水泥砂浆找平
上刷冷底子油
60厚1:6水泥炉渣隔热层
40厚C20细石混凝土
120厚预应力多孔板
10厚板底纸筋石灰
粉平刷白二度
30厚1:2.5
水泥砂浆粉面
钢筋混凝土压顶
防腐木砖
统长防腐木条
浅绿色水刷石
铸铁落水弯头
12.800
20厚1:2.5石灰砂浆打底纸筋
石灰粉面，奶黄涂料刷白二度
12.740
白铁水斗
檐口节点详图 1:10
20厚细石混凝土加7%氧化铁
红深暗红踢脚
26号白铁水管
15厚1:3水泥砂浆找平
11.050
120厚预应力多孔板
10厚板底筋石灰粉平，刷白二度
9.850
浅绿色水刷石
20厚1:2.5石灰砂浆打底，纸筋
石灰粉面，奶黄涂料刷白二度
窗顶节点详图 1:10
7.750
(4.450)
(1.350)
里窗台用黑水磨石面层
1:2.5水泥砂浆粉后
白水泥加108胶刷白
(6.650)
(3.250)
0.750
20厚1:2.5石灰砂浆打底，纸筋
石灰粉面，奶黄涂料刷白二度
窗台节点详图 1:10
25厚1:2水泥砂浆粉勒脚
±0.000
浅绿色水刷石
白水泥浆引条线
20厚1:2 水泥砂浆粉勒脚
60厚C15混凝土，面加5厚
1:1水泥砂浆随打随抹光
60厚中砂铺垫
素土夯实
30厚水泥石屑随捣随光(门厅、走廊、
厕所、盥洗部分上做水磨石)
50厚C15混凝土
70厚道碴
素土夯实
4%
勒脚、明沟详图 1:10
A

图 8-15　外墙身详图

（2）表明各楼层中的梁、板的位置及与墙身的关系。从图 8-15 中可以看出，该建筑的楼面、屋面采用的是预应力多孔板。

（3）表明各层地面、楼面、屋面的构造做法。该部分内容一般要与建筑施工图设计总说明和材料及装修一览表共同表示。

（4）表明各主要部位的标高。在建筑施工图中标注的标高称为建筑标高，标高的高度位置是建筑物某部位装修完成后的上表面或下表面的高度。它与结构施工图中标注的标高不同，结构施工图中的标高称为结构标高。它标注的是结构构件未装修前的上表面或下表面的高度。从图 8-16 中可以看出建筑标高和结构标高的区别。

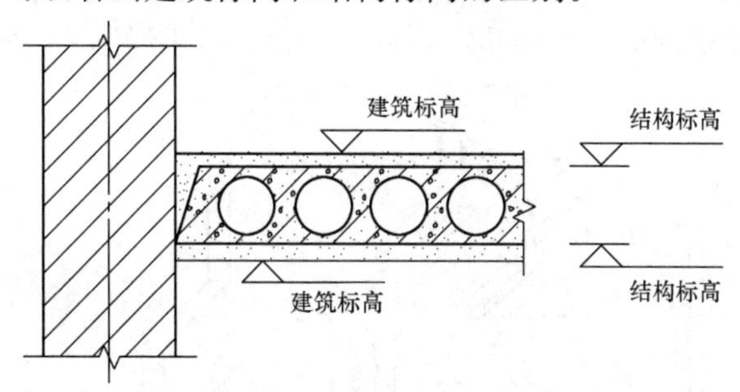

图 8-16　建筑标高和结构标高的区别

（5）表明门窗洞口与墙身的关系。在建筑施工图中，门窗框的洞口有三种方式，即平内墙面、居墙中、平外墙面。图 8-15 中门窗洞口采用的是居墙中的方法。

（6）表明各部位的细部装修及防水防潮做法。主要内容有排水沟、散水、防潮层、窗台、窗檐、天沟等的细部做法。

3. 外墙身详图的读图方法及步骤

（1）掌握墙身剖面图所表示的范围。

（2）掌握图中的分层表示方法，如图 8-15 中地面的做法是采用分层表示方法，画图时文字注写的顺序是与图形的顺序对应的，这种表示方法常用于地面、楼面、屋面和墙面等装修做法。

（3）掌握楼板与梁、墙的关系。图 8-15 所示为预应力多孔板楼盖，具体做法应对照相应的结构施工图阅读。

（4）结合建筑施工图设计总说明和材料及装修一览表阅读，掌握细部的构造做法。

4. 外墙身详图的注意事项

（1）位于±0.000 或防潮层以下的墙体称为基础墙，施工做法应以基础图为准。±0.000 或防潮层以上的墙体施工做法以建筑施工图为准，并注意连接关系及防潮层的做法。

（2）地面、楼面、屋面、散水、勒脚、女儿墙、天沟等的细部做法应结合建筑施工图设计总说明或材料及装修一览表阅读。

（3）注意建筑标高与结构标高的区别。

三、楼梯详图

1. 概述

（1）楼梯的组成。楼梯一般由楼梯段、平台、栏杆（栏板）和扶手三部分组成，如图 8-17

所示。

1)楼梯段。楼梯段是指两平台之间的倾斜构件，由斜梁或板及若干踏步组成。踏步表面分别称为踏面和踢面。

2)平台。平台是指两楼梯段之间的水平构件。根据位置不同，平台又有楼层平台和中间平台之分。中间平台又称为休息平台。

3)栏杆(栏板)和扶手。栏杆、扶手设置在楼梯段及平台悬空的一侧，起安全防护作用。栏杆一般用金属材料做成；扶手一般由金属材料、硬杂木或塑料等制成。

(2)楼梯详图的主要内容。要将楼梯在建筑施工图中表示清楚，一般要有三部分的内容，即楼梯平面图、楼梯剖面图和踏步、栏杆(栏板)、扶手详图。

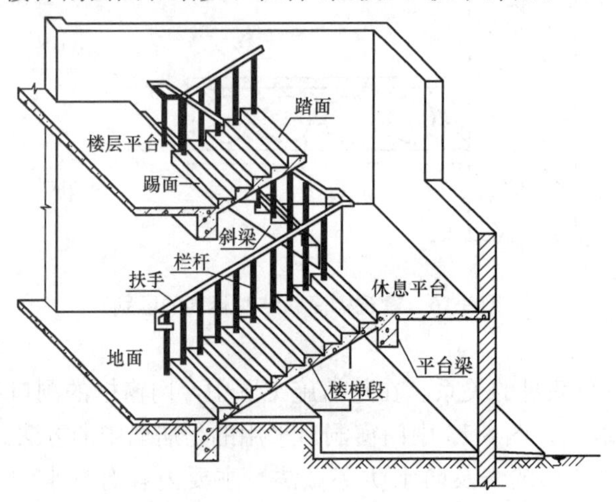

图 8-17　楼梯的组成

2. 楼梯平面图

楼梯平面图的形成与建筑平面图一样，假想用一水平剖切平面在该层往上行的第一个楼梯段中剖切开，移去剖切平面及以上部分，将余下的部分按正投影的原理投射在水平投影面上所得到的图，称为楼梯平面图。楼梯平面图是房屋平面图中楼梯间部分的局部放大图。

楼梯平面图必须分层绘制，底层平面图一般剖在上行的第一跑上，除表示第一跑的平面外，还能表示楼梯间一层休息平台以下的平面形状。中间相同的几层楼梯，同建筑平面图一样，可用一个图来表示，这个图称为标准层平面图。最上面一层平面图称为顶层平面图，所以，楼梯平面图一般有底层平面图、二层平面图和顶层平面图三个，如图 8-18 所示。

需要说明的是，按假想的剖切面将楼梯剖切开，折断线本应该为平行于踏步的折断线，为了与踏步的投影区别开，《建筑制图标准》(GB/T 50104—2010)规定应绘制成斜线。

3. 楼梯剖面图

假想用铅垂剖切平面，通过各层的一个楼梯段将楼梯剖切开，向另一未剖切到的楼梯段方向进行投影，所绘制的剖面图称为楼梯剖面图。

楼梯剖面图的作用是完整、清楚地表明各层楼梯段及休息平台的标高，楼梯的踏步步数、踏面宽度及踢面高度，各种构件的搭接方法，楼梯栏杆(栏板)的形式及高度，楼梯之间各层门窗洞口的标高及尺寸等。

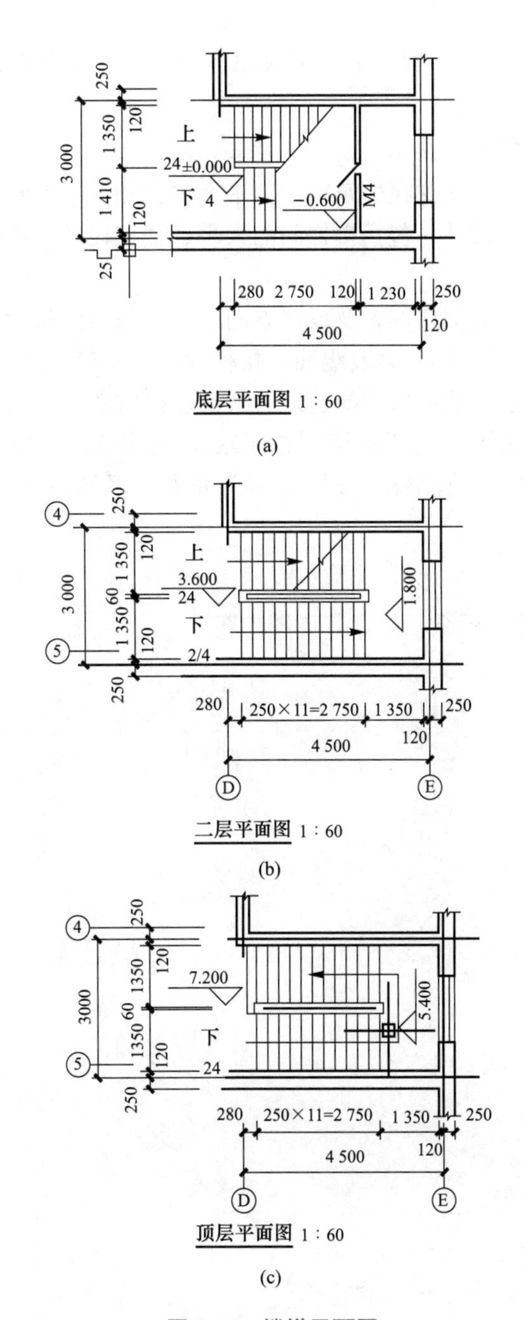

图 8-18 楼梯平面图

(a)底层平面图；(b)二层平面图；(c)顶层平面图

4. 踏步、栏杆(栏板)及扶手详图

踏步、栏杆(栏板)及扶手详图同楼梯平面图、剖面图相比，采用的比例更大一些，其目的是表明楼梯各部位的细部做法。

(1)踏步。楼梯间踏步的装修若无特别说明，一般都是与地面的做法相同。在公共场所，楼梯踏步要设置防滑条或防滑槽等。

(2)栏杆扶手。表示栏杆扶手的做法、栏杆与踏步的连接和栏杆与扶手的连接等内容。

除以上内容外，楼梯详图一般还包括顶层栏杆立面图、平台栏杆立面图和顶层栏杆楼层平面段与墙体的连接等内容。

5. 阅读楼梯详图的方法与步骤

(1)查明轴线编号，了解楼梯在建筑物中的平面位置和上下方向。

(2)查明楼梯各部位的尺寸，包括楼梯间的大小、楼梯段的大小、踏面的宽度、休息平台的平面尺寸等。

(3)按照平面图上标注的剖切位置及投射方向，结合剖面图阅读楼梯各部位的高度，包括地面、休息平台、楼面的标高，以及踢面、楼梯间门窗洞口、栏杆、扶手的高度等。

(4)弄清楚栏杆(栏板)、扶手所用的建筑材料及连接做法。

(5)结合建筑施工图设计总说明阅读、查明踏步(楼梯间地面)、栏杆、扶手的装修方法，其内容主要包括踏步的具体做法，栏杆、扶手的材料及油漆颜色和涂刷工艺等。

实际演练

查找一份建筑工程施工图纸，阅读其详图内容。

第九章　结构施工图

建筑结构是由若干承重构件(如基础、承重墙、梁、板、柱、屋架等)连接而构成的能承受荷载和其他间接作用(如地震、温度变化、地基不均匀沉降等)的结构体系。

建筑结构按照主要承重构件所采用的材料不同，一般可分为混凝土结构、砌体结构、钢结构(以钢材为主)和木结构(以木材为主)四种类型。

混凝土结构是钢筋混凝土、预应力混凝土、素混凝土结构的总称。如图 9-1 所示的钢筋混凝土肋形楼盖，其基础、柱、楼板、屋面板、过梁、雨篷、楼梯等均由钢筋混凝土制成，荷载的传递路线是板→次梁→主梁→柱或墙。

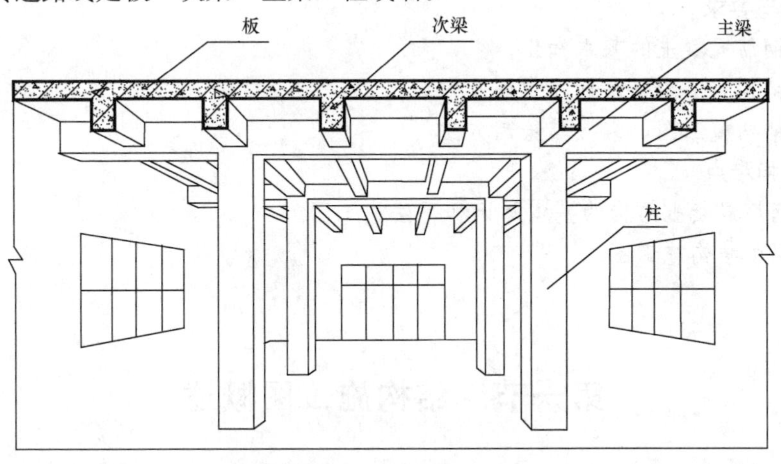

图 9-1　钢筋混凝土肋形楼盖示意

砌体结构是由块体(砖、石材、砌体)和砂浆砌筑而成的墙、柱作为建筑物主要受力构件的结构。如图 9-2 所示的砖混结构，一般其条形基础、墙体、柱由砖砌筑而成，楼板、屋面板、过梁、雨篷、楼梯等由钢筋混凝土制成。

结构施工图是根据各工种(建筑、给水排水、采暖通风、挖基坑、支设电气等)对结构的要求进行力学与结构计算，确定建筑承重构件的布置、材料、形状、尺寸和构造要求，按结构设计的结果绘制的图样。本章以砖混结构和钢筋混凝土结构为主。

结构施工图是施工放样、挖基坑、支设模板、绑扎钢筋、设置预埋件、浇捣混凝土，以及安装梁、板、柱等构件和编制预算与施工组织计划等的依据。

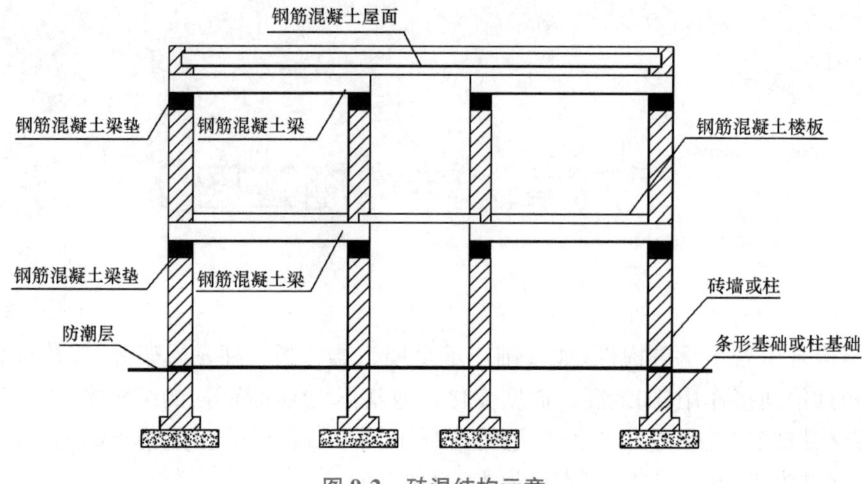

图 9-2　砖混结构示意

学习引导

◈ **目的与要求**

1. 了解钢筋混凝土的基本知识。
2. 掌握结构施工图平法标注方法及内容。
3. 识读结构施工图，掌握其绘制方法。

◈ **重点和难点**

重点　钢筋混凝土结构的基本知识和平法施工图。

难点　识读结构施工图。

第一节　结构施工图概述

学习提示

1. 掌握投影原理，熟悉结构制图国家标准，掌握结构施工图的用途、图示内容和表达方法；

2. 深入施工现场，结合工程图纸、规范来提高识图能力。

注意：可以参考建筑制图标准、建筑结构制图标准、国家建筑标准设计图集及工程图来熟悉规范要求，掌握结构施工图的主要内容，提高工程实际应用能力。

相关知识

■ 一、结构施工图的主要内容

1. 结构设计总说明

根据工程的复杂程度，结构设计总说明的内容一般包括以下几项：

(1)工程概况、设计使用年限；
(2)设计总则、主要设计依据、设计指标；
(3)地基、基础；
(4)主要结构材料；
(5)混凝土结构构造要求和施工要求；
(6)钢筋锚固要求、通用图等。

2. 结构平面布置图及构造详图

结构平面布置图主要表示房屋各承重构件的总体布置。其主要内容包括以下几项：
(1)基础平面图及基础详图；
(2)楼层结构平面布置图及节点详图；
(3)屋顶结构平面布置图及节点详图。

3. 构件详图

构件详图表示构件的形状、大小，所用材料的强度等级和制作安装等。其主要内容包括以下几项：
(1)梁、板、柱等构件详图；
(2)楼梯结构详图；
(3)其他构件详图，如屋架、天窗、雨篷、过梁等。

二、结构施工图绘制的有关规定

1. 常用构件代号

在房屋结构中的构件名称应用代号来表示，表示方法为用构件名称的汉语拼音的第一个字母作为代号，代号后常用阿拉伯数字标注该构件的型号、编号或顺序号。常用构件代号见表 9-1。

表 9-1　常用构件代号

序号	名称	代号	序号	名称	代号
1	板	B	30	构造柱	GZ
2	屋面板	WB	31	承台	CT
3	空心板	KB	32	桩	ZH
4	槽形板	CB	33	挡土墙	DQ
5	折板	ZB	34	地沟	DG
6	密肋板	MB	35	梯	T
7	楼梯板	TB	36	雨篷	YP
8	盖板或盖沟板	GB	37	雨篷梁	YPL
9	挡雨板或檐口板	YB	38	阳台	YT
10	吊车安全走道板	DB	39	阳台梁	YTL
11	墙板	QB	40	梁垫	LD

续表

序号	名称	代号	序号	名称	代号
12	天沟板	TGB	41	预埋件	M
13	梯段板	TB	42	天窗端壁	TD
14	梁	L	43	钢筋网	W
15	屋面梁	WL	44	钢筋骨架	G
16	圈梁	QL	45	暗柱	AZ
17	过梁	GL	46	檩条	LT
18	连系梁	LL	47	屋架	WJ
19	基础	J	48	托架	TJ
20	基础梁	JL	49	天窗架	CJ
21	楼梯梁	TL	50	刚架	GJ
22	框架	KJ	51	支架	ZJ
23	框架梁	KL	52	吊车梁	DL
24	框支梁	KZL	53	单轨吊车梁	DDL
25	屋面框架梁	WKL	54	车挡	CD
26	悬挑梁	TL	55	设备基础	SJ
27	井字梁	JZL	56	柱间支撑	ZC
28	柱	Z	57	垂直支撑	CC
29	框架柱	KZ	58	水平支撑	SC

2. 钢筋的弯钩

为了增强钢筋与混凝土的黏结力，表面光圆的钢筋需要作弯钩。弯钩的形式通常有半圆弯钩、直角弯钩、斜弯钩，如图 9-3 所示。

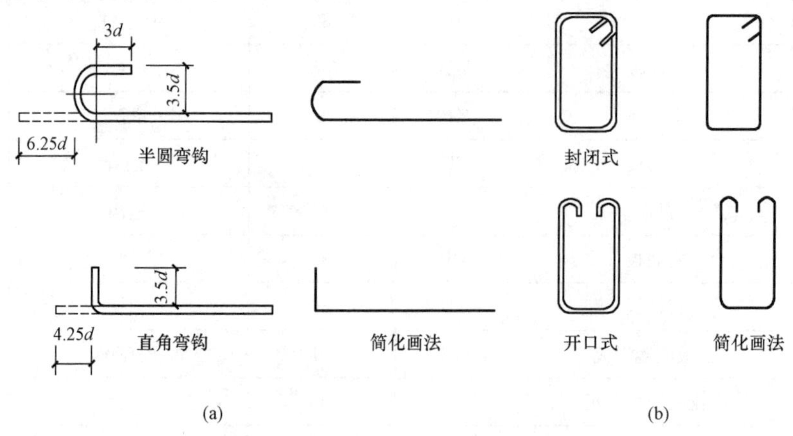

图 9-3　钢筋的弯钩形式

3. 常用钢筋符号

钢筋按在结构中是否施加预应力，可分为普通钢筋和预应力钢筋。钢筋按其强度和品种分成不同等级，其中普通钢筋牌号、符号、公称直径范围、强度标准值见表 9-2。预应力钢筋的牌号、符号、公称直径范围、强度标准值等性能指标可查阅《混凝土结构设计规范（2015 年版）》(GB 50010—2010)。

表 9-2　常用钢筋符号及强度标准值

牌号	符号	公称直径范围 d/mm	屈服强度标准值 f_{yk}/(N·mm^{-2})	极限强度标准值 f_{stk}/(N·mm^{-2})
HPB300	Φ	6～14	300	420
HRB335	Φ	6～14	335	455
HRB400 HRBF400 RRB400	Φ $Φ^F$ $Φ^R$	6～50	400	540
HRB500 HRBF500	Φ $Φ^F$	6～50	500	630

注：牌号中的数字表示钢筋强度标准值的 MPa 值；HPB、HRB、HRBF、RRB 分别表示热轧光圆钢筋、普通热轧带肋钢筋（人字纹、螺旋纹、月牙纹）、细晶粒热轧带肋钢筋、余热处理钢筋。

4. 钢筋的表示方法

根据《建筑结构制图标准》(GB/T 50105—2010)的规定，普通钢筋的表示方法见表 9-3，钢筋在结构构件中的画法见表 9-4，在结构图中通常用粗实线或黑圆点表示钢筋。

表 9-3　普通钢筋的表示方法

序号	名称	图例	说明
1	钢筋横断面	●	—
2	无弯钩的钢筋端部		下图表示长、短钢筋投影重叠时，短钢筋的端部用 45°斜画线表示
3	带半圆形弯钩的钢筋端部		—
4	带直钩的钢筋端部		—
5	带丝扣的钢筋端部		—
6	无弯钩的钢筋搭接		—

续表

序号	名称	图例	说明
7	带半圆弯钩的钢筋搭接		—
8	带直钩的钢筋搭接		—
9	花篮螺栓钢筋接头		—
10	机械连接的钢筋接头		用文字说明机械连接的方式(或冷挤压或直螺纹等)

表 9-4　结构构件中钢筋的画法

序号	说明	图例
1	在结构楼板中配置双层钢筋时，底层钢筋的弯钩应向上或向左，顶层钢筋的弯钩则向下或向右	(底层)　(顶层)
2	钢筋混凝土墙体配双层钢筋时，在配筋立面图中，远面钢筋的弯钩应向上或向左，而近面钢筋的弯钩则向下或向右(JM 表示近面，YM 表示远面)	JM　JM　YM　YM　JM　JM　YM　YM
3	若在断面图中不能表达清楚的钢筋布置，应在断面图外增加钢筋大样图(如钢筋混凝土墙、楼梯等)	
4	图中表示的箍筋、环筋等若布置复杂时，可加画钢筋大样图及说明	

5. 钢筋的标注

为了区分各种类型、不同直径和数量的钢筋，必须对图中所示的各种钢筋加以标注。一般采用以下两种方式标注：

(1)标注钢筋的根数、种类和直径，如梁、柱内受力筋，梁内架立筋等，如图 9-4 所示。

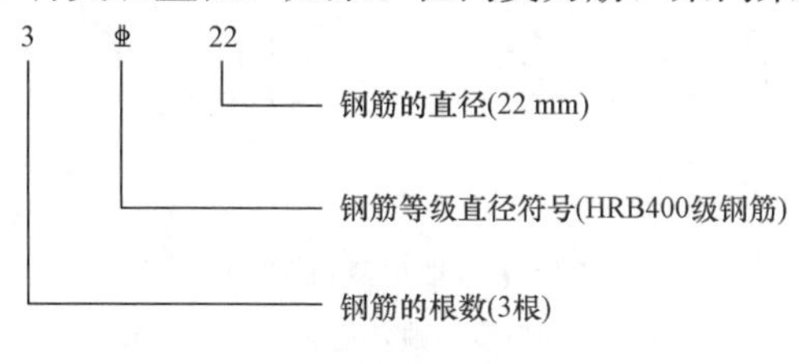

图 9-4 钢筋的标注方式(一)

(2)标注钢筋的种类、直径和相邻钢筋中心距，如梁内箍筋和板内钢筋等，如图 9-5 所示。

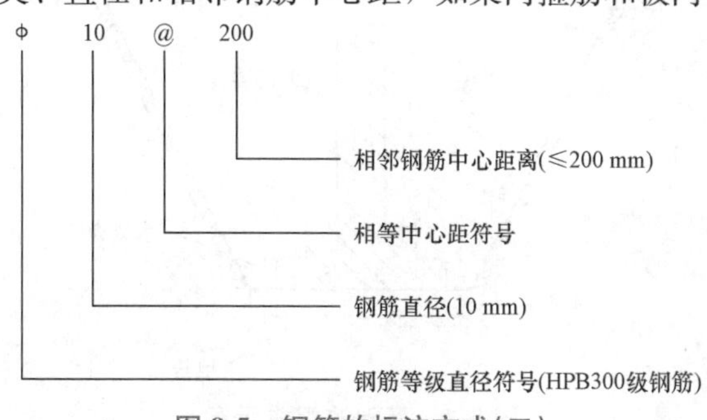

图 9-5 钢筋的标注方式(二)

6. 钢筋的保护层厚度

纵向受力钢筋外缘到构件表面的距离，称为钢筋的保护层厚度。其主要作用，一是保护钢筋不致锈蚀，保证结构的耐久性；二是保证钢筋与混凝土之间的黏结；三是发生火灾时避免钢筋过早软化。钢筋的保护层厚度因构件不同及构件所处环境类别不同而异。一般情况下，梁和柱的保护层厚度为 25 mm，板的保护层厚度为 10～15 mm，剪力墙的保护层厚度为 15 mm，钢筋保护层的最小厚度见《混凝土结构设计规范(2015 年版)》(GB 50010—2010)。

第二节 基础图

学习提示

通常将建筑物±0.000(除地下室)以下，承受房屋全部荷载的结构，称为基础。基础以下的土层称为地基。基础的作用就是将上部荷载均匀传递给地基。

基础的形式很多，常采用的有条形基础、独立基础、筏形基础和桩基础等，如图 9-6 所示。

以条形基础为例，与基础有关的术语如下(图 9-7)：

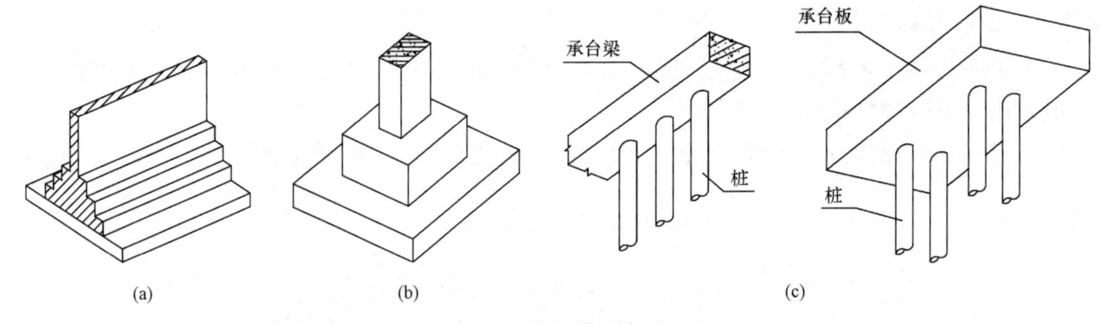

图 9-6　常见基础类型

(a)条形基础；(b)独立基础；(c)桩基础

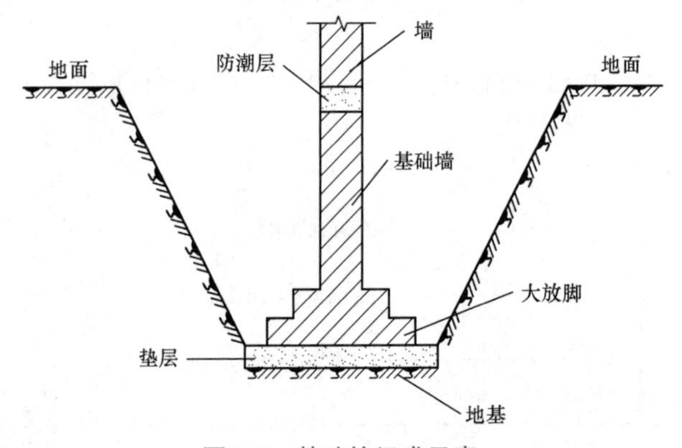

图 9-7　基础的组成示意

(1)地基。承受建筑物荷载的天然土壤或经过加固的土壤。

(2)垫层。用来将基础传来的荷载均匀传递给地基的结合层。

(3)大放脚。将上部结构传来的荷载分散传递给垫层的基础扩大部分，目的是使地基上单位面积的压力减小。

(4)基础墙。建筑中，通常将±0.000(除地下室)以下的墙体称为基础墙。

(5)防潮层。为了防止地下水对墙体的侵蚀，在约−0.060 m(除地下室)处设置一层能防水的建筑材料来防潮，称为防潮层。

基础图主要用来表示基础的平面布置及基础的做法，包括基础平面图、基础详图和文字说明三部分。其作用主要用于放线、挖基槽、砌筑或浇灌基础等，是结构施工图的重要组成部分之一。

注意：识读基础图需要熟悉基础平面图及详图的主要内容与画法规定，可参考国家标准设计图集《混凝土结构施工图平面整体表示方法制图规则和构造详图(独立基础、条形基础、筏形基础、桩基础)》(16G101-3)，重点掌握平法施工图的相关规定。

相关知识

一、基础平面图

1. 基础平面图的产生

假想用一水平剖切面，沿建筑物底层室内地面将整栋建筑物剖切开，移去截面以上的建筑物和基础回填土后，作水平投影，所得到的图称为基础平面图。

基础平面图主要表示基础的平面布置及墙、柱与轴线的关系。

2. 基础平面图的主要内容及画法

(1)图名、比例、定位轴线及其编号和轴线间尺寸。在基础平面图中，轴线编号及轴线间的尺寸必须与建筑平面图一样。

(2)表明基础墙、柱及基础地面的形状、大小和其与轴线的关系。通常在基础平面图中只画出基础墙、柱及其基础地面的轮廓线，基础细部轮廓(如大放脚)省略不画。线型的选用惯例是基础墙、柱用粗实线，基础底面轮廓线画成细实线。

(3)用虚线标明基础墙上留有的管洞位置，可用详图表示其具体做法及尺寸。

(4)表明基础中设置的基础梁(JL)和地圈梁(DQL)的位置及代号。当基础中设置基础梁和地圈梁时，用粗单点画线表示其中心线位置。

(5)标注基础平面图的尺寸。基础平面图的尺寸分为内部尺寸和外部尺寸两部分。外部尺寸只标注定位轴线的间距和总尺寸。内部尺寸应标注各道墙的厚度、柱的断面尺寸和基础地面的宽度等。

(6)标注基础编号或基础断面图的剖切符号及编号。在不同的位置，基础的形状、尺寸、埋置深度及与轴线的相对位置不同时，需要分别画出它们的断面图。

(7)施工说明。即所用材料的强度等级、防潮层做法、设计依据及施工注意事项等。

■ 二、基础详图

在基础平面图中仅表示了基础的平面布置，而基础的形状、大小、材料、构造及埋置深度均未表示，需要画出各部分的详图，作为基础施工的依据。

基础详图以断面图的图示方法绘制。基础详图一般用较大的比例进行绘制，能详细表示出基础的断面形状、尺寸、与轴线的关系、底面标高、材料及其他构造做法。基础详图的主要内容包括以下几项：

(1)图名、比例。为了节约绘图时间和图幅，设计时常常将两个或两个以上类似的断面用一个图来表示，对不同的断面图图名和尺寸加括号进行区分，对尺寸不同处的区分方法是：图名带括号的断面对应带括号的尺寸数字，图名不带括号的断面对应不带括号的尺寸数字；尺寸相同处，则合并用一个尺寸数字(不带括号)。

(2)定位轴线。表明轴线与基础各部位的相对位置，标注出大放脚、基础墙、基础梁与轴线的关系。

(3)表明基础断面形状的细部构造做法，如垫层、砖基础大放脚、防潮层的位置和做法、钢筋混凝土杯形基础的杯口等。

(4)表明基础所用材料及配筋。在基础断面图中，除钢筋混凝土材料外，其他材料宜画出图例符号。对于钢筋混凝土独立基础，通常采用局部剖面的形式表示底板配筋。

(5)标注基础断面的详细尺寸和室内外地坪标高、基础底面标高。详细尺寸包括基础底面的宽度及与轴线的关系、基础的埋置深度及大放脚的尺寸等。

(6)施工说明。

三、基础施工图的阅读

阅读基础施工图时，一般应注意以下几点：

(1)查明基础墙、柱的平面布置与建筑施工图中的首层平面图是否一致。

(2)结合基础平面布置图和基础详图，弄清楚轴线的位置，查明是对称基础还是偏轴线基础，看清楚尺寸标注。

(3)在基础详图中查明各部位的尺寸及主要部位的标高。

(4)认真阅读有关基础的结构设计说明，查明所用的各种材料及对材料的质量要求和施工中的注意事项。

典型案例

【案例 1】 分析图 9-8 所示桩的定位。

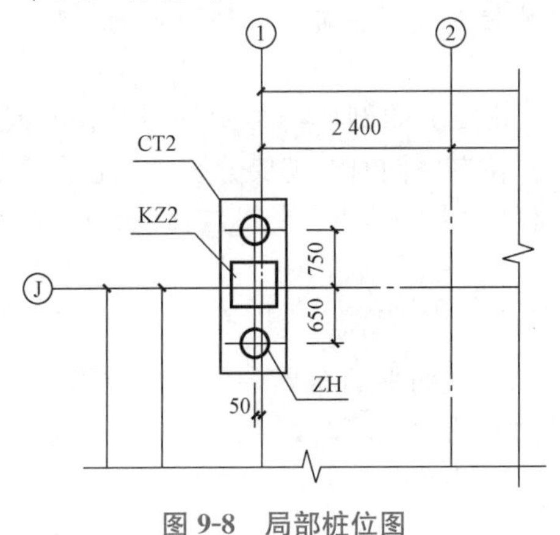

图 9-8　局部桩位图

【分析】 图 9-8 中，中间正方形代表框架柱，外长方形代表承台，两圆形代表桩，由图中可以看出，两桩中心偏离轴线①左 50 mm，前面桩中心离轴线Ⓙ的距离为 650 mm，后面桩中心离轴线Ⓙ的距离为 750 mm，桩的定位依据相邻定位轴线。

注意： 桩位图的主要内容包括：图名、比例；纵、横向定位轴线及其编号；桩、承台的布置；桩的定位、尺寸标注；说明。

同样，承台平面图中承台的定位也参照相邻定位轴线，作出柱、承台的平面布置，标出承台定位尺寸，画出承台详图。

【案例 2】 识读图 9-9 所示的 CT2 承台详图。

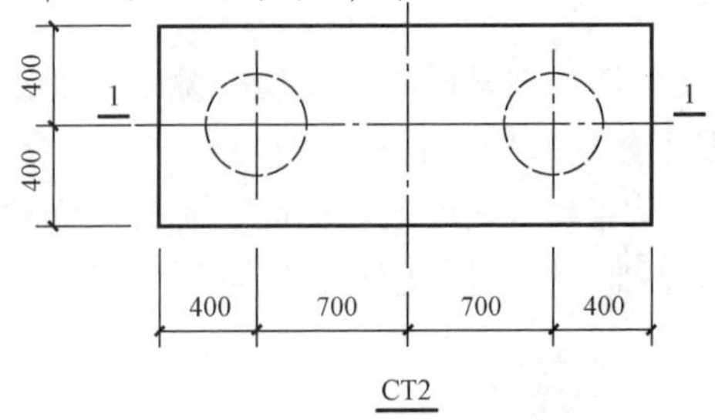

图 9-9　CT2 承台详图

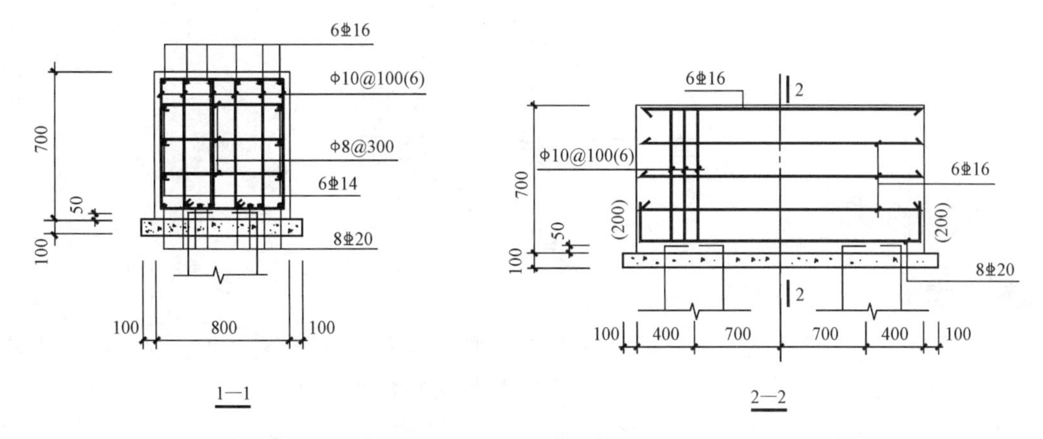

图 9-9　CT2 承台详图(续)

说明：

1. 混凝土采用 C30 强度等级，承台下设 100 mm 厚 C15 混凝土垫层；
2. 主筋的混凝土保护层厚度：承台、承台梁底面 50 mm；
3. 承台、承台梁顶标高按设计。

【分析】 (1)由图 9-9 可知，CT2 的平面尺寸为 800 mm×2 200 mm，CT2 的高度为 700 mm，桩中心与承台边的距离均为 400 mm。

(2)由断面图可知，承台下垫层厚度为 100 mm，垫层四边均超出承台 100 mm，桩伸入承台 50 mm。

(3)配筋：下部纵筋 8⌀20，端部上翻 10*d* 即 200 mm；上部纵筋 6⌀16；箍筋 ⌀10@100，六肢箍，由 3 根双肢箍组合而成；中部构造筋 6⌀14，每侧 3 根。

实际演练

1. 识读图 9-10 所示的 DJP07 坡形截面普通独立基础图。
2. 识读图 9-11 所示的条形基础断面详图。

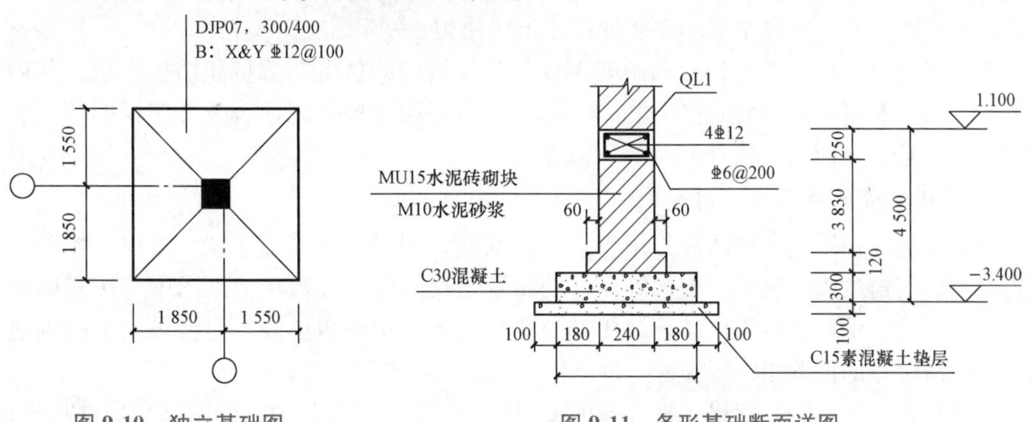

图 9-10　独立基础图　　　　图 9-11　条形基础断面详图

第三节　结构平面图

学习提示

结构平面图是表示建筑物室外地面以上各层平面承重构件(如梁、板、柱、墙、过梁、圈梁等)布置的图样，一般包括楼层结构平面图和屋顶结构平面图。

楼层结构平面图是假想用一水平剖切面，沿每层楼板面将建筑物水平剖开，移去剖切面上部建筑物，向下作水平投影所得的水平剖面图。屋顶结构平面图是表示屋面承重构件平面布置的图样。其图示内容和表达方法与楼层结构平面图基本相同。

楼层结构平面图是安装梁、板等各种楼层构件的依据，也是现场支设模板、绑扎钢筋、浇筑混凝土制作现浇楼板的依据，还是计算构件数量、编制施工预算的依据。

识读结构平面图的要点主要包括以下几项：

(1)图名、比例，图中定位轴线级编号应与建筑平面图相一致；

(2)梁、板、柱、墙等构件的位置及代号和编号；

(3)预制板的跨度、方向、数量、型号或编号；

(4)现浇板钢筋的编号、规格、间距、定位尺寸，板的厚度；

(5)详图索引符号及剖切符号，必要的文字说明等。

相关知识

一、预制装配式楼层结构布置图

楼层又叫作楼盖，预制装配式楼层是由许多预制构件组成的，这些构件预先在预制厂(场)成批生产，然后在施工现场安装就位，组成楼盖。

装配式楼层结构图主要表示预制梁、板及其他构件的位置、数量和搭接方法。其内容一般包括结构布置平面图(简称结构布置图)、节点详图、构件统计表及文字说明等。看图时，需结合建筑平面图及墙身剖面图一起阅读。

1. 结构布置图的画法、用途

一般情况下，结构布置图应采用正投影法绘制，用以表示楼盖中梁、梁垫、板和下层楼盖以上的门窗过梁、圈梁、雨篷等构件的布置情况。预制楼板在施工图中应按实际布置情况用细实线表示，楼板压住墙，被压部分墙身轮廓线用中粗虚线，门窗过梁上的墙遮住过梁，门窗洞口的位置用中粗虚线，过梁代号标注在门窗洞口旁。

结构布置图主要为安装梁、板等各种楼层构件使用，其次是为制作圈梁和局部现浇梁、板使用。

2. 结构布置图的主要内容

下面以图 9-12 所示装配式楼盖的标准层结构布置图为例，介绍结构布置图的主要内容：

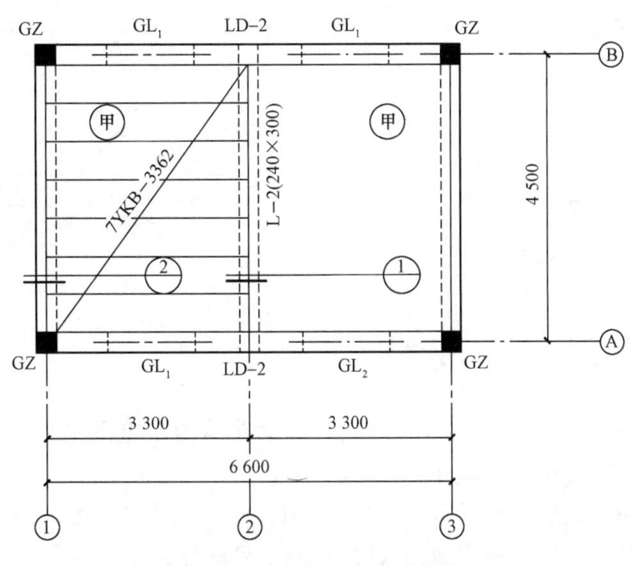

图 9-12　标准层结构布置图

(1)轴线。为了便于确定梁、板及其他构件的安装位置，应绘制与建筑平面图完全一致的定位轴线，并标注编号及轴线间的尺寸和轴线总尺寸。

(2)墙、柱。墙、柱的平面位置在建筑平面图中已经表示清楚，但在结构平面布置图中仍然需要画出其平面轮廓线。

(3)梁及梁垫。梁在结构平面布置图上用梁的轮廓线表示，也可用单粗线表示，并注写上梁的代号及编号。如图 9-12 所示，L－2(240×300)表示 2 号梁，梁宽为 240 mm，梁高为 350 mm，用粗虚线表示其轮廓线。

当梁搁置在砖墙或砖柱上时，为了避免墙或柱被压坏，需要设置一个钢筋混凝土梁垫，如图 9-13 所示。在结构平面布置图中，梁垫用 LD 表示。

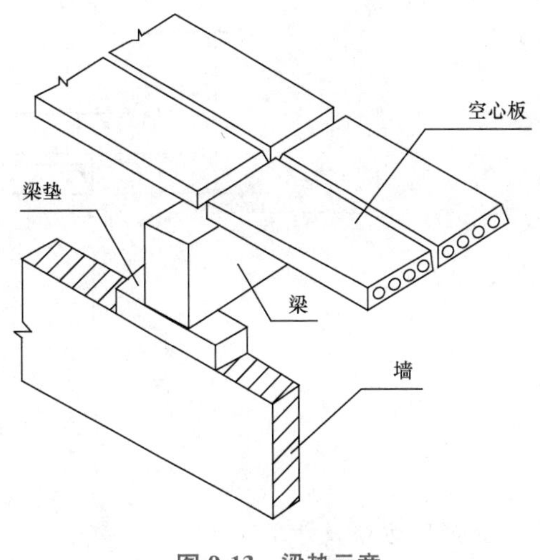

图 9-13　梁垫示意

(4)预制楼板。常用的预制楼板可分为平板、槽形板和空心板三种，如图 9-14 所示。平板制作简单，适合用作走道、楼梯平台等小跨度的短板。槽形板质量轻、板面开洞自由，但顶棚不平整，隔声隔热效果差，使用较少。空心板上、下板面平整，构件刚度大，隔声、隔热效果好，使用较为广泛；其缺点是不能任意开洞。预制楼板可以做成预应力或非预应力的楼板。由于预制楼板大多数依据标准图集进行制作，因此在施工图中应标明楼板代号、跨度、宽度及所能承受的荷载等级。

例如：3YKB－3952，该代号各字母、数字的含义是：3YKB——3 块预制空心板；39——板长 3 900 mm；5——板宽 500 mm；2——荷载等级 2 级。

(5)过梁及雨篷。为了支撑门窗洞口上面墙体的质量，并将它传递给两旁的墙体，在门

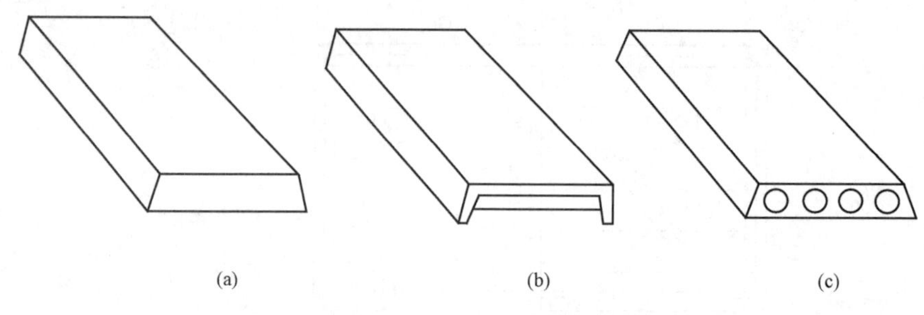

图 9-14　常见预制楼板形式

(a)平板；(b)槽形板；(c)空心板

窗洞口顶上沿墙放一根梁，这根梁叫作过梁。过梁在结构布置图中用粗虚线表示，也可以直接标注在门窗洞口旁，用 GL 表示。

在结构布置图中，雨篷轮廓线用细实线绘制，代号为 YP。如 XYP－1，其中 YP——雨篷；1——雨篷编号；X——现浇，全意是现浇 1 号雨篷。

(6)圈梁。为了增强建筑物的整体稳定性，提高建筑物的抗风、抗震和抵抗温度变化的能力，防止地基不均匀沉降等对建筑物的不利影响，常在基础顶面、门窗洞口顶部、楼板和檐口等部位的墙内设置连续而封闭的水平梁，这种梁称为圈梁。设在基础顶面的圈梁称为基础圈梁；设在门窗洞口顶部的圈梁常代替过梁。

在结构平面布置图中，圈梁可以用粗实线单独绘制，也可以用粗虚线直接绘制在结构布置图上。圈梁断面比较简单，一般有矩形和 L 形两种。圈梁位于内墙上为矩形，位于门窗洞口上部一般需要做成 L 形。常用的 L 形挑出长度有 60 mm、300 mm、400 mm 和 500 mm 四种。如图 9-15 所示为 2—2 断面图。

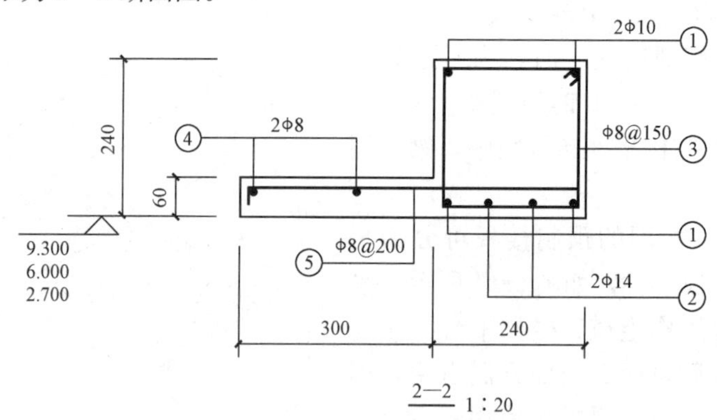

图 9-15　L 形圈梁断面图

3. *读图方法及步骤*

(1)理解各种文字、字母和符号的含义。

(2)注意各种构件的空间位置。如，楼面在第几层，每个房间布置几个品种构件，各个品种构件的数量是多少等。

(3)平面布置图应结合构件统计表阅读，弄清楚建筑中各种构件的数量、采用图集的名称及详图的图号等。

(4)弄清楚各种构件的相互连接关系和构造做法。例如，为了加强预制装配式楼盖的整体性，提高抗震能力，需要在预制板缝内放置拉结钢筋，用C20细石混凝土灌板缝。

(5)阅读文字说明，领会设计意图和施工要求。

二、现浇钢筋混凝土楼层结构布置图

现浇钢筋混凝土楼层又叫作现浇钢筋混凝土楼盖，是指在现场支模并整体浇筑而成的楼盖。其具有整体刚度好，耐久、耐火、防水性能好，适应性强的优点；其缺点是模板用量多，现场浇筑工作量大，施工工期较长，受施工季节影响大，造价比装配式楼层高。

1. 现浇钢筋混凝土楼盖常见形式

现浇钢筋混凝土楼盖常见形式有肋形楼盖、井式楼盖和无梁楼盖。肋形楼盖由板、次梁和主梁(有时没有主梁)构成，三者整体现浇在一起，如图9-1所示。当房间平面形状接近正方形或柱网两个方向的尺寸接近相等时，常将两个方向的梁做成不分主次的等高梁，相互交叉形成井式楼盖，常用于公共建筑的大厅。无梁楼盖没有梁，整个楼板直接支撑在柱上。该楼盖的房间净空高，通风采光好，常用于厂房、仓库、商场等建筑。

随着国民经济的发展和对建筑质量要求的提高，现浇整体楼层应用越来越广泛，特别是在高层建筑中，一般都采用现浇整体楼层。画图时直接画出构件的轮廓线来表示主梁、次梁和板的平面布置及它们与墙柱的关系，表示方法以平法为主。

2. 有梁楼盖平法施工图制图规则

有梁楼盖平法施工图是指在楼面板和屋面板布置图上，采用平面注写的表达方式。板平面注写包括板块集中标注和板支座原位标注。

楼板施工图结构平面的坐标方向：当两向轴网正交布置时，图面从左至右为X向，从下向上为Y向；当轴网向心布置时，切向为X向，径向为Y向。

(1)板块集中标注的内容。板块编号、板厚、上部贯通纵筋、下部纵筋，以及当板面标高不同时的标高高差。

板块编号由代号LB(楼面板)、WB(屋面板)或XB(悬挑板)和序号组成。

板厚注写为h=×××(垂直于板面的厚度)；当悬挑板的端部改变截面厚度时，用斜线分隔根部与端部的厚度值；当设计已在图注中统一注明板厚时，此项可不注。

纵筋按板块的下部纵筋和上部贯通纵筋分别注写(当板块上部不设置贯通纵筋则不注)，并以T代表上部贯通纵筋，B代表下部纵筋，B&T代表下部与上部；X向纵筋以X打头，Y向纵筋以Y打头，两向纵筋配置相同时则以X&Y打头。

当为单向板时，分布筋可不必注写，而在图中统一注明。板中配有构造钢筋时，则X向以Xc，Y向以Yc打头注写。

当纵筋采用两种规格钢筋“隔一布一”方式时，表达为$\phi xx/yy$@×××，如ϕ10/12@100表示ϕ10与ϕ12的钢筋之间间距为100 mm，ϕ10钢筋之间间距为200 mm，ϕ12钢筋之间间距也为200 mm。

板面标高高差是指相对于结构层楼面标高的高差，有高差将其注写在括号内。

(2)板支座原位标注。板支座原位标注的内容包括板支座上部非贯通筋的编号、配筋值，以及自支座中线向跨内的延伸长度。

板支座原位标注的钢筋(中粗实线绘制)，应在配置相同跨的第一跨表示，注写钢筋编号(如①、②等)、配筋值、横向连续布置的跨数(注写在括号内，当为一跨时可不注)，以及是否布置到梁的悬挑端。板支座上部非贯通筋自支座中线向跨内的伸出长度，注写在线段的下方位置。

如板中原位标注：②ϕ12@150(3)表示②号非贯通筋，配筋值ϕ12@150，连续布置3跨。

当中间支座上部非贯通筋向支座两侧对称伸出时，可仅在一侧注写，如图9-16所示；非对称伸出时，两侧分别注写，如图9-17所示。

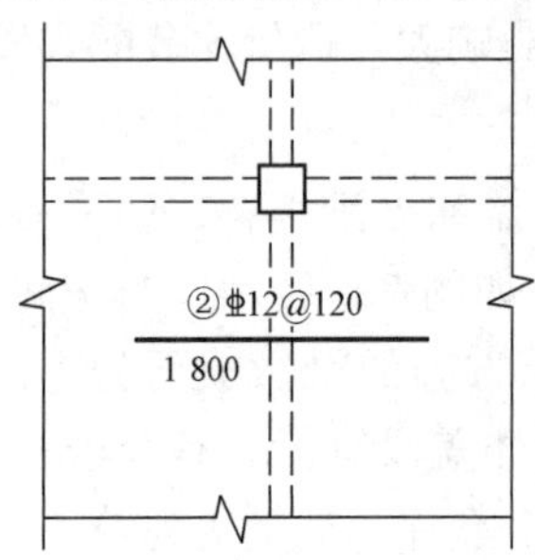
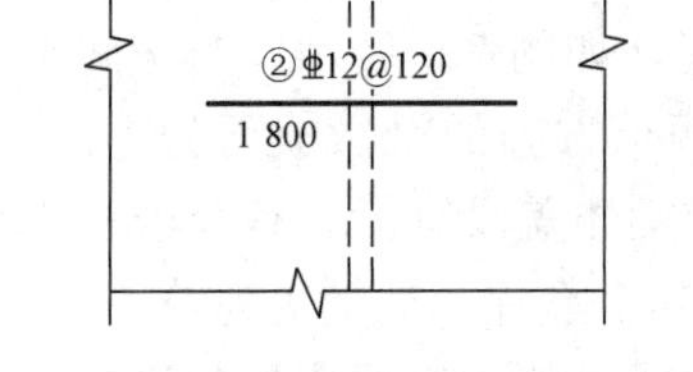

图9-16　板支座上部非贯通筋对称伸出

图9-17　板支座上部非贯通筋非对称伸出

对线段画至对边贯通全跨或贯通全悬挑长度的上部纵筋，只注明非贯通筋一侧伸出长度值，如图9-18所示。

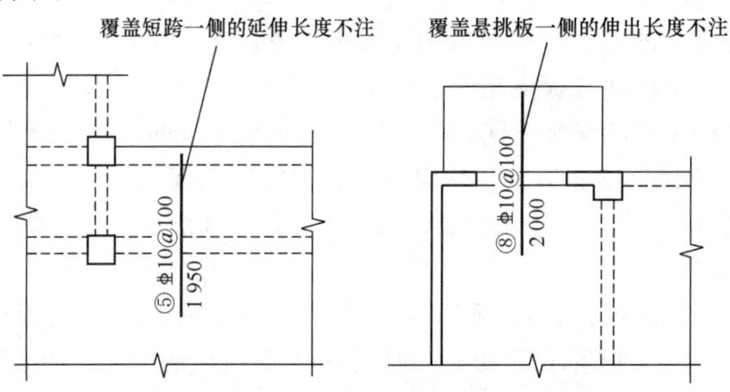

图9-18　板支座非贯通筋贯通全跨或伸出至悬挑端

典型案例

【案例1】 有一楼面板块注写为：LB2　h=100

B：XΦ12@120；YΦ10@100

表示2号楼面板，板厚100 mm，板下部纵筋X向配置Φ12@120，Y向配置Φ10@100，板上部未配置贯通纵筋。

【案例2】 有一屋面板块注写为：WB5　h=110

B：XΦ10/12@100；YΦ10@100

表示5号屋面板，板厚110 mm，板下部纵筋X向配置Φ10、Φ12隔一布一，Φ10与Φ12之间间距为100 mm，Y向配置Φ10@100，板上部未配置贯通纵筋。

【案例 3】 有一悬挑板注写为：XB2　h=120/100

B：Xc&YcΦ8@150

T：XΦ8@100

表示 2 号悬挑板，板根部厚 120 mm，板端部厚 100 mm，板下部配置构造钢筋双向均为 Φ8@150，板上部 X 向配置贯通纵筋 Φ8@100(上部、Y 向受力钢筋见板支座原位标注)。

【案例 4】 识读图 9-19 所示的 XB1 配筋布置图。

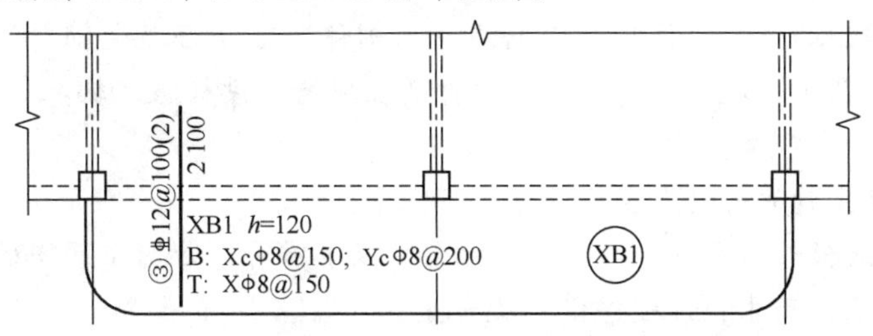

图 9-19　XB1 等截面悬挑板配筋

【分析】 (1)集中标注：XB1　h=120 表示 1 号悬挑板，板厚 120 mm。

B：XcΦ8@150；YcΦ8@200 表示板下部 X 向配置构造筋 Φ8@150，Y 向配置构造筋 Φ8@200。

T：XΦ8@150 表示板 X 向配置上部贯通纵筋 Φ8@150。

(2)原位标注：③Φ12@100(2)表示③号非贯通筋，配筋值 Φ12@100，一侧从支座中心伸出 2 100 mm，另一侧贯通悬挑部分，连续布置 2 跨。

实际演练

识读图 9-20 所示的 XB2 变截面悬挑板配筋布置图。

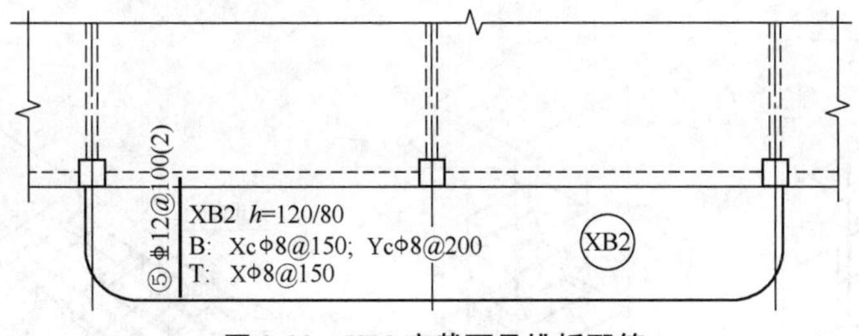

图 9-20　XB2 变截面悬挑板配筋

第四节　钢筋混凝土构件详图

学习提示

混凝土是由水泥、石子、砂和水按一定比例拌和而成的。其特点是受压能力好，抗拉能力差，容易因受拉而断裂，导致破坏。为了解决这个问题，充分利用混凝土的受压能力，常在混凝土构件的受拉区内按计算配入一定数量的钢筋，使混凝土和钢筋结合成一个整体，共同发挥作用，这种配有钢筋的混凝土称为钢筋混凝土。

用钢筋混凝土制成的梁、板、柱、基础等构件称为钢筋混凝土构件。钢筋混凝土构件可分为定型构件和非定型构件两种。定型构件可直接引用标准图或通用图，只要在图纸上标明即可；非定型构件为自行设计的构件，必须在施工图上绘制其构件详图，作为加工制作钢筋、浇筑混凝土的依据。另外，钢筋混凝土构件还可分为现浇钢筋混凝土构件和预制钢筋混凝土构件。其中，现浇钢筋混凝土构件是在现场支设模板、绑扎钢筋、浇筑混凝土、养护而成。

识读钢筋混凝土构件的要点主要包括以下几个：

(1)构件名称或代号、比例，构件的定位轴线及其编号，应与平面图的标注相一致。

(2)构件的形状、尺寸和预埋件代号及布置。

(3)构件内部钢筋的布置。识读构件内部钢筋的布置，应将构件的立面图、断面图和钢筋详图结合起来。

(4)构件的外形尺寸、钢筋规格、构造尺寸，以及构件底(顶)面标高。

(5)施工说明。

相关知识

一、钢筋混凝土构件常用钢筋的分类和作用

钢筋混凝土构件中的钢筋，有的是因为受力需要而配置的，有的则是因为构造需要而配置的，这些钢筋的形状及作用各不相同，各种钢筋的形式及在梁、板、柱中的位置及形状如图 9-21 所示。一般可分为以下几种：

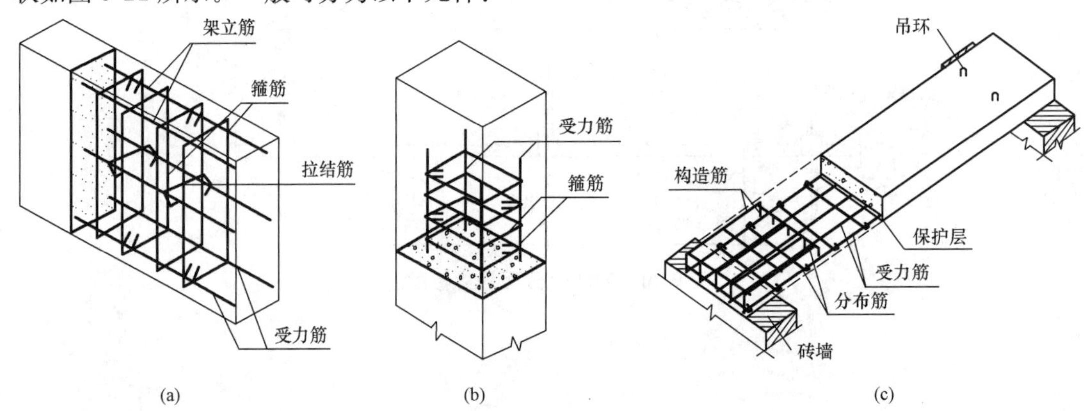

图 9-21　钢筋混凝土梁、板、柱主要配筋示意图

(a)梁；(b)柱；(c)板

(1)受力钢筋(主筋)。在构件中以承受拉应力和压应力为主的钢筋称为受力钢筋，简称受力筋。受力筋用于梁、板、柱等各种钢筋混凝土构件中。在梁、板中的受力筋按形状一般可分为直筋和弯起筋；按承受拉应力还是压应力可分为正筋(拉应力)和负筋(压应力)。

(2)箍筋。承受一部分斜拉应力(剪应力)，并固定受力筋、架立筋的位置所配置的钢筋称为箍筋。箍筋一般用于梁和柱中。

(3)架立筋。架立筋的作用主要是固定梁内钢筋的位置，将纵向受力钢筋和箍筋绑扎成骨架。

(4)分布筋。分布筋用于各种板内，分布筋与板的受力钢筋垂直设置。其作用是将承受的荷载均匀地传递给受力筋，并固定受力筋的位置及抵抗热胀冷缩所引起的温度变形。

(5)其他钢筋。除以上常用的四种钢筋外，钢筋混凝土构件中还会因构造要求或者施工安装需要而配置构造钢筋。如腰筋，其用于高断面的梁中；预埋锚固筋，其用于钢筋混凝土柱中，与砖墙砌在一起，起拉结作用，又叫作拉结筋；吊环，在预制构件吊装时使用。

钢筋在结构图中，长度方向按其投影用单根粗实线表示，钢筋断面可用圆黑点表示，构件的外轮廓线用细实线绘制。

■ 二、钢筋混凝土梁详图

钢筋混凝土梁属于钢筋混凝土构件之一。钢筋混凝土构件详图是加工制作钢筋、浇筑混凝土的依据。其内容包括模板图、配筋图、钢筋表和文字说明四部分。

1. 模板图

梁的模板图是为浇筑梁的混凝土而绘制的，主要表示梁的长、宽、高和预埋件的位置、数量。对外形简单的构件，一般不必单独绘制模板图，只需在配筋图中将梁的尺寸标注清楚即可。当梁的外形复杂或预埋件较多时(如单层工业厂房中的吊车梁)，一般都要单独绘制模板图。

2. 配筋图

配筋图主要用来表示梁内部钢筋的布置情况。其内容包括钢筋的形状、规格、级别、数量、长度和排放位置等。配筋图可分为立面图、断面图和钢筋详图。

(1)立面图。立面图是假定梁为一透明体绘制出的一个纵向正投影图，主要表示构件中钢筋的立面形状和上下排列位置。在立面图中，钢筋在长度方向按其投影用单根粗实线表示，构件外轮廓线用细实线表示，并对不同形状、不同规格的钢筋进行编号，如图 9-22 所示的①～④号钢筋。钢筋编号应用阿拉伯数字顺次编写并将数字写在圆圈内，圆圈直径为 6 mm，用细实线绘制，且用引出线指到被编号的钢筋。当钢筋的类型、直径、间距均相同时，可只画出其中的一部分，其余可省略不画。

(2)断面图。断面图是构件横向剖切投影图，用来表示各断面钢筋的具体布置情况。凡构件的断面形状、钢筋的数量和位置有变化之处，均应绘制其断面图。断面图的轮廓线为细实线，钢筋横断面用黑点表示。

(3)钢筋详图。钢筋详图主要用来表示钢筋的形状，以便钢筋下料和加工成型。同一编号的钢筋只需绘制一根，标出钢筋的编号、数量(或间距)、等级、直径及各段的长度和总尺寸。

如图 9-22 所示在钢筋混凝土简支梁中，一般有以下四种类型的钢筋：

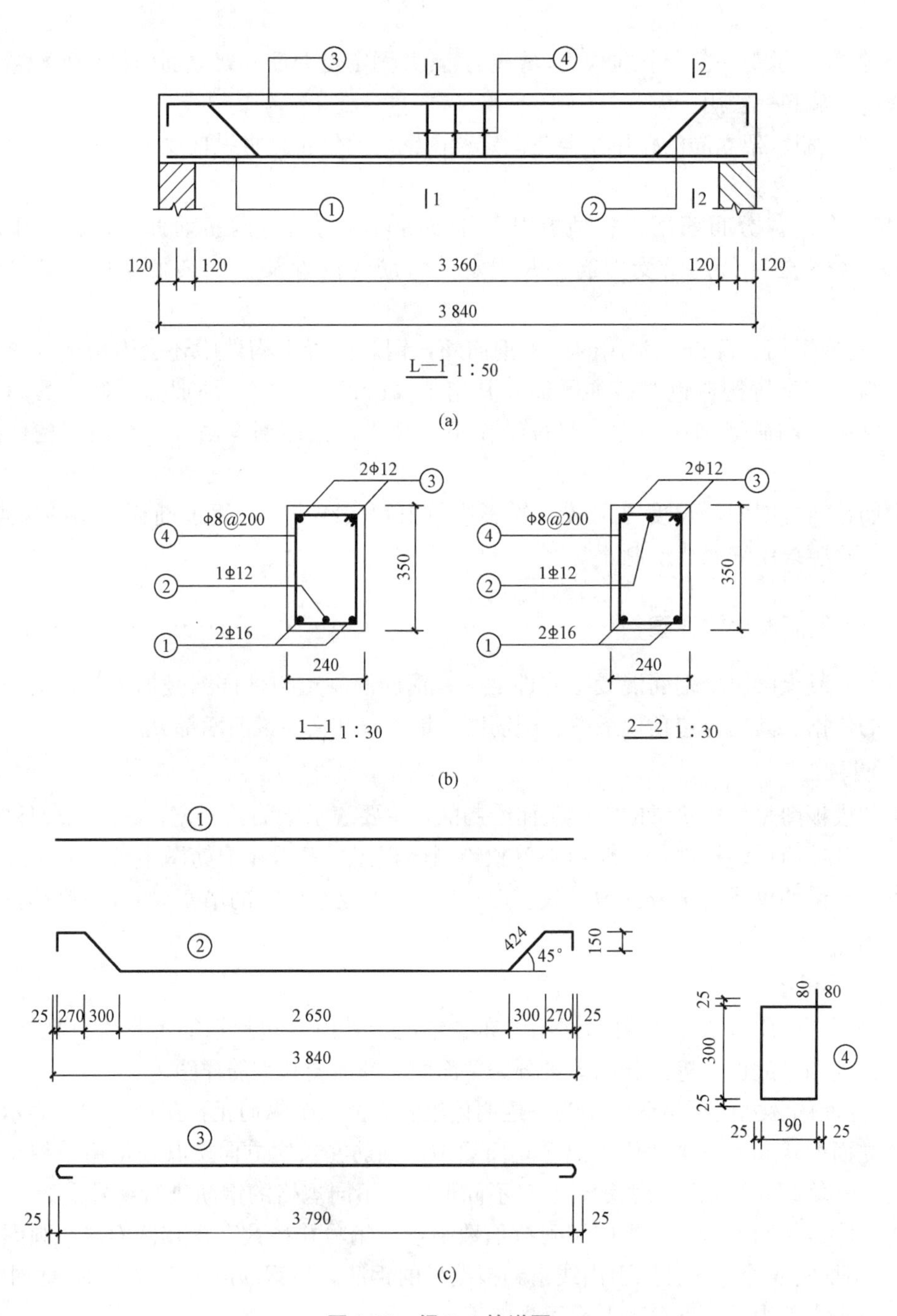

图 9-22 梁 L-1 的详图

(a)立面图；(b)断面图；(c)钢筋详图(图中 25 为保护层厚度)

①号 2Φ16 受力钢筋，这种位置的钢筋称为主筋，其含义是“2 根直径为 16 mm 的 HRB335 级钢筋”。

②号 1Φ12 弯起筋，其含义是“1 根直径为 12 mm 的 HRB335 级钢筋”。实际上弯起筋也是主筋。

③号 2Φ12 架立筋，其含义是“2 根直径为 12 mm 的 HPB300 级钢筋”。

④号 Φ8@200 箍筋，其含义是“直径为 8 mm 的 HPB300 级钢筋，每隔 200 mm 放一根”。

3. 钢筋表

为了便于编制施工预算，统计用料，在配筋图中一般应列出钢筋表，内容主要包括构件名称、钢筋编号、钢筋简图及规格、数量和长度等(见表 9-5)。在编制钢筋表时，要正确处理以下问题：

表 9-5　钢筋表

构件名称	钢筋编号	钢筋简图	规格	数量	长度/mm
L—1	①		Φ16	2	3 790
	②		Φ12	1	4 338
	③		Φ12	2	3 950
	④		Φ8	20	1 140

(1)确定形状和尺寸。从图 9-22 中可以知道，主筋保护层厚度为 25 mm，梁 L-1 的总长度为 3 840 mm，总高度为 350 mm，各编号钢筋长度的计算方法如下：

①号钢筋长度应该是梁长减去两端保护层厚度，即 3 840－25×2 ＝3 790(mm)。

②号、③号、④号钢筋计算方法如图 9-22 所示，②号、③号钢筋长度按外包尺寸计算，④号钢筋的长度在工程上一般都是按内皮尺寸计算，即按主筋的外皮尺寸确定。需要注意的是，钢筋表上的钢筋长度为加工成型后的尺寸，工程实际下料长度应另行计算。

(2)钢筋的成型。在钢筋混凝土构件中的钢筋，带肋钢筋端部如果满足锚固要求，则可以不做弯钩；若锚固需要做弯钩者，只做直钩，如图 9-22 中的②号钢筋。光圆钢筋端部弯钩为半圆弯钩，如图 9-22 中的③号钢筋为光圆钢筋，一个弯钩的长度为 6.25d，实际计算长度为 75 mm，施工中取 80 mm。④号钢筋是箍筋，两端应为 135°的弯钩，弯钩平直部分的长度一般结构取 5d，对有抗震要求，弯钩平直部分的长度应取 10d 和 75 mm 中的较大值，该梁 Φ8 的箍筋弯钩的平直部分的长度取 80 mm。

三、现浇楼板配筋详图

1. 用途

主要用于现场支设模板，绑扎钢筋，浇筑混凝土梁、板等。

2. 基本内容

现浇楼板配筋详图的内容包括平面图、断面图、钢筋表和文字说明四部分，如图 9-23 所示。现浇楼板配筋详图与相应的建筑平面图及墙身剖面图关系密切，应配合阅读。

(1)平面图。平面图包括模板图和配筋图。

1)模板图的主要内容。轴线网应与整栋建筑物编排顺序一致；承重墙的布置和尺寸；梁的布置及编号(本图中梁只有一种，可不编号)；预留孔洞的位置；板厚、标高及支承在墙上的长度。

为了看图清楚，常用折倒断面(图中涂黑部分)表示板的厚度、梁的高度及支承在墙上的长度。

2)配筋图的主要内容。板内不同类型的钢筋都应进行编号，并注明钢筋在平面图中的定位尺寸(如④号钢筋标注的 700)及钢筋的编号、规格、间距等(如④号钢筋 Φ8@200)。

从图 9-23 中可以看出，现浇楼板中的钢筋通常有受力筋和分布筋，有时还有因构造需要而设置的构造筋，如图 9-23 中①号、⑤号钢筋为板的受力筋，②号、③号、④号钢筋为构造筋。说明中所指的分布筋属于不受力的钢筋，起固定受力筋、分布荷载和抵抗温度应力的作用，配筋图中可以不绘制。

(2)断面图。如图 9-23 中 3—3 断面图，主要表示楼板与圈梁、梁、砖墙的相互关系，同时，表示各种编号钢筋在楼板中的空间位置。图 9-23 中⑦号、⑧号钢筋为梁箍筋，⑨号、⑩号钢筋为梁受力筋，⑥号钢筋为架立筋。

(3)钢筋表。钢筋表同梁的钢筋表的绘制方法一样。钢筋的长度结合平面图和断面图经过计算而定。如图 9-23 中②号钢筋的长度应为 1 000＋(70－10)×2＝1 120(mm)，其中 70 mm 为板厚，10 mm 为保护层厚度，70－10 等于直钩的长度；②号钢筋的数量应为 3 600÷200＋1＝19 根，由于有两根相同的梁，所以共有②号钢筋 38 根；其他类同，不再赘述。

(4)文字说明。说明材料的强度等级、分布筋的布置方法和施工要求等。

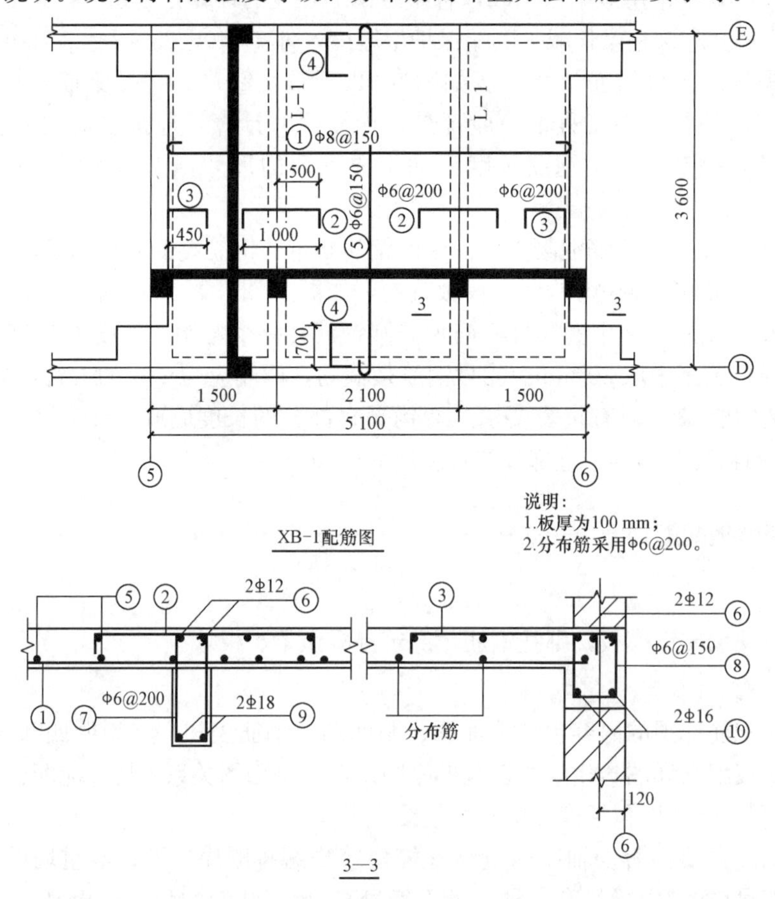

图 9-23　现浇楼板配筋详图

3. 识图方法

梁、板等构件的识图方法基本一致，主要应注意以下几点：

(1)查明构件的断面尺寸、外部形状和使用部位。

(2)结合图、表查明各种钢筋的形状、数量及在梁、板中的位置。

(3)校对图、表中所需要的数量是否一致。

(4)从说明中了解其他钢筋的级别，混凝土强度等级及施工、构造要求。

(5)弄清楚预埋铁件、预留孔洞的位置。

四、钢筋混凝土柱详图

钢筋混凝土柱通常采用方形或矩形截面，特殊要求可采用圆形、多边形及I形、T形截面。

钢筋混凝土柱中主要配有纵向受力筋、箍筋，工程图主要采用平法图，具体参考第五节柱平法施工图部分。

实际演练

识读图9-23所示的现浇楼板配筋详图。

第五节　钢筋混凝土构件平面整体表示方法

学习提示

《混凝土结构施工图平面整体表示方法制图规则和构造详图》作为国家建筑标准设计图集(简称"平法"图集)，于2003年2月15日开始施行，现已不断更新，如16G101－1适用于现浇混凝土框架、剪力墙、梁、板；16G101－2适用于现浇混凝土板式楼梯；16G101－3适用于基础。

平法表达形式是把结构构件的尺寸和配筋等，按照平面整体表示方法的制图规则，整体直接地表示在各类构件的结构布置平面图上，再与标准构造详图配合，构成一套完整的结构设计施工图纸。其改变了传统的将构件(柱、剪力墙、梁)从结构平面布置图中索引出来，再逐个绘制模板详图和配筋详图的烦琐方法。

本节主要参照国家建筑标准设计图集16G101系列编写。读者可以将国家建筑标准设计图集与工程图纸相结合来识读工程图。

相关知识

一、常用构件代号

在平法施工图中，必须标明各种构件的代号，除表9-1中常用构件代号外，还包括以下常用构件代号，见表9-6。

表9-6 平法施工图中常用构件代号

名称	代号	名称	代号
框架柱	KZ	剪力墙墙身	Q
框支柱	KZZ	连梁	LL
芯柱	XZ	连梁(对角暗撑配筋)	LL(JC)
梁上柱	LZ	连梁(交叉斜筋配筋)	LL(JX)
剪力墙上柱	QZ	连梁(集中对角斜筋配筋)	LL(DX)
约束边缘端柱	YDZ	连梁(跨高比不小于5)	LLK
约束边缘暗柱	YAZ	暗梁	AL
约束边缘翼墙柱	YYZ	边框梁	BKL
约束边缘转角墙柱	YJZ	楼层框架梁	KL
构造边缘端柱	GDZ	屋面框架梁	WKL
构造边缘暗柱	GAZ	框支梁	KZL
构造边缘翼墙柱	GYZ	非框架梁	L
构造边缘转角墙柱	GJZ	悬挑梁	XL
非边缘暗柱	AZ	井字梁	JZL
扶壁柱	FBZ	矩形洞口	JD
楼板后浇带	HJD	圆形洞口	YD
楼面板	LB	普通独立基础	DJ
悬挑板	XB	杯口独立基础	BJ

二、柱平法施工图

柱平法施工图的绘制是在柱平面布置图上采用列表注写方式或截面注写方式来表达。图9-24所示为柱平法施工图列表注写方式；图9-25所示为柱平法施工图截面注写方式。它们的优点是省去了柱的竖剖面详图、横剖面详图；缺点是增加了读图的难度。

1. 柱平法施工图列表注写方式

(1)柱平法施工图列表注写方式的主要内容。柱平法施工图列表注写方式，包括平面图、柱的断面形状、柱的断面类型、柱表、结构层楼面标高及层高等内容，如图9-24所示。

1)平面图。平面图表明定位轴线、柱的代号、形状及与轴线的关系。图中定位轴线的表示方法同建筑施工图。柱的代号KZ1表示1号框架柱，LZ1表示1号梁上柱。

2)柱的断面形状。柱的断面形状常为矩形，与轴线的关系可分为偏轴线和柱的中心线与轴线重合两种形式。

3)柱的断面类型。在施工图中，柱的断面图有不同的类型，在这些类型中，重点表示箍筋的形状特征，读图时应弄清楚某编号的柱采用哪一种断面类型。

4)柱表。柱表中包括柱号、标高、断面尺寸、与轴线的关系、全部纵筋、角筋、b边一侧中部筋、h 边一侧中部筋、箍筋类型号、箍筋等。其中：

①柱号。柱号为柱的编号，包括柱的名称和编号。

②标高。在柱中不同的标高段，其断面尺寸、配筋规格、数量等不同。

③断面尺寸。矩形柱的断面尺寸用 $b \times h$ 表示，b 为建筑物的纵向尺寸，h 为建筑物的横向尺寸，圆柱用 D 表示。与轴线的关系用 b_1、b_2 和 h_1、h_2 表示，目的是表示柱与轴线的关系。

④全部纵筋。当柱的四边配筋相同时，可以用标注全部纵筋的方法表示。

⑤角筋。角筋是指柱四个大角的钢筋配置情况。

⑥中部筋。中部筋包括柱 b 边一侧和 h 边一侧两种。标注时注写的数量只是 b 边一侧和 h 边一侧，不包括角筋的钢筋数量，读图时还要注意与 b 边和 h 边对侧的钢筋数量。

⑦箍筋类型号。箍筋类型号表示两个内容，一是箍筋类型编号 1、2、3……；二是箍筋的肢数，注写在括号里，前一个数字表示 b 方向的肢数，后一个数字表示 h 方向的肢数。

⑧箍筋。箍筋中需要标明钢筋的级别、直径、加密区的间距和非加密区的间距(加密区的范围，详见相关的构造图)。

5)结构层楼面标高及层高。结构层楼面标高及层高也用列表表示，列表一般同建筑物一致，由下向上排列，其内容包括楼层编号，简称层号。楼层标高表示楼层结构构件上表面的高度。层高分别表示各层楼的高度，单位均用米表示。

2. 柱平法施工图截面注写方式

(1)柱平法施工图截面注写方式的主要内容。柱平法施工图截面注写方式与柱平法施工图列表注写方式大同小异，不同的是在施工平面布置图中同一编号的柱选出一根为代表，在原位置上按比例放大到能清楚表示轴线位置和详尽的配筋为止。

(2)柱平法施工图截面注写方式的阅读。以图 9-25 所示的 KZ1 为例，介绍柱平法施工图截面注写方式的阅读方法。

从图 9-25 中可以看出，在同一编号的框架柱 KZ1 中选择 1 个截面放大，直接注写截面尺寸和配筋数值。该图表示的是 19.470 ～37.470 m 的标高段、柱的断面尺寸及配筋情况。其他均与列表注写方式和常规的表示方法相同，不再赘述。

注意：当纵筋采用两种直径时，需要注写截面各边中部筋的具体数值(对于采用对称配筋的矩形截面柱，可仅在一侧注写中部筋，对称边省略不注)。当圆柱采用螺旋箍筋时，需在箍筋前加“L”

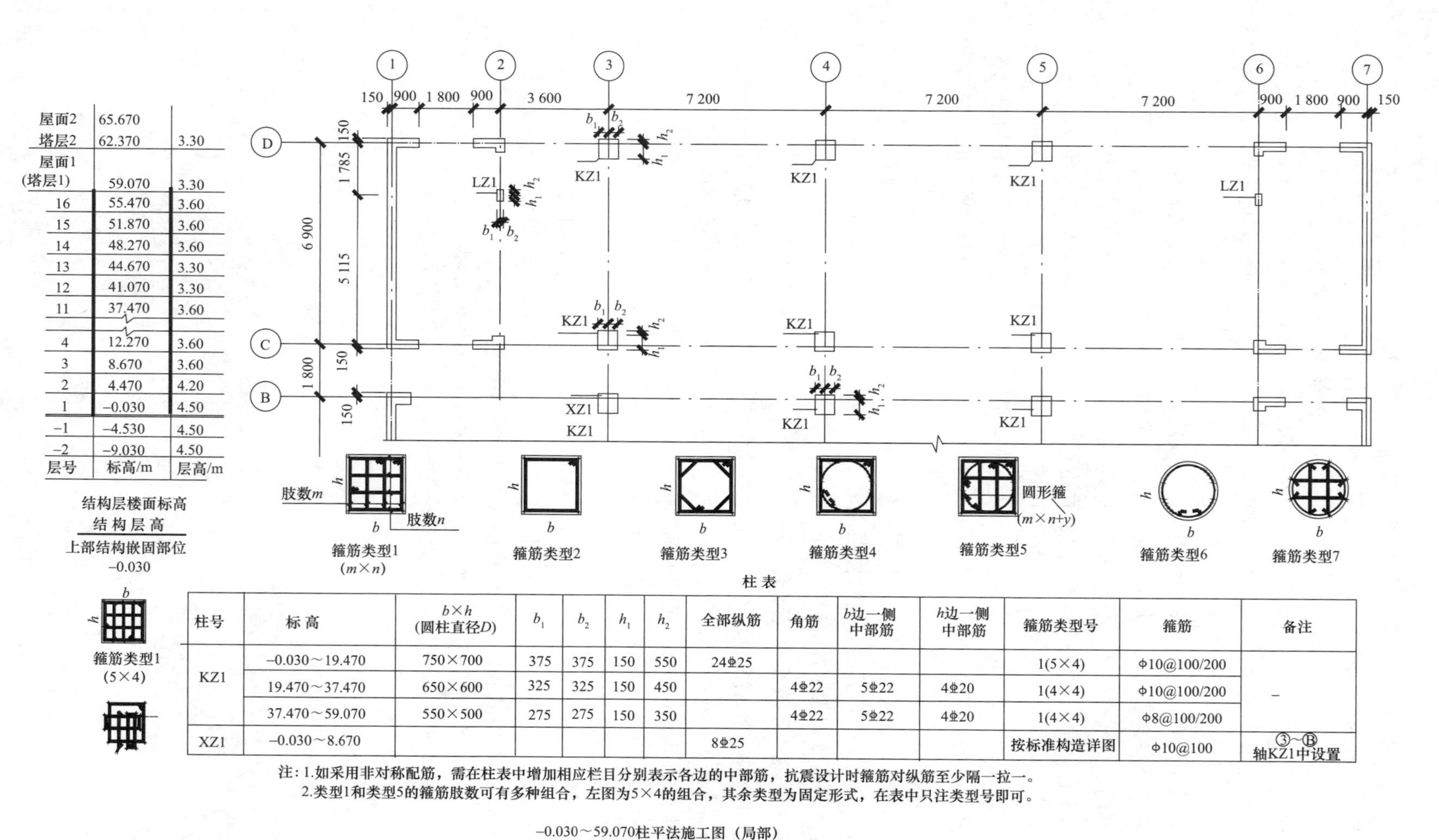

层号	标高/m	层高/m
屋面2	65.670	
塔层2	62.370	3.30
屋面1（塔层1）	59.070	3.30
16	55.470	3.60
15	51.870	3.60
14	48.270	3.60
13	44.670	3.30
12	41.070	3.30
11	37.470	3.60
4	12.270	3.60
3	8.670	3.60
2	4.470	4.20
1	-0.030	4.50
-1	-4.530	4.50
-2	-9.030	4.50

柱 表

柱号	标高	$b\times h$（圆柱直径D）	b_1	b_2	h_1	h_2	全部纵筋	角筋	b边一侧中部筋	h边一侧中部筋	箍筋类型号	箍筋	备注
KZ1	-0.030～19.470	750×700	375	375	150	550	24⌀25				1(5×4)	⌀10@100/200	-
	19.470～37.470	650×600	325	325	150	450		4⌀22	5⌀22	4⌀20	1(4×4)	⌀10@100/200	
	37.470～59.070	550×500	275	275	150	350		4⌀22	5⌀22	4⌀20	1(4×4)	⌀8@100/200	
XZ1	-0.030～8.670						8⌀25				按标准构造详图	⌀10@100	③～Ⓑ轴KZ1中设置

注：1.如采用非对称配筋，需在柱表中增加相应栏目分别表示各边的中部筋，抗震设计时箍筋对纵筋至少隔一拉一。
2.类型1和类型5的箍筋肢数可有多种组合，左图为5×4的组合，其余类型为固定形式，在表中只注类型号即可。

-0.030～59.070柱平法施工图（局部）

图9-24　柱平法施工图列表注写方式

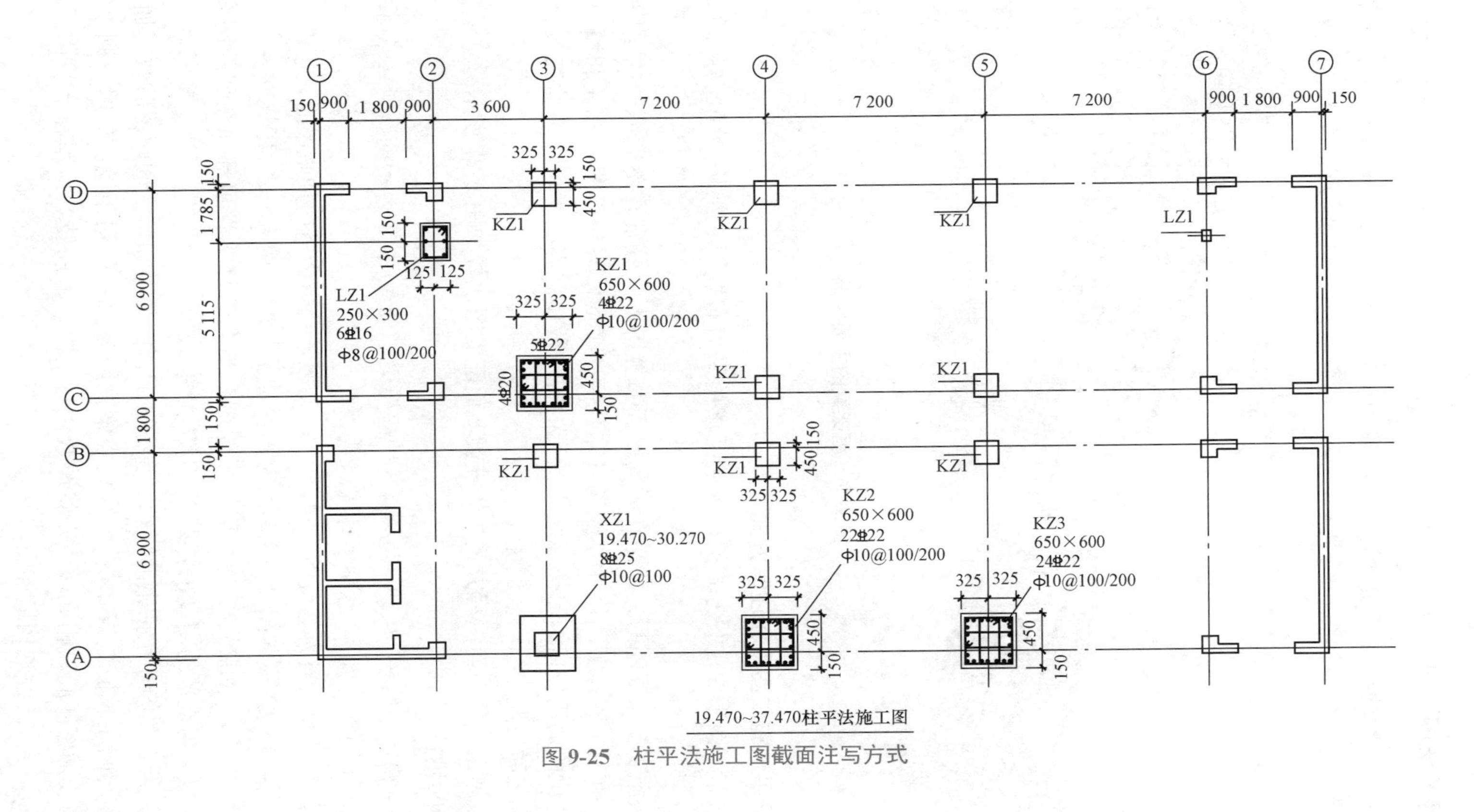

19.470~37.470柱平法施工图

图 9-25　柱平法施工图截面注写方式

■ 三、梁平法施工图

梁平法施工图的绘制是在梁的平面布置图上采用平面注写方式和截面注写方式来表示的。框架梁的主要配筋如图 9-26 所示(注意：箍筋弯钩位置应错开布置)。

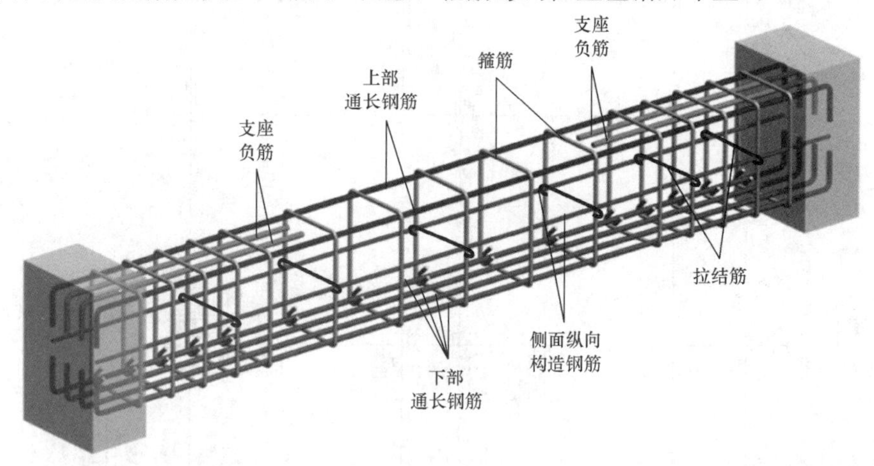

图 9-26 框架梁的主要配筋

(一)梁平法施工图平面注写方式

梁平法施工图平面注写方式的内容包括梁的平面布置图和结构层楼面标高及结构层高两部分。

梁平法施工图平面注写方式是在梁的平面布置图上，分别在不同编号的梁中各选一根梁为代表，在其上注写截面尺寸和配筋具体数值。平面注写包括集中标注和原位标注。集中标注表达梁的通用数值；原位标注表达梁的特殊数值。当集中标注中的某项数值不适用于梁的某部位时，原位标注取值优先。

梁平法施工图的平面注写方式与传统梁截面配筋图比较如图 9-27 所示。

1. 集中标注

(1)梁的编号。如 KL2(2A)表示第 2 号框架梁，(2A)中 2 表示两跨，A 表示一端悬挑(若是 B 则表示两端悬挑)，悬挑不计入跨数。

(2)梁截面尺寸。当为等截面梁时，用 $b\times h$ 表示；当为竖向加腋梁时，用 $b\times h$ $\mathrm{Y}c_1\times c_2$，c_1 为腋长，c_2 为腋高(图 9-28)；当为水平加腋梁时，用 $b\times h$ $\mathrm{PY}c_1\times c_2$，c_1 为腋长，c_2 为腋宽(图 9-29)，加腋部位在平面图中绘制；当有悬挑梁且根部和端部的高度不同时，用斜线分割根部与端部的高度值，即 $b\times h_1/h_2$(图 9-30)。

(3)梁箍筋。梁箍筋包括钢筋级别、直径、加密区与非加密区间距及肢数。加密区与非加密区的不同间距及肢数需用“/”分隔；当梁箍筋为同一种间距及肢数时，则不需用“/”；当加密区与非加密区肢数相同时，则将肢数注写一次；箍筋肢数应写在括号内。加密区范围见相应抗震等级的标准构造详图。

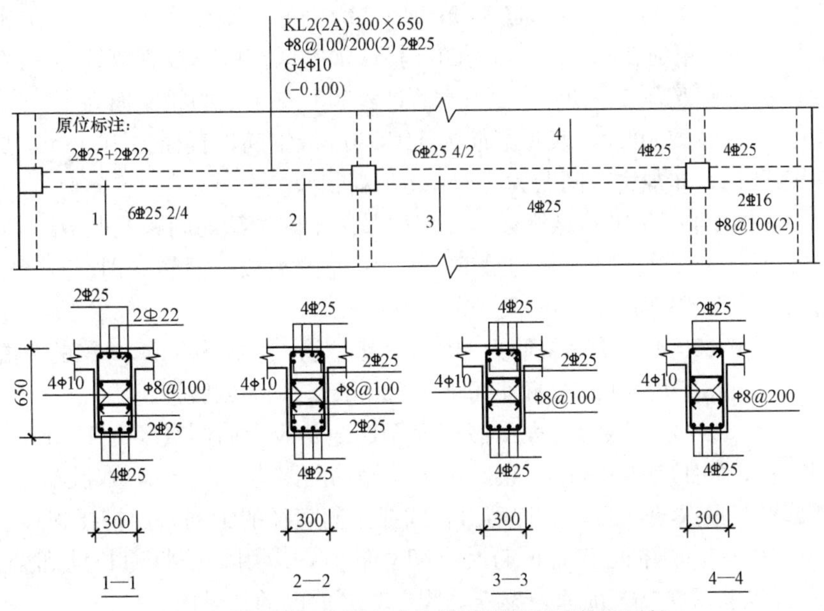

图 9-27　平面注写方式与传统梁截面配筋图比较

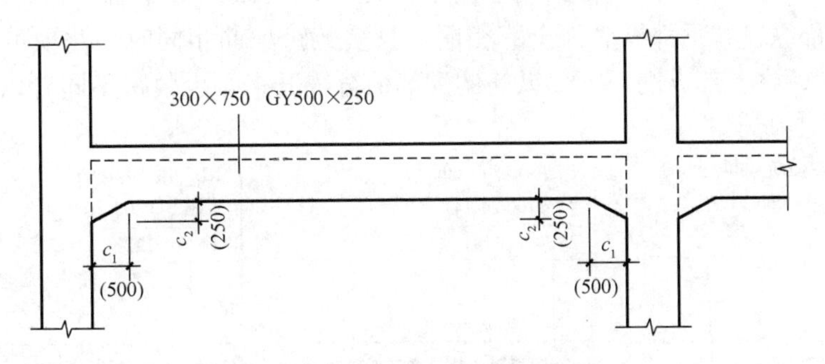

图 9-28　竖向加腋截面注写示意

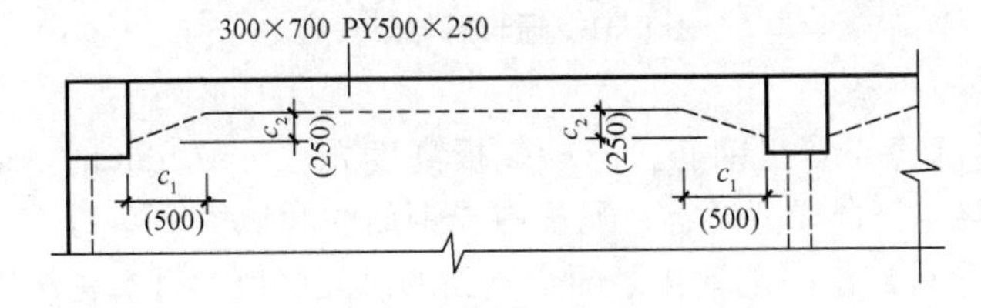

图 9-29　水平加腋截面注写示意

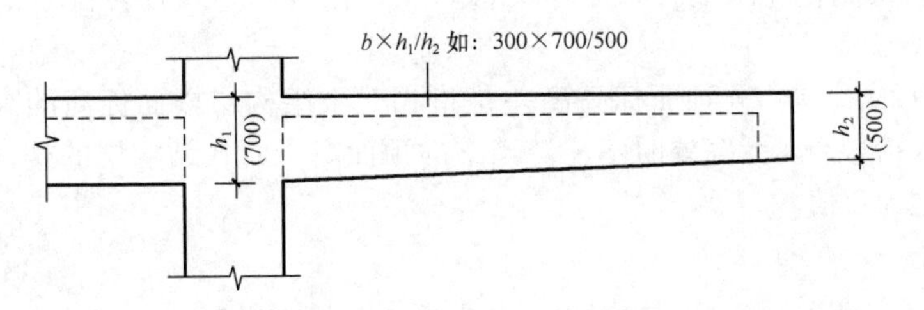

图 9-30　悬挑梁不等高截面注写示意

如：Φ10@100/200(4)，表示箍筋为HPB300级钢筋，直径为10 mm，加密区间距为100 mm，非加密区间距为200 mm，均为四肢箍；加密区范围：抗震等级为一级：≥2.0h_b且≥500 mm；抗震等级为二～四级：≥1.5h_b且≥500 mm(h_b为梁截面高度)。

如：Φ10@100(4)/200(2)，表示箍筋为HPB300级钢筋，直径为10 mm，加密区间距为100 mm，四肢箍；非加密区间距为200 mm，双肢箍。

当抗震结构中的非框架梁、悬挑梁、井字梁采用不同的箍筋间距及肢数时，用"/"将其分隔开来，在"/"前注写梁支座端部的箍筋(包括箍筋的箍数、钢筋级别、直径、间距与肢数)，在"/"后注写梁跨中部分的箍筋间距与肢数。

如：13Φ8@100/200(4)，表示箍筋为HPB300级钢筋，直径为8 mm，梁的两端各有13根箍筋，间距为100 mm；梁跨中部分箍筋间距为200 mm，均为四肢箍。

如：15Φ12@100(4)/150(2)，表示箍筋为HPB300级钢筋，直径为12 mm，梁的两端各有15根四肢箍，间距为100 mm；梁跨中部分箍筋间距为150 mm，双肢箍。

(4)梁上部通长筋或架立筋。通长筋由相同或不同直径的钢筋采用搭接连接、机械连接或焊接而成。当同排纵筋中既有通长筋又有架立筋时，应用"＋"将通长筋和架立筋相联，注写时需将角部纵筋写在"＋"前面，架立筋写在"＋"后面的括号内。

如：2Φ20＋(4Φ12)，表示梁上部通长筋为2Φ20，4Φ12为架立筋。

当梁的上部纵筋和下部纵筋为全跨相同，且多数跨配筋相同时，此项可加注下部纵筋的配筋值，用";"将上部纵筋与下部纵筋的配筋值分隔开来，少数跨不同者以原位标注取值优先，如图9-31所示。

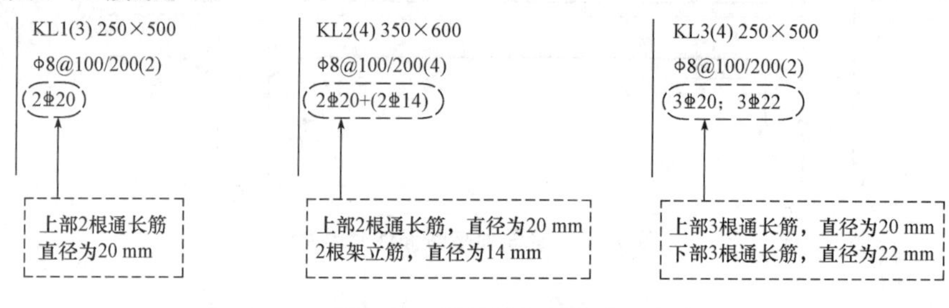

图9-31　通长筋与架立筋

(5)梁侧面构造钢筋或受扭钢筋。当梁腹板高度h_w≥450 mm时，需配置纵向构造钢筋，所注规格与根数应符合规范规定。配置构造钢筋注写以大写字母G打头，受扭钢筋以大写字母N打头，字母后注写配置在梁两个侧面的总配筋值，且对称配置。

如：G4Φ12表示按构造要求，梁的两个侧面共配置4根直径为12 mm的HPB300级纵向构造钢筋，每侧各配两根。此处若以N打头，则表示是按计算配置的受扭钢筋，如图9-32所示。

(6)梁顶面标高高差。梁顶面标高高差是指相对于结构层楼面标高的高差值。有高差时，需将其写入括号内，无高差时不注。当梁的顶面高于所在结构层的楼面时，其标高高差为正值；反之为负值。

2. 原位标注

(1)梁支座上部纵筋。梁支座上部含通长筋在内的所有纵筋。

1)当上部纵筋多于一排时，用"/"将各排纵筋自上而下分开。

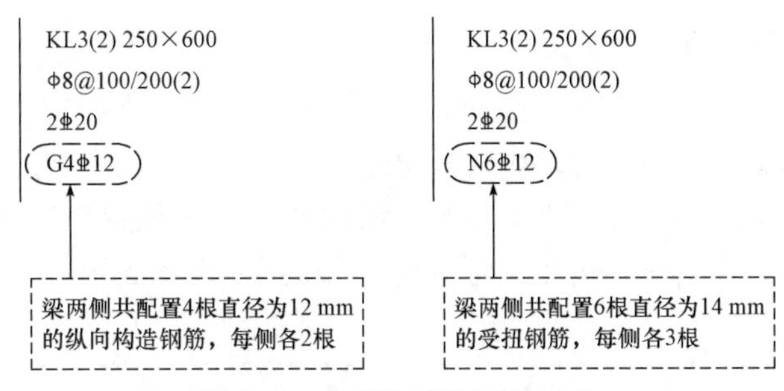

图 9-32　构造钢筋与受扭钢筋

如：梁上部纵筋注写值为 6Φ25 4/2，表示上部上一排纵筋为 4Φ25，下一排纵筋为 2Φ25。

2)当同排纵筋有两种直径时，用“＋”将两种直径的纵筋相联，注写时将角部纵筋写在前面。

如：梁上部纵筋注写值为 2Φ25＋2Φ22，表示梁上部纵筋同排 2Φ25 放在角部，2Φ22 放在中部。

3)当梁中间支座两边的上部纵筋不同时，须在支座两边分别标注；相同时，可仅在支座的一边标注配筋值，另一边省去不注，如图 9-33 所示的中间支座。

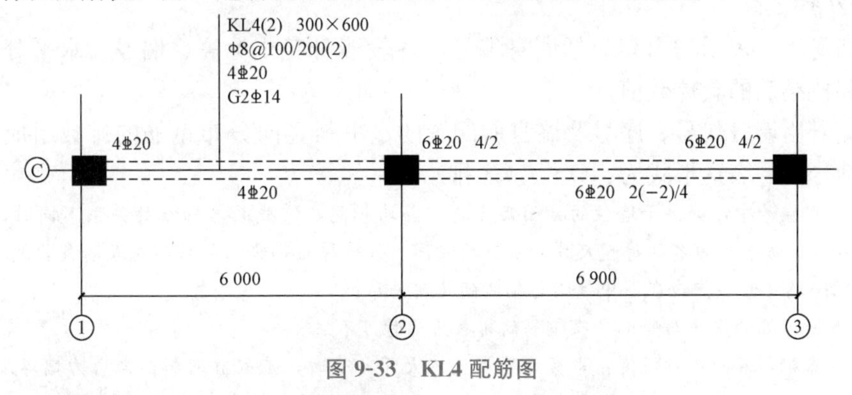

图 9-33　KL4 配筋图

(2)梁下部纵向钢筋。

1)当梁下部纵筋多于一排或同排有两种直径时，注写方法类似于上部纵筋。

如：梁下部纵筋注写为 6Φ25 2/4，则表示上一排纵筋为 2Φ25，下一排纵筋为 4Φ25，全部伸入支座。

2)当梁下部纵筋不全部伸入支座时，将梁支座下部纵筋减少的数量写在括号内。

如：梁下部纵筋注写为 2Φ25＋3Φ22(−3)/6Φ25，表示上排纵筋为 2Φ25 和 3Φ22，其中 3Φ22 不伸入支座；下一排纵筋为 6Φ25，全部伸入支座。

3)当梁的集中标注中已按规定注写了梁上部纵筋和下部纵筋均为通长筋时，则不需要在梁下部重复作原位标注。

(3)附加箍筋和吊筋。附加箍筋和吊筋可直接绘制在平面图中的主梁上，用线引注总配筋值(附加箍筋的肢数注写在括号内)。当多数附加箍筋或吊筋相同时，可在梁平法施工图上统一注明。少数与统一注明值不同时，再原位引注。

(二)梁平法施工图截面注写方式

梁平法施工图截面注写方式，是在梁的平面布置图上，分别在不同编号的梁中各选择一根梁用剖面号引出截面配筋图，并在截面配筋图上注写截面尺寸和配筋具体数值。

截面注写方式与平面注写方式大同小异。梁的代号、各种数字符号的含义均相同，只是平面注写方式中的集中注写方式在截面注写方式中用截面图表示。

四、剪力墙平法施工图

剪力墙可视为由剪力墙柱、剪力墙身和剪力墙梁(简称墙柱、墙身、墙梁)三类构件组成。剪力墙平法施工图的绘制可分为列表注写方式和截面注写方式两种。

列表注写方式：对应于剪力墙平面布置图上的编号，通过在剪力墙柱表、剪力墙身表和剪力墙梁表中绘制截面配筋图，并注写其几何尺寸和配筋具体数值的方式来表达剪力墙施工图，如图 9-34 所示。

截面注写方式：在剪力墙平面布置图上，用直接注写墙柱、墙身和墙梁的截面尺寸和配筋具体数值的方式来表达剪力墙施工图。

(一)剪力墙平法施工图列表注写方式

1. 剪力墙身表

剪力墙身表中表示的内容包括墙身编号、各段墙身起止标高、墙厚、水平分布筋、垂直分布筋和拉结筋的具体数值。

墙身编号由墙身代号、序号及墙身所配置的水平与竖向分布钢筋的排数组成。其中排数注写在括号内。表达形式为：Q××(×排)。

注意：1. 在编号中：如若干墙柱的截面尺寸与配筋均相同，仅截面与轴线的关系不同时，可将其编为同一墙柱号；又如若干墙身的厚度尺寸和配筋均相同，仅墙厚与轴线的关系不同或墙身长度不同时，也可将其编为同一墙身号，但应在图中注明与轴线的几何关系。

2. 当墙身所设置的水平与竖向分布钢筋的排数为 2 时可不注。

3. 对于分布钢筋网的排数规定：当剪力墙厚度不大于 400 时，应配置双排；当剪力墙厚度大于 400，但不大于 700 时，宜配置三排；当剪力墙厚度大于 700 时，宜配置四排。

各排水平分布钢筋和竖向分布钢筋的直径与间距宜保持一致。

当剪力墙配置的分布钢筋多于两排时，剪力墙拉结筋两端应同时勾住外排水平纵筋和竖向纵筋，还应与剪力墙内排水平纵筋和竖向纵筋绑扎在一起。

拉结筋可布置成矩形或梅花方式，如图 9-35 所示。

2. 剪力墙柱表

剪力墙柱表中表达的内容包括绘制截面配筋图并标注墙柱几何尺寸，注写墙柱编号、各段墙柱起止标高、墙柱纵向钢筋和箍筋(注写值与表中绘制的截面配筋图对应一致)。

3. 剪力墙梁表

剪力墙梁表中表达的内容包括墙梁编号、墙梁所在楼层号、墙梁顶面标高高差(是指相对于墙梁所在结构层楼面标高的高度差，高于者为正，低于者为负)、墙梁截面尺寸、上部纵筋、下部纵筋、墙梁侧面纵筋(该筋配置同墙身水平分布钢筋，表中不注)和箍筋的具体数值。

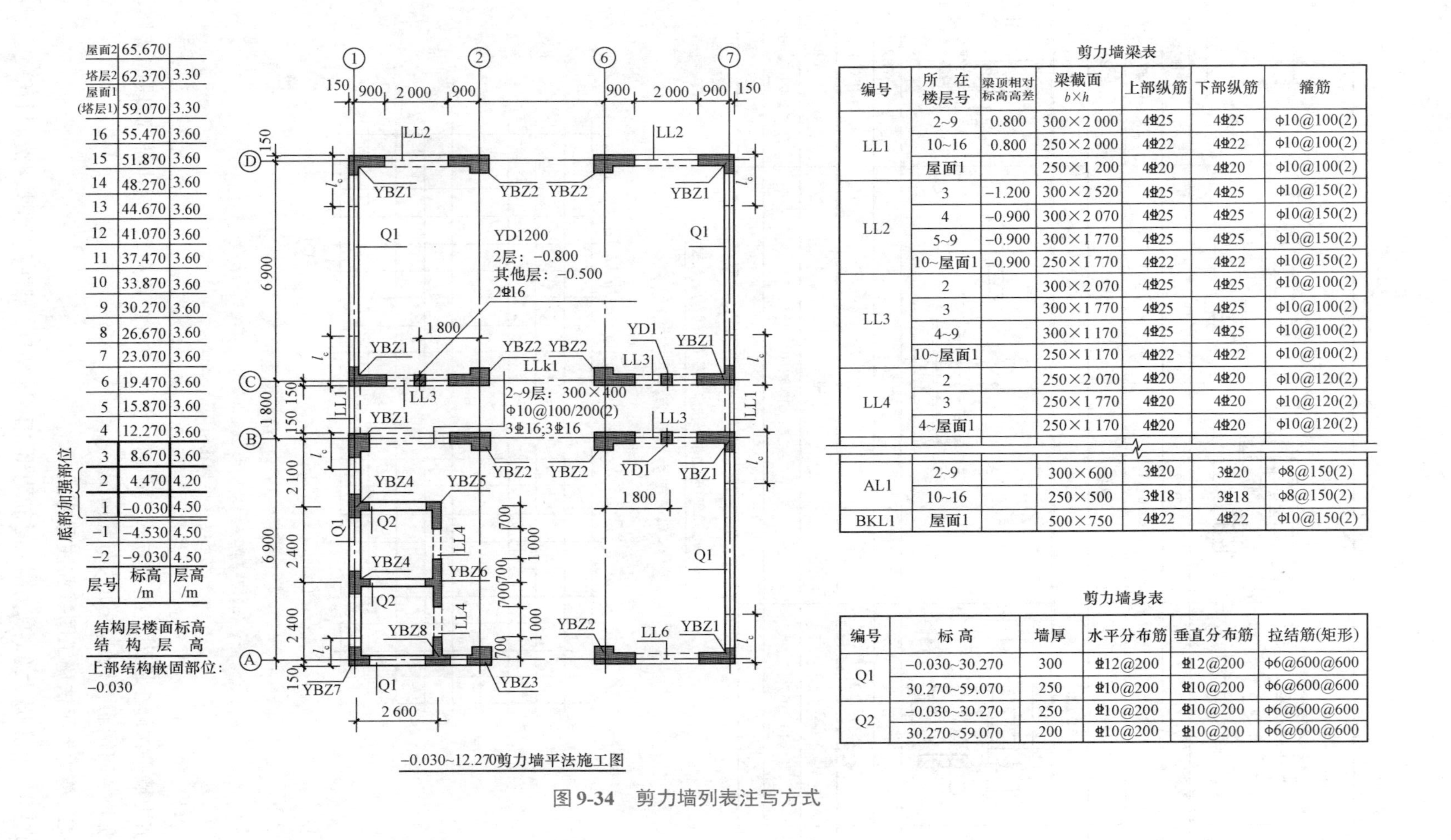

层号	标高/m	层高/m
屋面2	65.670	
塔层2	62.370	3.30
屋面1(塔层1)	59.070	3.30
16	55.470	3.60
15	51.870	3.60
14	48.270	3.60
13	44.670	3.60
12	41.070	3.60
11	37.470	3.60
10	33.870	3.60
9	30.270	3.60
8	26.670	3.60
7	23.070	3.60
6	19.470	3.60
5	15.870	3.60
4	12.270	3.60
3	8.670	3.60
2	4.470	4.20
1	-0.030	4.50
-1	-4.530	4.50
-2	-9.030	4.50

底部加强部位

结构层楼面标高
结构层高

上部结构嵌固部位：
-0.030

-0.030~12.270剪力墙平法施工图

剪力墙梁表

编号	所在楼层号	梁顶相对标高高差	梁截面 $b\times h$	上部纵筋	下部纵筋	箍筋
LL1	2~9	0.800	300×2 000	4Φ25	4Φ25	φ10@100(2)
	10~16	0.800	250×2 000	4Φ22	4Φ22	φ10@100(2)
	屋面1		250×1 200	4Φ20	4Φ20	φ10@100(2)
LL2	3	-1.200	300×2 520	4Φ25	4Φ25	φ10@150(2)
	4	-0.900	300×2 070	4Φ25	4Φ25	φ10@150(2)
	5~9	-0.900	300×1 770	4Φ25	4Φ25	φ10@150(2)
	10~屋面1	-0.900	250×1 770	4Φ22	4Φ22	φ10@150(2)
LL3	2		300×2 070	4Φ25	4Φ25	φ10@100(2)
	3		300×1 770	4Φ25	4Φ25	φ10@100(2)
	4~9		300×1 170	4Φ25	4Φ25	φ10@100(2)
	10~屋面1		250×1 170	4Φ22	4Φ22	φ10@100(2)
LL4	2		250×2 070	4Φ20	4Φ20	φ10@120(2)
	3		250×1 770	4Φ20	4Φ20	φ10@120(2)
	4~屋面1		250×1 170	4Φ20	4Φ20	φ10@120(2)
AL1	2~9		300×600	3Φ20	3Φ20	φ8@150(2)
	10~16		250×500	3Φ18	3Φ18	φ8@150(2)
BKL1	屋面1		500×750	4Φ22	4Φ22	φ10@150(2)

剪力墙身表

编号	标高	墙厚	水平分布筋	垂直分布筋	拉结筋(矩形)
Q1	-0.030~30.270	300	Φ12@200	Φ12@200	φ6@600@600
	30.270~59.070	250	Φ10@200	Φ10@200	φ6@600@600
Q2	-0.030~30.270	250	Φ10@200	Φ10@200	φ6@600@600
	30.270~59.070	200	Φ10@200	Φ10@200	φ6@600@600

图9-34 剪力墙列表注写方式

剪力墙柱表

截面	1050, 300, 300, 300	1200, 300, 600, 600	900, 300, 600, 600	300, 250, 300, 300, 300
编号	YBZ1	YBZ2	YBZ3	YBZ4
标高	−0.030~12.270	−0.030~12.270	−0.030~12.270	−0.030~12.270
纵筋	24⌀20	22⌀20	18⌀22	20⌀20
箍筋	ϕ10@100	ϕ10@100	ϕ10@100	ϕ10@100
截面	550, 250, 825, 250	250, 300, 250, 1400		300, 600, 300, 600
编号	YBZ5	YBZ6		YBZ7
标高	−0.030~12.270	−0.030~12.270		−0.030~12.270
纵筋	20⌀20	23⌀20		16⌀20
箍筋	ϕ10@100	ϕ10@100		ϕ10@100

−0.030~12.270剪力墙平法施工图(部分剪力墙柱表)

图 9-34　剪力墙列表注写方式(续)

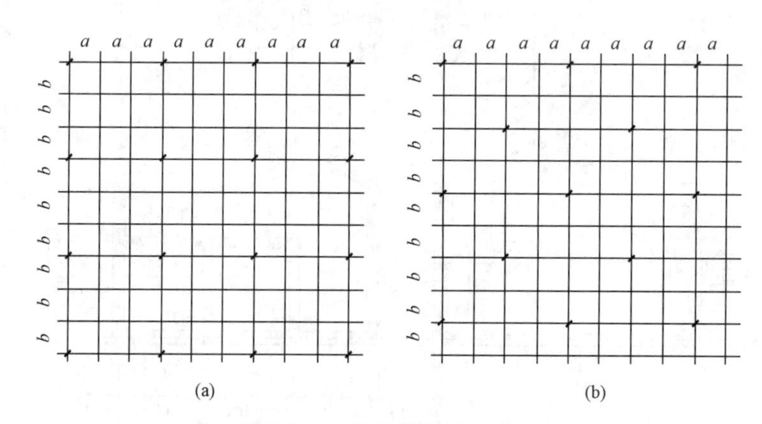

图 9-35　拉结筋设置示意

(a)拉结筋@3a3b 矩形($a\leqslant200$ mm、$b\leqslant200$ mm)；
(b)拉结筋@4a4b 梅花($a\leqslant150$ mm、$b\leqslant150$ mm)

剪力墙平法施工图列表注写方式读图时，要特别注意剪力墙在不同标高段的墙厚，水平钢筋、竖向钢筋和拉结钢筋的布置情况。

(二)剪力墙平法施工图截面注写方式

选用适当比例放大绘制剪力墙平面布置图，对所有墙身、墙柱、墙梁按规定进行编号，并在相同编号的墙身、墙柱、墙梁中分别选择其中之一按规定进行注写，注写内容同列表注写方式。

■ 五、平法施工图的构造

平法施工图在设计和施工中运用都比较方便，减少了大量的绘图篇幅，具有一定的先进性，但是，柱、剪力墙、梁的构造配筋不容易表示清楚。因此，在平法施工图中，按照不同的结构形式(框架梁、非框架梁)、不同的位置(中部、端部)、不同的抗震等级(一级抗震、二～四级抗震、非抗震)区别了构造做法。从读图方法来讲，与常规方法基本一致，不同的是如何选择合适的构造节点做法。柱、剪力墙、梁的构造做法参见国家标准图集《混凝土结构施工图平面整体表示方法制图规则和构造详图》。

典型案例

【案例 1】 识读图 9-24 所示的柱平法施工图(列表注写方式)。

【分析】 列表注写方式绘制的柱平法施工图的阅读要结合图、表进行。下面以 KZ1 为例：

首先从图中查明柱 KZ1 的平面位置及与轴线的关系，结合图、表阅读，可以看出该柱分 3 个标高段：

(1)第 1 个标高段－0.030～19.470 m，柱的断面尺寸 $b\times h$ 为 750 mm×700 mm，b 方向中心线与轴线重合，左右都为 375 mm。h 方向偏心，h_1 为 150 mm，h_2 为 550 mm。全部纵筋 24Φ25 表示柱四边配筋相同，全部纵筋为 24 根直径 25 mm 的 HRB335 级钢筋，每边中部配 5 根。箍筋类型号 1(5×4)，表示箍筋类型编号为 1，箍筋肢数 b 方向为 5 肢，h 方向为 4 肢。箍筋 Φ10@100/200 表示直径为 10 mm 的 HPB300 级钢筋，加密区间距为 100 mm，非加密区间距为 200 mm。

(2)第 2 个标高段 19.470～37.470 m，柱的断面尺寸 $b\times h$ 缩小为 650 mm×600 mm，四个角各配一根直径 22 mm 的 HRB335 级钢筋。b 边每一侧中部配 5 根直径 22 mm 的 HRB335 级钢筋，h 边每一侧中部配 4 根直径 20 mm 的 HRB335 级钢筋。箍筋类型号 1(4×4)，其他标注类似于第 1 个标高段。

(3)第 3 个标高段 37.470～59.070 m，标注类似于第 2 个标高段，注意数值的变化。

【案例 2】 识读图 9-36 所示的 KL2 水平加腋平法图。

【分析】 (1)集中标注。

KL2(2A)300×650：KL2 表示 2 号框架梁；(2A)中 2 表示两跨，A 表示一端悬挑(若是 B 则表示两端悬挑)；300×650 表示梁的截面尺寸。

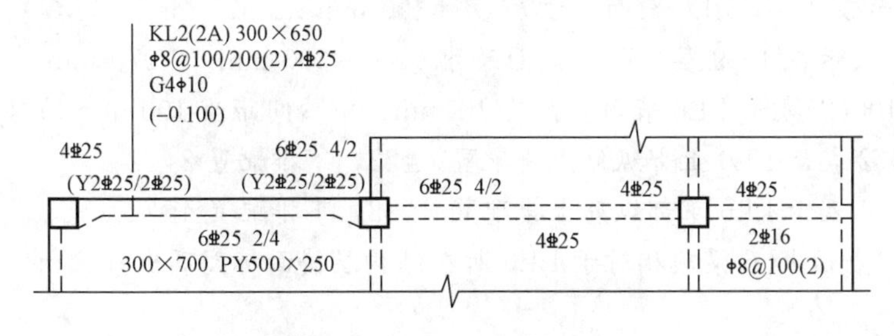

图 9-36 KL2 水平加腋平法图

Φ8@100/200(2)2Φ25：表示直径为 8 mm 的 HPB300 级箍筋，加密区中心间距为 100 mm，

非加密区中心间距为200 mm；(2)表示均为双肢箍；2Φ25表示KL2上部配两根直径25 mm的HRB400级通长角筋。

G4Φ10：表示按构造要求配置4根直径为10 mm的HPB300级构造钢筋，每侧两根。

(－0.100)：表示梁顶面标高比本层楼的结构层楼面标高低0.1 m。

(2)原位标注。

支座上部纵筋：左跨左端支座、右跨右端支座与悬挑部分配置4Φ25；左跨右端支座与右跨左端支座均为6Φ25 4/2，表示分两排，上排4Φ25，下排2Φ25。

下部纵筋：左跨配置6Φ25 2/4，表示下部纵筋配置分两排，上排2Φ25，下排4Φ25；右跨4Φ25；悬挑部分2Φ16。

箍筋：悬挑部分Φ8@100(2)，表示该悬挑部分配置直径为8 mm的HPB300级钢筋，中心间距均为100 mm，双肢箍筋。

截面尺寸：左跨300×700，PY500×250，表示左跨为水平加腋梁，腋长500 mm，腋宽250 mm。

Y2Φ25/2Φ25：表示左跨两端水平加腋内上、下部斜纵筋均配置2Φ25。

【案例3】 识读图9-37所示的剪力墙平法施工图。

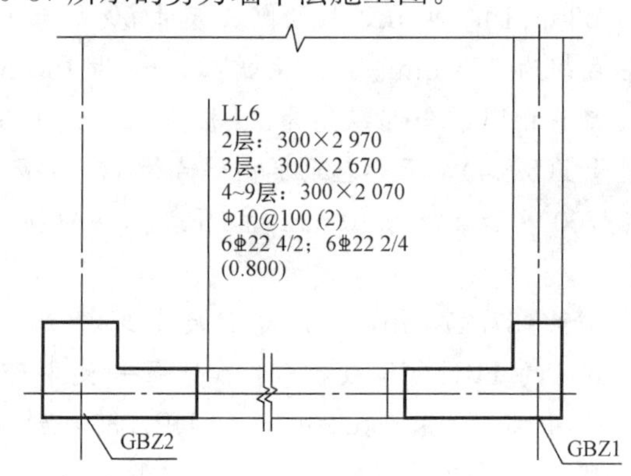

图9-37 剪力墙平法施工图

【分析】 图9-37中由上至下注写内容分别表示：

(1)LL6表示编号为6的连梁。

(2)2层表示在2层，LL6截面尺寸$b\times h$=300 mm×2 970 mm。

(3)3层表示在3层，LL6截面尺寸$b\times h$=300 mm×2 670 mm。

(4)4～9层表示在4～9层，LL6截面尺寸$b\times h$=300 mm×2 070 mm。

(5)Φ10@100(2)表示LL6采用直径为10 mm、中心间距为100 mm的双肢箍筋。

(6)6Φ22 4/2表示LL6上部纵筋上排配置4Φ22，下排配置2Φ22；

6Φ22 2/4表示LL6下部纵筋上排配置2Φ22，下排配置4Φ22。

(7)(0.800)表示LL6梁顶相对于LL6所在结构层楼面标高高出0.8 m。

实际演练

1. 识读图9-25所示的柱平法施工图中KZ2、KZ3的定位、截面尺寸、配筋情况。

2. 分析图 9-33 所示的 KL4 配筋图。

3. 识读图 9-38 所示的框架梁竖向加腋配筋图(平面注写方式)。

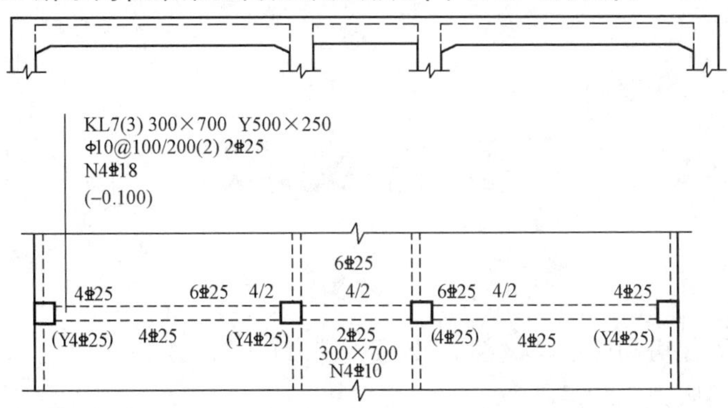

图 9-38 框架梁竖向加腋配筋图(平面注写方式)

4. 识读图 9-39 所示的剪力墙平法施工图。

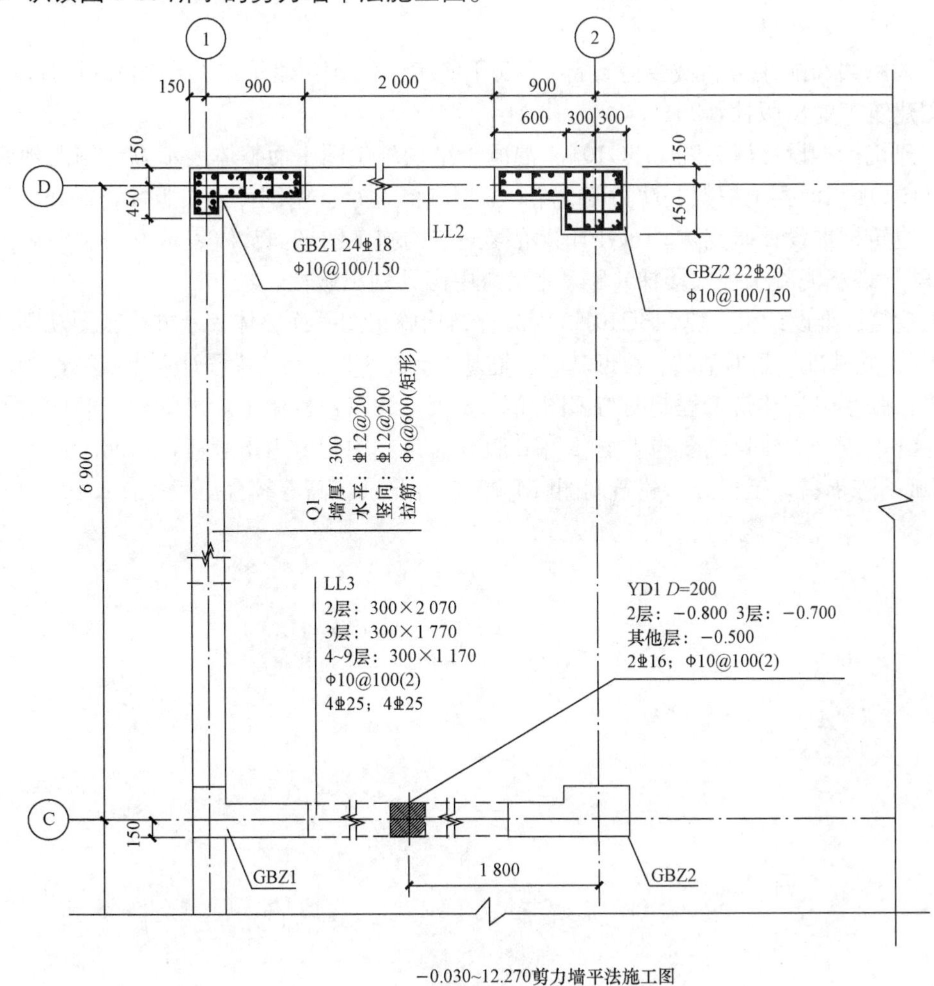

图 9-39 剪力墙平法施工图(局部)

参 考 文 献

[1]中华人民共和国住房和城乡建设部．GB/T 50001—2017 房屋建筑制图统一标准[S]. 北京：中国计划出版社，2011.

[2]中华人民共和国住房和城乡建设部．GB/T 50103—2010 总图制图标准[S]. 北京：中国计划出版社，2011.

[3]中华人民共和国住房和城乡建设部．GB/T 50104—2010 建筑制图标准[S]. 北京：中国计划出版社，2011.

[4]中华人民共和国住房和城乡建设部．GB/T 50105—2010 建筑结构制图标准[S]. 北京：中国建筑工业出版社，2011.

[5]中国建筑标准设计研究院．16G101-1 混凝土结构施工图平面整体表示方法制图规则和构造详图(现浇混凝土框架、剪力墙、梁、板)[S]. 北京：中国计划出版社，2016.

[6]中国建筑标准设计研究院．16G101-2 混凝土结构施工图平面整体表示方法制图规则和构造详图(现浇混凝土板式楼梯)[S]. 北京：中国计划出版社，2016.

[7]中国建筑标准设计研究院．16G101-3 混凝土结构施工图平面整体表示方法制图规则和构造详图(独立基础、条形基础、筏形基础、桩基承台)[S]. 北京：中国计划出版社，2016.

[8]王强，张小平．建筑工程制图与识图[M]. 3 版．北京：机械工业出版社，2018.

[9]马光红，伍培．建筑制图与识图[M]. 2 版．北京：中国电力出版社，2008.

[10]何斌，陈锦昌，王枫红．建筑制图[M]. 7 版．北京：高等教育出版社，2010.